普通高等学校电气类一流本科专业建设系列教材

开关变换器设计与应用

主　编　黄海宏

副主编　王金平　张　胜　王佳宁

参　编　赖纪东　曹吉花

科学出版社

北　京

内 容 简 介

本书是作者根据多年从事电力电子技术教学与科研工作的经验，从电力电子实践教学需求出发，并在学习、研究国内外教材及相关参考文献基础上编著而成的。

本书针对电力电子应用领域应用广泛的开关变换器技术，以研制开关变换器为目标，较为系统地阐述了 PWM 控制电路设计、驱动电路设计、辅助电路设计、热设计、磁设计、建模与仿真六部分基本内容，为开关变换器设计、应用及研究提供了理论和技术基础。

本书可作为高等院校电气工程及其自动化专业的本科生教材，也可供从事电力电子技术和相关研究的工程技术人员参考。

图书在版编目（CIP）数据

开关变换器设计与应用 / 黄海宏主编. —北京：科学出版社，2021.8
（普通高等学校电气类一流本科专业建设系列教材）
ISBN 978-7-03-069433-1

Ⅰ. ①开… Ⅱ. ①黄… Ⅲ. ①开关-变换器-高等学校-教材
Ⅳ. ①TN624

中国版本图书馆 CIP 数据核字（2021）第 148485 号

责任编辑：余 江 陈 琪 / 责任校对：王 瑞
责任印制：赵 博 / 封面设计：迷底书装

科学出版社 出版
北京东黄城根北街 16 号
邮政编码：100717
http://www.sciencep.com
三河市骏杰印刷有限公司印刷
科学出版社发行 各地新华书店经销
*
2021 年 8 月第 一 版 开本：787×1092 1/16
2025 年 1 月第四次印刷 印张：13
字数：308 000

定价：58.00 元
（如有印装质量问题，我社负责调换）

前　言

作为电气工程领域最为活跃的一个分支，电力电子技术是在电子、电力与控制技术基础上发展起来的一门新兴交叉学科。自 20 世纪 80 年代以来，电力电子技术已逐步渗透到国民经济各领域，并取得了迅速的发展，电力电子技术的不断进步给电气工程的现代化以巨大的推动力。

作为电气工程及其自动化、工业自动化或相关本科专业的一门重要专业基础课，目前主流的“电力电子技术”课程包括电力电子器件、DC/DC 变换器、DC/AC 变换器(无源逆变电路)、AC/DC 变换器(整流和有源逆变电路)、AC/AC 变换器以及软开关变换器等基本内容。考虑到电力电子技术的发展，以晶闸管为功率器件的相控变流部分在教学中所占比重逐渐减少，而以功率场效应晶体管(Power MOSFET)和绝缘栅双极晶体管(IGBT)等全控器件为功率器件、以脉冲宽度调制(PWM)为控制技术的开关变换器成为课程中的主要部分。然而受内容和学时所限，“电力电子技术”课程内容重点描述的是主电路拓扑变换，而对于开关变换器中必不可少的控制、驱动、保护部分涉及较少，这也造成学生学完该课程后没有能力将所学知识应用于实际工程实践。

与电气工程传统分支电机与电器、电力系统自动化完整的课程体系相比，电力电子技术的课程体系不健全。“电力电子技术”几乎被国内所有电气工程及其自动化专业确定为专业基础课，但其应开设的后续课程却未达成共识。

合肥工业大学电力电子技术教研组从提升学生电力电子技术应用能力的角度出发，已将“开关电源技术”作为“电力电子技术”的后续选修课程。但受限于教材，给学生建立的电力电子工程应用体系不够完整，且部分内容与“电力电子技术”内容重复。通过与很多高校同行交流、探讨，大家都认为应该开设“开关变换器设计与应用”作为“电力电子技术”的后续课程，对于完善“电力电子技术”教学体系、提升学生变流装置的基本设计和调试能力颇有价值，只是目前缺乏合适的教材。

针对这种需求，本团队从 2018 年开始筹备，除绪论外分为 6 章，第 1 章为 PWM 控制电路设计，第 2 章为驱动电路设计，第 3 章为辅助电路设计，第 4 章为热设计，第 5 章为磁设计，第 6 章为建模与仿真。本团队秉承科研反哺教学理念，对团队教师在开关变换器方面的科研积累进行总结，将已应用于工程实践的各种实例呈现给读者，读者消化吸收后即可直接使用。

黄海宏教授为本书主编，制定了全书大纲，负责编写绪论，第 1 章中 1.1、1.2.1、1.2.4、1.3 节，第 2 章中 2.1、2.6、2.7 节，第 3 章中 3.2、3.3、3.4、3.5 节，第 6 章中 6.1、6.3、6.5 节；王金平负责编写第 1 章中 1.2.2、1.2.3 节，第 3 章中 3.1 节，第 5 章和第 6 章中 6.4.2 节；张胜负责编写第 2 章中 2.2、2.3、2.4、2.5 节；王佳宁负责编写第 4

章；赖纪东负责编写第 6 章中 6.2 节；曹吉花负责编写第 6 章中 6.4.1 节。全书由黄海宏教授统稿。

在本书编写过程中，参与协助的研究生有彭岚、孙灵喜、张德洋、何晨等。另外，在本书编写过程中还参考了同行和前辈编写的专著、教材和其他文献资料。在此一并向他们表示衷心感谢！

编　者

2021 年 4 月

目　录

绪　论

电力电子技术是一门应用于电力领域的电子技术，就是使用电力电子器件，如晶闸管(Thyristor)、电力晶体管(GTR)、功率场效应晶体管(Power MOSFET)、绝缘栅双极晶体管(IGBT)等，对电能进行变换和控制的技术。电力电子技术所变换的“电力”功率可大到数百兆瓦甚至吉瓦，也可小到数瓦甚至 1W 以下。与以信息处理为主的信息电子技术不同，电力电子技术主要用于电力变换。利用电力电子器件实现电能变换的技术称为功率变换技术，如将交流电整流成直流电，或将直流电逆变成交流电，将工频电源变换为设备所需频率的电源。

在“电力电子技术”中学习过的脉冲宽度调制(PWM)技术是目前功率变换中的主流控制技术，其基本原理就是通过调制波和载波相交，在交点时刻对主电路中功率开关管的通断进行控制，使输出端得到一系列幅值相等的脉冲，这些脉冲经过滤波环节，就可以得到所需要的波形，且其波形与调制波形相同。若输入为幅值恒定的直流电压源，当调制波为直流电压时，输出波形为一系列等幅且等宽的电压脉冲，经过滤波后就可以得到直流电压。当调制波为正弦波时，输出则为脉宽成正弦变化的等幅电压脉冲，若滤波为电流积分环节，如 L 滤波，则输出为相同频率正弦电流；若滤波为电压积分环节，如 LC 滤波，则输出为相同频率正弦电压。若调制波形为方波，则输出为相同频率的方波。即采用 PWM 控制技术，经过滤波环节后，输出波形取决于输入调制波形，且在载波幅值固定的情况下，可以通过调整调制波的幅值，改变输出波形的幅值。本书所介绍的开关变换器均是以 PWM 控制技术为基础。

1. 开关变换器拓扑

现代开关电源分为直流开关电源和交流开关电源两类，前者输出质量较高的直流电，后者输出质量较高的交流电。开关电源的核心是开关变换器。

开关变换器是应用电力电子器件将一种电能转变为另一种或多种形式电能的装置，按转换电能的种类或按电力电子技术的习惯称谓，可分为四种类型：①DC/DC(DC 表示直流电)称为直流-直流变换，是将一种直流电能转换成另一种或多种直流电能的变换器，是直流开关电源的主要部件；②DC/AC(AC 表示交流电)称为逆变，是将直流电转换为交流电的电能变换器，是交流开关电源和不间断电源 UPS 的主要部件；③AC/DC 称为整流，是将交流电转换为直流电的电能变换器；④AC/AC 称为交流-交流变换，包括变频和变压。这四类变换器可以是单向变换的，也可以是双向变换的。单向电能变换器只能将电能从一个方向输入，经变换后从另一方向输出；双向电能变换器可实现电能的双向流动。

若需要实现变换器输入与输出间的电气隔离，通常采用变压器实现隔离。变压器本身具有变压的功能，有利于扩大变换器的应用范围。变压器的应用还便于实现多路不同电压或多路相同电压的输出。

如图 0-1 所示，非隔离的直流开关变换器按所用功率器件的个数，可分为单管、双管和四管三类。单管直流变换器有六种，即降压式(Buck)变换器、升压式(Boost)变换器、升降压式(包括 Buck/Boost、Cuk、Sepic 和 Zeta)变换器。双管直流变换器有双管串接的升降压式(Buck/Boost)变换器，而全桥直流变换器(Full-bridge Converter)是常用的四管直流变换器。

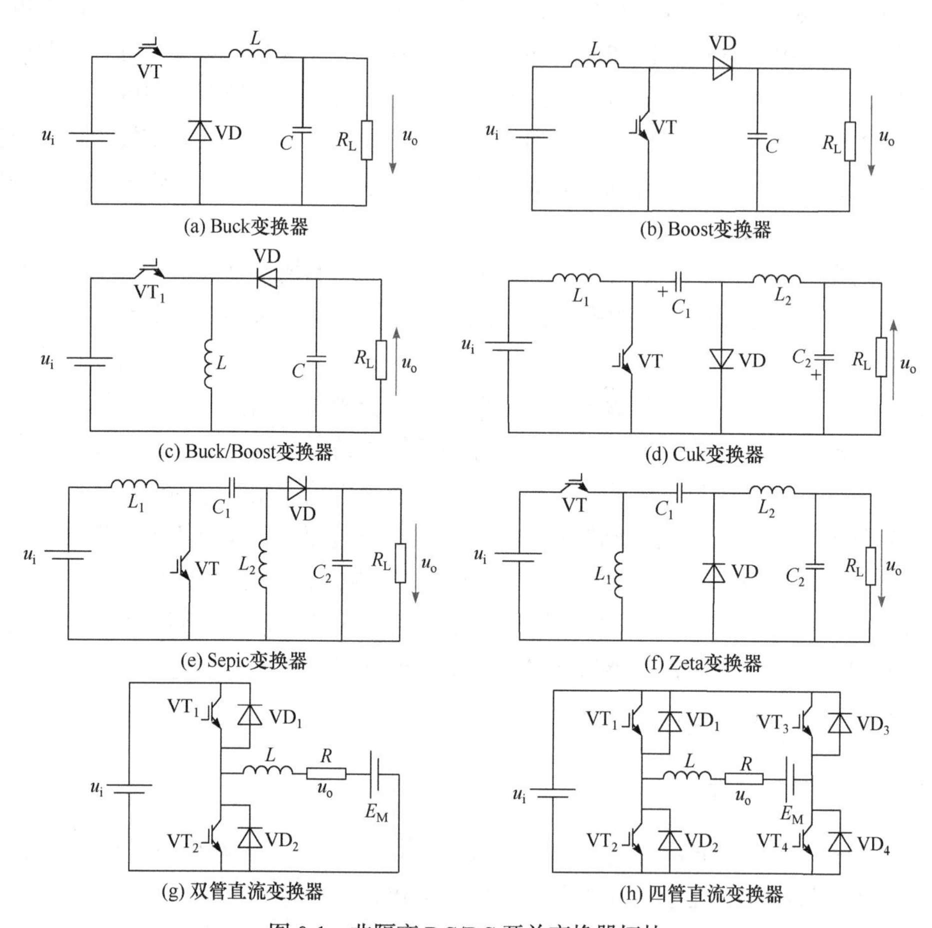

图 0-1　非隔离 DC/DC 开关变换器拓扑

有高频变压器隔离的直流开关变换器也可按所用功率器件数量来分类。如图 0-2 所示，单管的有正激式(Forward)和反激式(Flyback)两种；双管有双管正激(Double Transistor Forward Converter)、双管反激(Double Transistor Flyback Converter)、推挽(Push-pull Converter)和半桥(Half-bridge Converter)四种；四管直流变换器主要是指全桥直流变换。

如图 0-3 所示，DC/AC 变换中常用的拓扑分为半桥、全桥和三相桥，其中，半桥和全桥逆变输出单相交变电压，而三相桥输出互差 120°的三相电压。

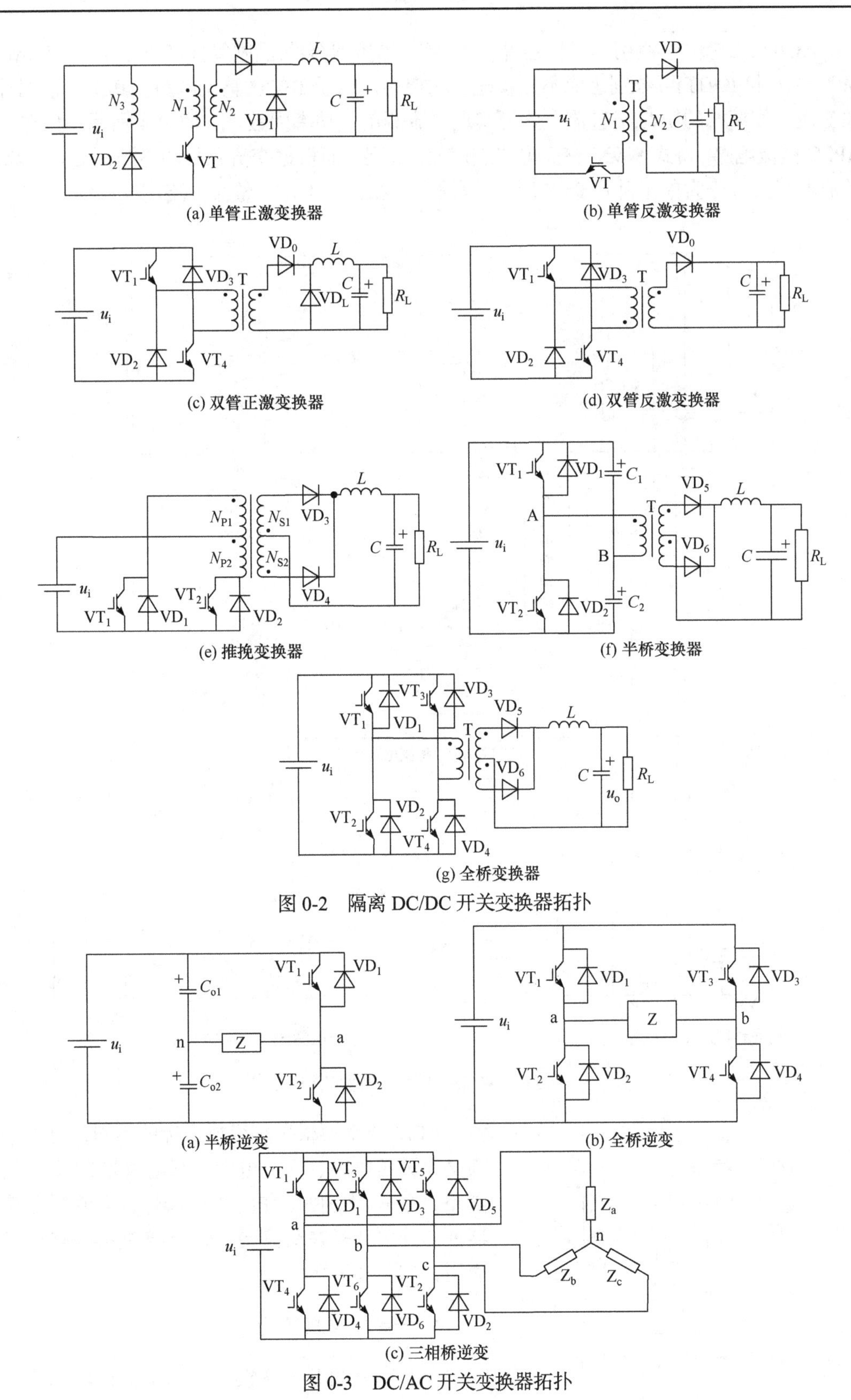

(a) 单管正激变换器　(b) 单管反激变换器

(c) 双管正激变换器　(d) 双管反激变换器

(e) 推挽变换器　(f) 半桥变换器

(g) 全桥变换器

图 0-2　隔离 DC/DC 开关变换器拓扑

(a) 半桥逆变　(b) 全桥逆变

(c) 三相桥逆变

图 0-3　DC/AC 开关变换器拓扑

AC/DC 变换中，使用不可控器件(二极管)、半控型器件(晶闸管)和全控器件(如 Power MOSFET 和 IGBT)可分别组成不控整流、相控整流以及 PWM 整流电路。其中，采用开关变换工作模式的 PWM 整流电路可实现交流侧单位功率因数，如图 0-4 所示，以单相 APFC 整流电路、桥式 PWM 整流电路应用较为广泛，而根据交流相数的不同，桥式 PWM 整流电路又可分为单相桥式 PWM 整流电路和三相桥式 PWM 整流电路。

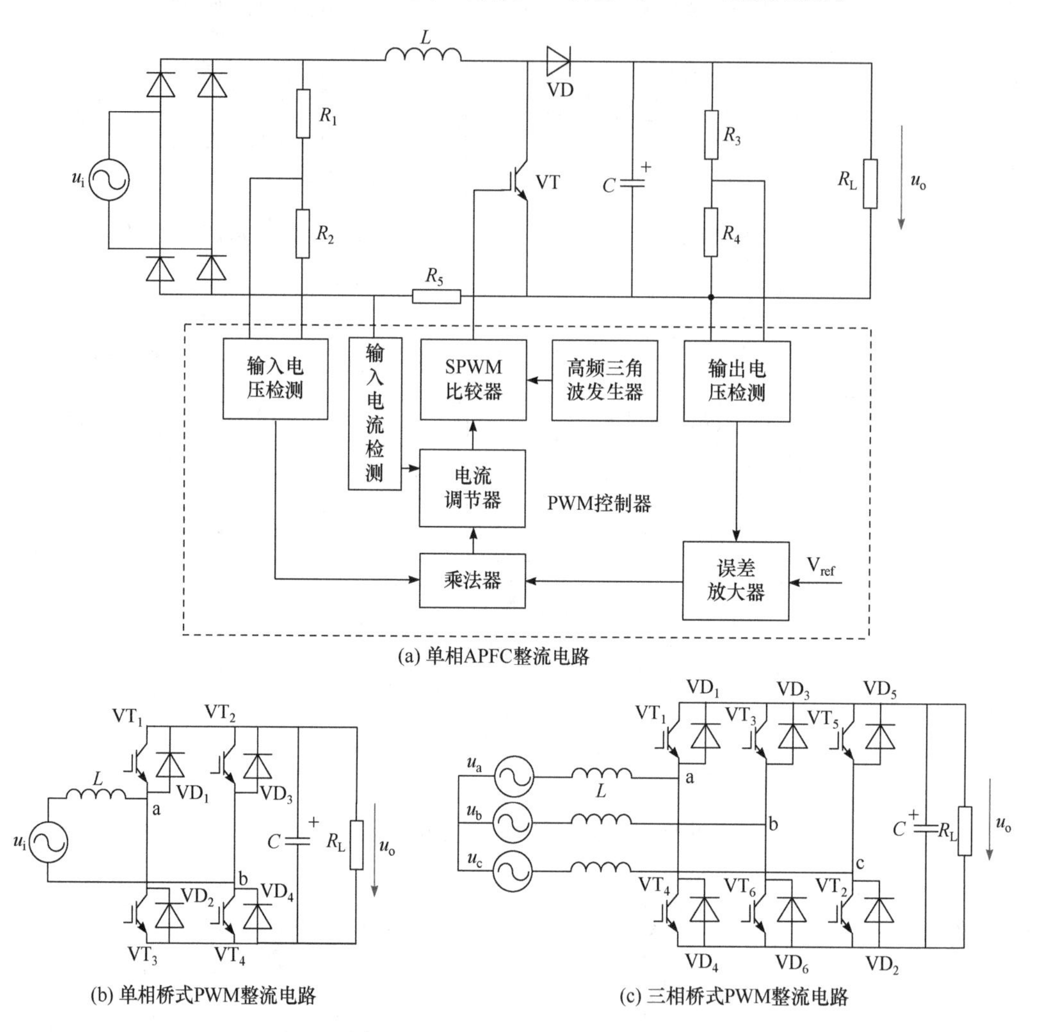

图 0-4　AC/DC 开关变换器拓扑

AC/AC 变换根据其变换目标的不同，可以分为交流调压电路、交流电力控制电路和交-交变频电路，多采用晶闸管作为可控器件，而使用全控器件的开关变换在交流调压和交-交变频电路也有应用，如图 0-5 所示。

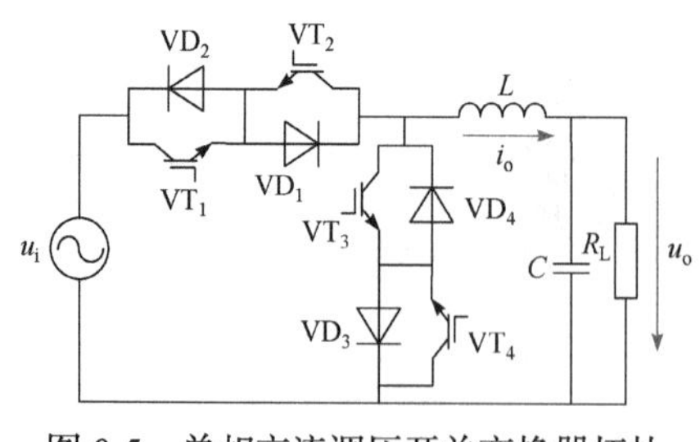

图 0-5　单相交流调压开关变换器拓扑

2. 开关变换器结构

一个完整的开关变换器，除了包含功率开关

管、电感和电容的主电路外，还需要功率开关管的驱动电路、电路输出检测电路和控制电路，其结构如图 0-6 所示。除了极少数采用开环控制的开关变换器，为实现控制目标精度要求，绝大多数开关变换器均采用闭环控制方式，即通过检测电路采集变换器输出的电压或电流信号，与给定的控制目标进行比较，经过控制电路运算后，再通过驱动电路实时调整功率开关管的占空比，使得变换器输出信号实时跟踪给定目标。考虑到主电路中可能会发生过流、短路、欠压和过压等异常情况，会对功率器件造成损坏，需要配置保护电路。控制电路通过检测电路对各种电信号进行检测，若超过门限值则通过保护电路实施保护，而对于与功率开关管相关联的过流和短路等保护措施，可通过驱动电路来实现。当检测到功率开关管流过的电流超过过流保护值或短路保护值时，控制电路封锁其驱动脉冲，即可实现对功率管的保护。考虑到主电路会对控制电路造成干扰，在开关变换器功率达到一定程度时，主电路和控制电路间应进行电气隔离。其中，互感器、霍尔传感器是用于检测电路实现电气隔离采样的有效器件，光耦、脉冲变压器是用于驱动电路实现隔离驱动的有效器件。

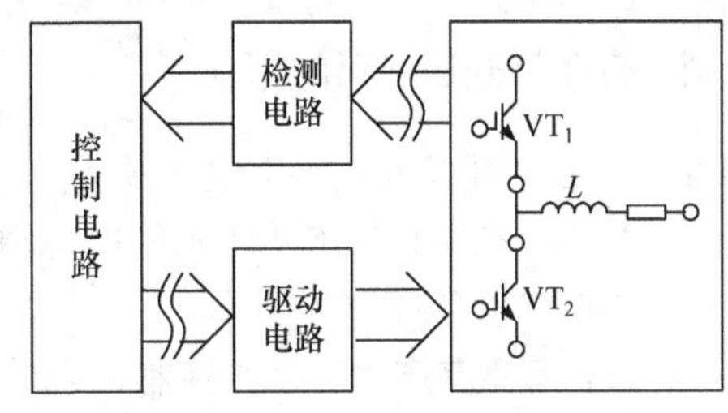

图 0-6 开关变换器常用结构

3. 开关变换器系统分析

以图 0-2(b)的反激式变换器为例，电路拓扑中包括功率开关管 VT、变压器 T、二极管 VD 和电容 C。功率开关管 VT 由 PWM 控制，通过闭合与关断功率管在变压器 T 两端产生高频方波信号。变压器将产生的方波信号以磁场感应的方式传递到次级线圈。通过二极管和电容的整流滤波作用，在输出端得到稳定的直流输出。由于反激式变换器在输入级和输出级之间实现电气隔离，并省去了单端正激式变换器中的复位绕组，拓扑简单，故广泛应用于 AC/DC 和 DC/DC 变换，是低功率(几瓦～几百瓦)直流开关稳压电源的常用拓扑。图 0-7 为在功率变换领域常用的直流电源模块，均采用反激式变换器拓扑，常用于为电力电子装置提供控制和驱动用电源。其中，图 0-7(a)为 AC/DC 电源模块，输入为 220V 市电，输出为直流电压，输出为电气隔离的 48V、24V、15V、12V、5V 和±15V、±12V。图 0-7(b)为 DC/DC 电源模块，一般输入为 48V、24V、15V、12V 和 5V，输出为电气隔离的 24V、15V、12V、5V 和±15V、±12V。

(a) AC/DC电源模块

(b) DC/DC电源模块

图 0-7 功率变换领域常用的直流电源模块

从“电力电子技术”所学的知识中可以知道，设反激式变换器输入电压为 U_i，输出电压为 U_o，变压器原边匝数为 N_1，副边匝数为 N_2，功率管 VT 的 PWM 控制占空比为 D，则在变压器磁通连续的情况下 $\frac{U_o}{U_i}=\frac{N_2}{N_1}\frac{D}{1-D}$。即在输入电压 U_i 不变的情况下，通过调整占空比 D，可以改变输出电压的 U_o 大小。

显然，在制作图 0-7 所示的电源模块产品时，只有图 0-2(b)所示的主电路拓扑是不够的，至少需要以下 7 个部分。

(1) 需要有产生 PWM 控制信号的控制电路，该控制电路应根据需要能设定 PWM 信号的频率，即设定功率开关管 VT 的开关频率 f，并可以实时调整 PWM 信号的占空比。PWM 信号的产生可以通过分立元件组合来产生，也可以通过 PWM 集成控制电路来产生。这部分内容将在第 1 章进行详细介绍。

(2) 考虑到占空比 D 固定时，输入电压 U_i 的波动和输出侧负载电阻 R_L 变化引起的负载调整率都会造成输出电压 U_o 发生变化。为实现稳压输出，首先要对 U_o 进行实时采样，并将检测的数值反馈给控制电路，控制电路根据反馈值调整 PWM 信号的占空比，保证 U_o 在一定范围内波动。考虑到控制电路控制的功率开关管 VT 位于变压器 T 的原边电路，而输出电路位于变压器 T 的副边电路，变压器原边和副边存在电气隔离，即采样电路要实现隔离采样，这部分内容将在第 3 章进行详细介绍。

(3) 需要为功率开关管 VT 配置合适的驱动电路，驱动电路的选取与功率开关管的参数、开关频率、驱动电路的允许功率和最大允许电流都有关系，这部分内容将在第 2 章进行详细介绍。

(4) 在实际电路中要考虑因负载侧过流或短路造成原边功率开关管 VT 流过的电流超过正常电流的情况，此时应及时切除 VT 的驱动信号，进行过流保护。同时在 VT 选型中若电压裕量不充足，为避免 VT 关断时电压突波幅值超过 VT 的额定电压，要为 VT 增加缓冲电路。对于绝大多数开关变换器，由于采用 PWM 控制，其输出侧一般要有滤波环节，如 DC/DC 和 DC/AC 中的 LC 等形式的滤波电路，该电路对于开关变换器的性能具有重要影响。这部分内容将在第 3 章进行详细介绍。

(5) 为减小电源模块的体积，功率开关管 VT 要工作在高频状态。根据电力电子技术所掌握的知识，VT 的选型除了要考虑 VT 关断时承受的最高电压和导通时流过的最大电流，还要考虑 VT 高速开关时的开关损耗。在实际工程中，要根据所选定的功率开关管的参数来计算开关频率 f 下功率开关管的开关损耗，进而计算功率开关管的管芯温升，最终确定所选定的功率开关管是否适用于该电源模块。同时还要对该功率开关管的散热器进行设计和选型，确保该功率开关管正常工作状态下管芯的温度不超过极限温度。这部分内容将在第 4 章进行详细介绍。

(6) 在输入和输出实现电气隔离的开关变换器中，高频变压器 T 是重要组成元件，其设计是电源模块设计中的重要组成部分，直接关系到开关变换器能否正常工作和工作性能。这部分内容将在第 5 章进行详细介绍。

(7) 为实现电源模块稳压输出，应设定输出电压的给定值 U_{oref}，当 $U_o>U_{oref}$ 时，应降低 PWM 控制信号的占空比 D；当 $U_o<U_{oref}$ 时，应增加 PWM 控制信号的占空比 D。即要引入闭环控制，就要涉及闭环参数的设计，除了采用控制理论进行相应的计算外，仿真

建模也是一个常用的调试手段。在功率变换领域，国内常用的仿真软件有MATLAB/Simulink和PSIM，这部分内容将在第6章进行详细介绍。

4. 开关变换器的发展趋势

开关变换器技术的发展基本上可以体现在3个方面：变换器拓扑、宽禁带半导体材料功率器件的应用及数字化控制。

1) 变换器拓扑

软开关技术、功率因数校正技术及多电平技术是近年来变换器拓扑方面的热点。为了降低变换器的体积，需要提高开关频率而实现高功率密度，但是提高频率将使得功率开关管的开关损耗大幅度增加，采用软开关技术可以有效地降低开关损耗和开关应力，有助于变换器效率的提高。目前在工程应用上最为广泛的是LLC软开关、有源钳位ZVS技术和20世纪90年代初诞生的ZVS移相全桥技术。采用功率因数校正技术可以提高AC/DC变换器的输入功率因数，减少对电网的谐波污染。而多电平技术则可以有效降低功率开关管的电压应力。

2) 宽禁带半导体材料功率器件的应用

硅材料一直是电力电子器件所采用的主要半导体材料。人类早已掌握低成本、大批量制造、大尺寸、低缺陷、高纯度的单晶硅材料技术以及随后对其进行半导体加工的各种工艺技术，对硅器件不断的研究和开发投入也是巨大的。但是，硅器件的各方面性能已随其结构设计和制造工艺的相对完善而接近其由材料特性决定的理论极限。电子学的发展对器件提出了越来越高的要求，特别是需要大功率、高频、高速、高温以及在恶劣环境中工作的器件。例如，高性能军用飞机发动机的监控系统要求在300℃下长期工作，而一般的器件只能在100℃下正常运行，硅(Si)电池的最高工作温度仅200℃，砷化镓电池虽可在200℃以上工作，但效率大大下降；通信领域也要求更高的频率和更大的功率，所有这些都是现有的硅器件或砷化镓器件所无法满足的。在宇宙飞船上，为使器件的温度降至硅器件所能容忍的125℃，就必须配备冷却系统，如果器件能在325℃下工作，除掉这一冷却系统就可使无人飞船的体积减小60%。因此越来越多的注意力被投向了基于宽禁带半导体材料的电力电子器件。

固体中电子的能量具有不连续的量值，电子都分布在一些相互之间不连续的能带上。价电子所在能带与自由电子所在能带之间的间隙称为禁带或带隙。所以禁带的宽度实际上反映了被束缚的价电子要成为自由电子所必须额外获得的能量。硅的禁带宽度为1.12eV，而宽禁带半导体材料是指禁带宽度在2.3eV及以上的半导体材料，典型的是碳化硅(SiC)、氮化镓(GaN)、金刚石等材料。

宽禁带半导体材料称为第三代半导体材料。由于具有比硅宽得多的禁带宽度，宽禁带半导体材料一般具有比硅高得多的临界雪崩击穿电场强度与载流子饱和漂移速度、较高的热导率和相差不大的载流子迁移率，因此，基于宽禁带半导体材料(如碳化硅)的电力电子器件将具有比硅器件高得多的耐受高电压的能力、低得多的通态电阻、更好的导热性能和热稳定性，以及更强的耐受高温和射线辐射的能力，许多方面的性能都是成数量级地提高。但是，宽禁带半导体器件的发展一直受制于制造工艺的困难。直到20世纪90年代，碳化硅材料的提炼、制造技术以及随后的半导体制造工艺才有所突破，到21世纪初推出了基于碳化硅的肖特基二极管，性能全面优于硅肖特基二极管，因而迅速在有关的电力电子装置中得到应用，其总体效益超过了这些器件与硅器件之间的价格差异造成的成本增加。氮化镓的半导体制造工艺自 20 世纪 90 年代以来也有所突破，且由于氮化镓器件具有比碳化硅器件更好的高频特性而较受关注。金刚石在这些宽禁带半导体材料中性能是最好的，被称为最理想的或最具前景的电力半导体材料。但是金刚石材料提炼和制造以及随后的半导体制造工艺也是最困难的，目前还没有有效的办法。距离基于金刚石材料的电力电子器件产品的出现还有很长的路要走。关于采用碳化硅和氮化镓材料的功率管的使用特点将在第 2 章中进行介绍。

3) 数字化控制

数字化的简单应用主要是保护与监控电路，以及与系统的通信，目前已大量地应用于电源系统中。其可以取代很多模拟电路，完成电源的起动，输入与输出的过、欠压保护，输出的过流与短路保护及过热保护等，通过特定的界面电路，也能完成与系统间的通信与显示。

数字化的更先进应用不但可以实现完善的保护与监控功能，也能输出 PWM 波，通过驱动电路控制功率开关管，并实现闭环控制功能。目前，TI、ST 及 Motorola 公司等均推出了专用的电机与运动控制 DSP(数字信号处理器)芯片，已广泛应用于开关变换器控制，尤其在并网逆变器领域已成为主流控制芯片。数字控制可以提高系统的灵活性，适应更复杂的控制算法，提供更好的故障诊断能力，但控制精度、参数漂移、电流检测与均流及控制延迟等因素还是亟待解决的实际问题。例如，考虑到 DSP 产生 PWM 信号的原理，其 PWM 信号的频率和分辨率乘积受限于 DSP 芯片的系统时钟频率，即随着开关频率的提高，其控制分辨率随之下降。这部分内容将在第 1 章进行介绍。故在高频开关电源中，DSP 还不能完全取代模拟控制芯片，数字化主要采取模拟与数字相结合的形式，PWM 部分仍然采用专门的模拟芯片，而 DSP 芯片主要用于占空比控制和频率设置、输出电压的调节及保护与监控等功能。

第 1 章　PWM 控制电路设计

1.1　功率变换电路基础

直流电源为常用的电源设备，其担负着把交流电转换为电子设备所需的各种类别直流电的任务；当电网或负载变化时，能保持稳定的输出电压，并具有较低的纹波。通常称这种直流电源为稳压电源。稳压电源分为线性稳压电源和开关稳压电源。

线性稳压电源通常由 50Hz 工频变压器、整流器、滤波器、串联调整稳压器组成。调整元件工作在线性放大区内，流过电流是连续的，调整管上损耗较大的功率，需要体积较大的散热器，因此电源体积较大，而且效率低，通常仅为 35%～60%。同时电源承受过载能力较差，但是它具有优良的纹波及动态响应特性。

开关稳压电源去除了笨重的工频变压器，代之以几十千赫、几百千赫甚至数兆赫工作频率的高频变压器。由于功率管工作在开关状态，功率损耗小，效率高，可达 80%～95%，因此开关稳压电源体积小、重量轻，但电路较复杂，且输出电压纹波、噪声较高，动态响应较差。

1970 年以来，随着各种功率开关元件、各种类型专用集成电路和磁性元件的广泛应用，开关稳压电源技术更适应当今高效率、小型轻量化的要求，并得到了迅速的发展。目前的各种电子、电气设备的直流电源中有 90%以上采用开关稳压电源。

1.1.1　线性电源

线性稳压电源是较早使用的一类直流稳压电源。如图 1-1 所示，在电源电压 E 基本不变时，通过调整可变电阻 R，可实现对负载电阻 R_L 两端电压 U_O 的调节。

如果用一个三极管来代替图 1-1 中的可变阻器 R，并通过检测输出电压 U_O 的大小，来控制这个“变阻器”阻值的大小，使输出电压保持恒定，即可实现稳压的目的。这个三极管是用来调整电压输出大小的，故称为调整管。一般来说，线性稳压电源由调整管、参考电压、取样电路、比较放大电路等几个基本部分组成，该电路结构图如图 1-2 所示。

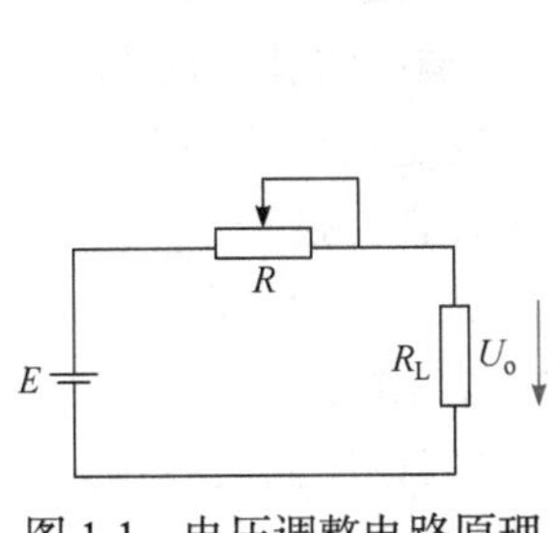

图 1-1　电压调整电路原理

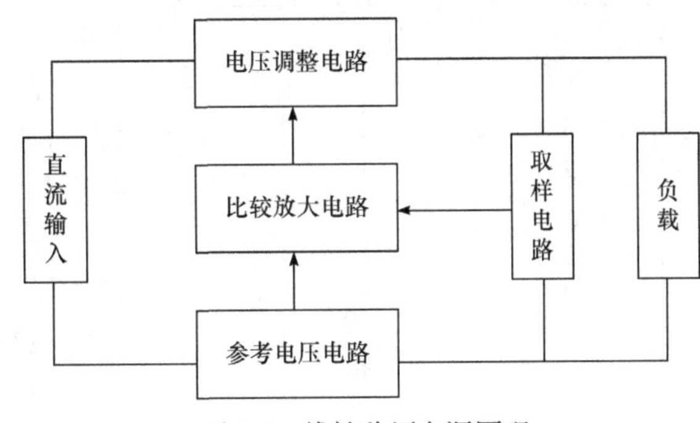

图 1-2　线性稳压电源原理

将调整管串联在直流输入和输出之间，即可获得电压调整电路，如图 1-3 所示。利用图中三极管 VT_1 的 Vbe 可控制 Vce，调整输出电压 Vout 达到给定目标。

比较放大电路如图 1-4 所示。图中三极管 VT_2 工作在放大状态，控制电压等于 VT_2 的 Vbe 和参考电压之和，用于控制输出电压 Vout。

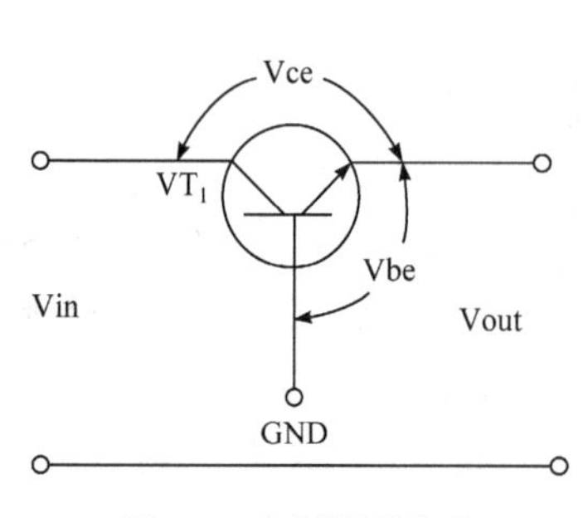

图 1-3　电压调整电路

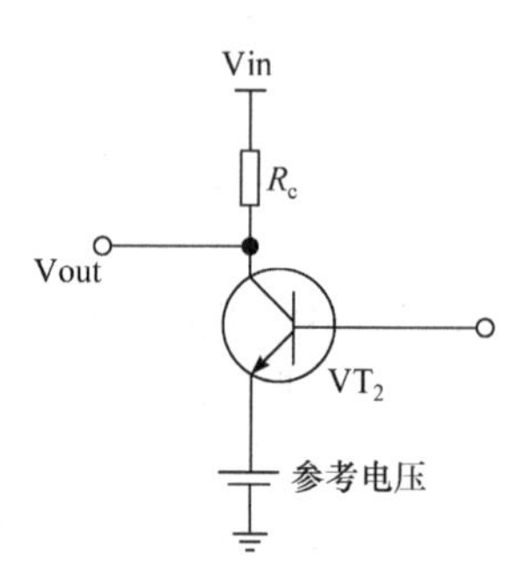

图 1-4　比较放大电路

为获得图 1-4 所需参考电压，可采用图 1-5 所示参考电压电路，图中 DZ_1 为精密稳压基准，如 LM336-2.5 就可以通过简单的外围电路获得 2.5V 的基准电压。

图 1-4 中控制电压可由图 1-6 所示的电压取样电路获得。

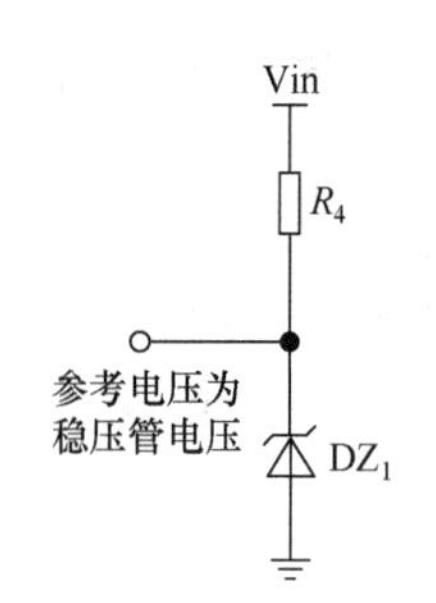

图 1-5　参考电压电路

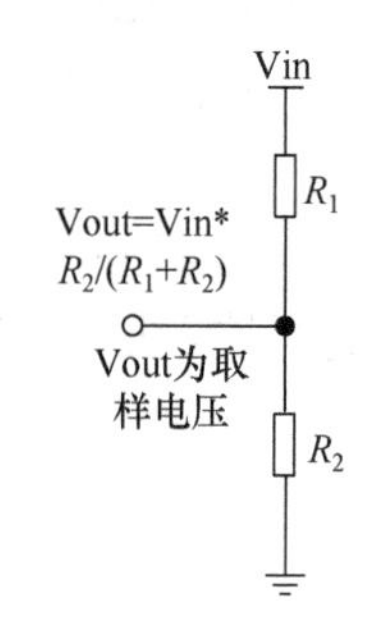

图 1-6　电压取样电路

将图 1-3～图 1-6 组合起来，即可获得一个比较简单的线性稳压电源原理图，取样电阻通过取样输出电压，并与参考电压比较，比较结果由误差放大电路放大后，控制调整管的导通程度，使输出电压保持稳定，如图 1-7 所示。

目前集成稳压器输出电压有 5V、6V、9V、12V、15V、18V、24V、36V，输出电流有 0.1A、0.5A、1.5A、2A、3A、5A 等系列，集成稳压器内部包括调整管、基准、取样、比较放大、保护电路等环节，使用时，只需外接少量元件，且电压稳定度、输出纹波及动态响应等指标都较好。常用的集成稳压器有固定正压稳压器 78××系列、固定负压稳压器 79××系列，还有可调正稳压器 117、217、317 系列，可调负稳压器 137、237、337 系列，输出电压从 2.3V 到 35V，电流为 1.5A。采用集成稳压器的线性稳压电源基本电路如图 1-8 所示。

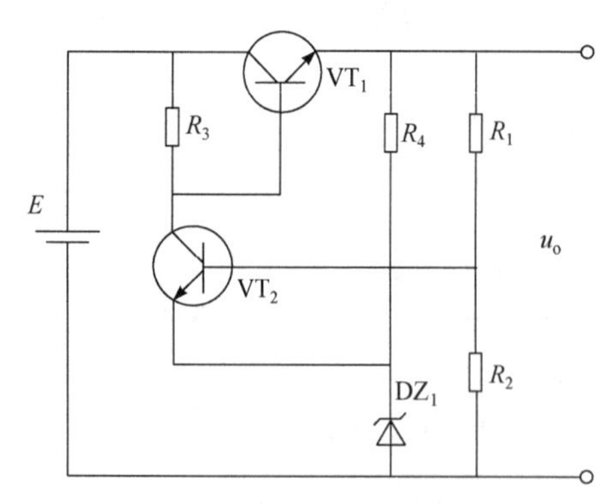

图 1-7　线性稳压电源电路

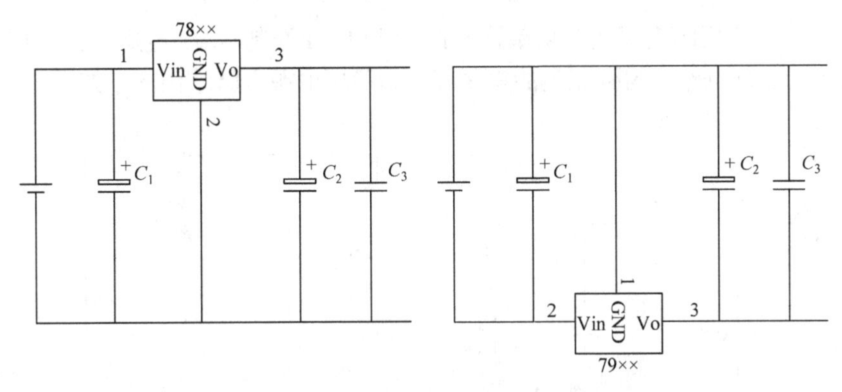

图 1-8　采用集成稳压器的线性稳压电源电路

1.1.2　开关电源

由于图 1-7 中的调整管 VT_1 相当于一个电阻，电流流过电阻时会发热，因此工作在线性状态下的调整管，一般会产生大量的热，导致效率不高。这是线性稳压电源的一个最主要的一个缺点。为克服该缺点，可以采用串联开关型稳压电源电路，其基本原理如图 1-9 所示。

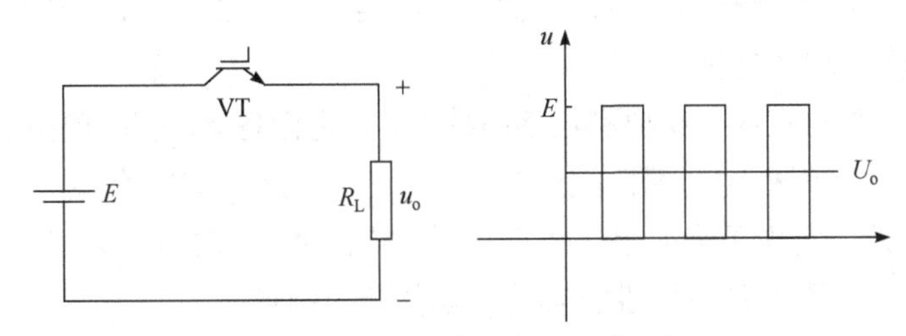

图 1-9　串联开关型稳压电源电路

输入电压源 E 通过开关管 VT 与负载 R_L 相串联，当开关管 VT 导通时，输出电压等于输入电压，即 $u_o = E$；而当开关管 VT 关断时，输出电压等于零，即 $u_o= 0$。一个周期 T_s 内，电子开关接通时间 t_{on} 所占整个周期 T_s 的比例，称占空比 D，$D=t_{on}/T_s$；通过调整占空比就可以控制输出电压 u_o 的平均值 U_o。若把 VT 当成理想元件，即开通时相当于短路，关断时相当于断路，且开关过程瞬时完成，即忽略开关损耗，则 VT 不产生损耗，即克服了线性稳压电源调整管损耗大的缺点。

这种开关管按一定调制规律通断的控制为斩波控制，斩波控制按开关管调制规律的不同主要分为 2 种：

(1) 脉冲宽度调制(PWM)，这种控制方式是指开关管调制信号的周期固定不变，而开关管导通信号的宽度可调。

(2) 脉冲频率调制(PFM)，这种控制方式是指开关管导通信号的宽度固定不变，而开关管调制信号的频率可调。

其中，脉冲宽度调制(PWM)控制方式是电力电子开关变换器最常用的开关斩波控制方式，本书中功率管的开关控制均采用 PWM 控制方式。

图 1-9 所示的串联开关型稳压电源电路输出电压为脉动的电压波形，要进行改进。添加滤波和缓冲环节后，串联开关型稳压电源电路拓扑如图 1-10 所示。

考虑到输出稳压的需要及对功率管 VT 实现 PWM 控制，添加电压取样、比较、PWM 控制和 VT 的驱动电路，得到完整的串联开关型稳压电源电路结构图，如图 1-11 所示。

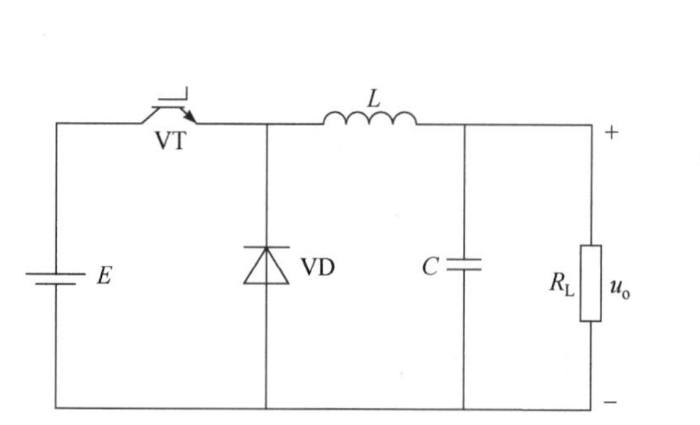

图 1-10　串联开关型稳压电源电路拓扑

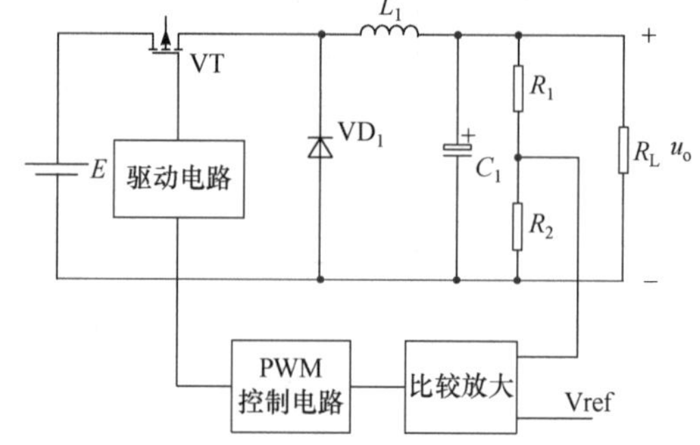

图 1-11　串联开关型稳压电源电路结构图

一般而言，PWM 控制电路由采样反馈、误差放大和脉宽生成电路三部分构成。采样反馈电路完成被控量(输出电压或/电流)的采样与反馈，通常可构成单环(输出电压环)或双环(输出电压外环、电流内环)控制；误差放大电路将基准量与反馈量的差值进行调理，产生误差信号，作为脉宽调节的依据；脉宽生成电路由比较器构成，实现误差信号与载波信号的比较，从而产生控制脉冲。

PWM 控制电路的实现有模拟和数字两种方式，它们各有利弊。模拟控制电路可以由分立器件构成，或采用相应的模拟控制芯片，后者往往具有较好的稳定性和可靠性，且仅需外围电路设计，实现更为简单。数字控制电路由 A/D 转换器和数字处理器构成，成本相对较高，但具有更好的灵活性，容易实现复杂控制算法。

1.2　PWM 模拟控制电路

1.2.1　分立元件组成的 PWM 控制电路

根据电力电子技术的知识，若主回路采用稳定的电压源作为输入信号，通过低频的调制波对高频的三角载波进行调制，在两个波形交点时刻对功率开关管施加驱动信号，主回路的输出就可以得到幅值相等的若干脉冲，其脉冲数量取决于三角载波的频率。在实际电路中，可以通过函数信号发生器获得三角波、矩形波和正弦波等典型波形。函数信号发生器可以由晶体管、运放集成电路等通用器件组成，更多的则是用专门的函数信号发生集成电路产生，其中比较典型的有美国 Intersil 公司的 ICL8038 和美国 Maxim Integrated 公司的 MAX038。下面就以 ICL8038 作为函数信号发生器介绍通过分立元件组合产生 PWM 控制信号的方法。

ICL8038 是一种具有多种波形输出的精密振荡集成电路，只需调整个别的外部元件就能产生从 0.001Hz～300kHz 的低失真正弦波、三角波、矩形波等信号，输出波形的频率和占空比可以由电容或电阻控制。

1. ICL8038 使用方法

ICL8038 采用 DIP14 封装结构，如图 1-12 所示，其引脚图如图 1-13 所示。

图 1-12　ICL8038 实物图

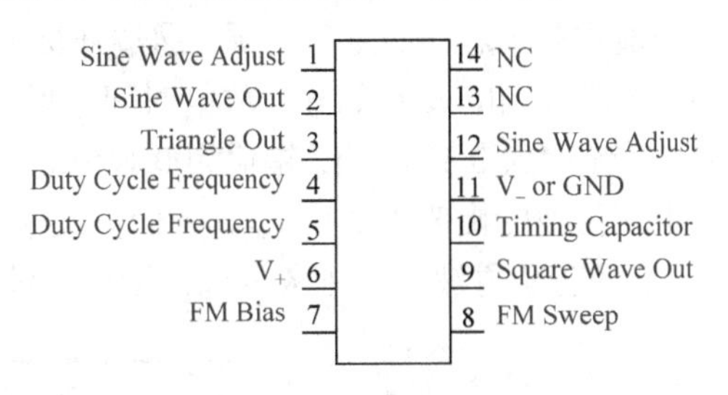

图 1-13　ICL8038 引脚图

ICL8038 内部由 2 个电流源、2 个电压比较器、1 个 RS 触发器、1 个方波输出缓冲器、1 个三角波输出缓冲器和 1 个正弦波变换电路组成，内部结构图和各引脚功能如图 1-14 和表 1-1 所示。

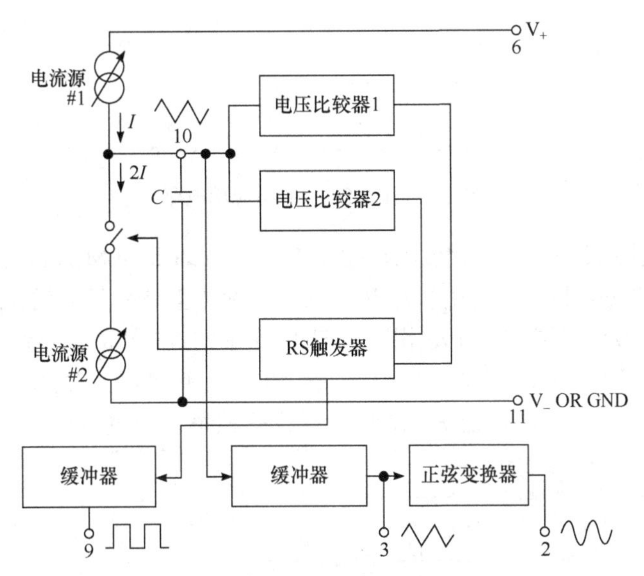

图 1-14　ICL8038 内部结构图

表 1-1　ICL8038 引脚功能说明

引脚	功能	引脚	功能
1	Sine Wave Adjust　正弦波失真度调节	8	FM Sweep　外部扫描频率电压输入
2	Sine Wave Out　正弦波输出	9	Square Wave Out　方波输出，为集电极开路结构
3	Triangle Out　三角波输出	10	Timing Capacitor　外接振荡电容
4	Duty Cycle Frequency　方波的占空比调节、正弦波和三角波的对称调节	11	V_- or GND　负电源或地；单电源供电 10～30V，双电源供电±5～±15V
5	Duty Cycle Frequency　方波的占空比调节、正弦波和三角波的对称调节	12	Sine Wave Adjust　正弦波失真度调节
6	V_+　正电源 10～18V	13	NC　空脚
7	FM Bias　内部频率调节偏置电压输入	14	NC　空脚

2. ICL8038 典型应用电路分析

若只需要产生正负对称，固定频率的波形，可以采用图 1-15 所示的电路。V_+和 V_-为幅值均是 V_{supply} 的正负电源，通过外接电阻 R_A 和 R_B 可控制电流源#1 和电流源#2 的大小，进而控制电容 C 的充、放电时间，当 $R_A=R_B=R$ 时，三角波输出引脚可输出对称三角波，其频率为 $0.33/(RC)$，幅值为 $0.165V_{supply}$。而输出的正弦波和方波的频率为 $1/(2\pi RC)$，其中正弦波的幅值为 $0.11V_{supply}$，而方波输出因为是集电极开路结构输出，其输出幅值为 V_{supply} 的正负方波，由于 $R_A=R_B$，因此方波的占空比为 50%。

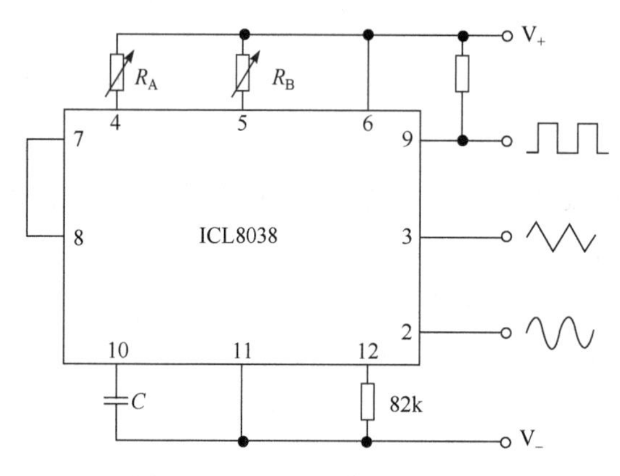

图 1-15　ICL8038 典型应用电路

图 1-16 为使用 ICL8038 和比较器产生 PWM 信号的 SPWM 发波电路。因三角载波和正弦调制波的频率不同，故使用 2 片 ICL8038 分别产生高频三角载波(10kHz)和低频正弦调制波(35～70Hz)。图中 R_1 和 R_2 相当于图 1-15 中的 R_A 和 R_B，它们与 C_2 一起决定了 D_1 发出来的高频三角载波的频率。R_3、R_4、R_{P1} 和 C_3 一起决定了 D_2 发出来的低频正弦调制波的频率，且可以通过电位器 R_{P1} 调整调制波的频率，通过电位器 R_{P4} 调整调制波的

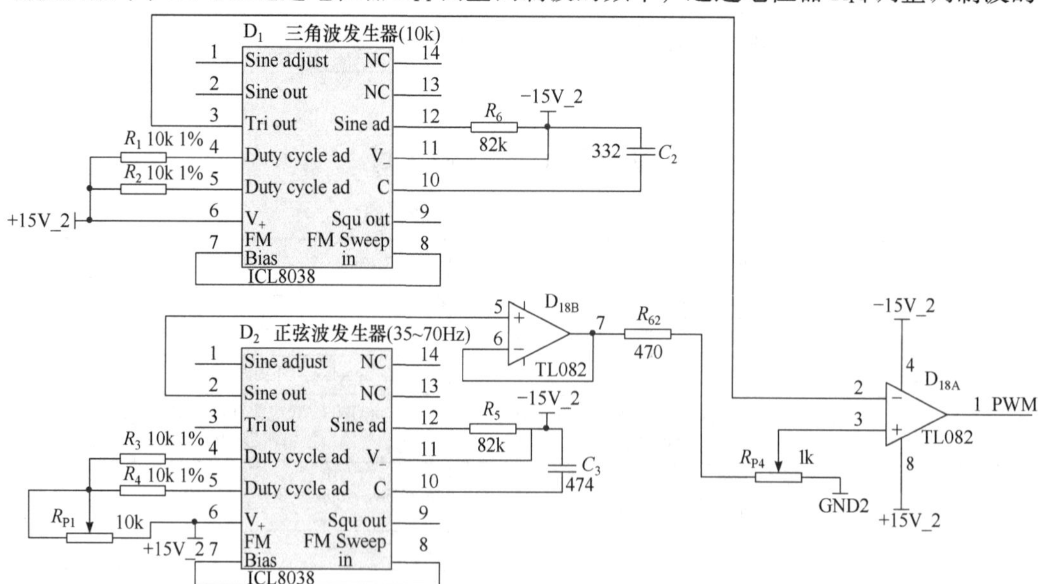

图 1-16　SPWM 发波电路

幅值。可调频/调幅的正弦调制波与固定频率/幅值的三角载波通过比较器 D_{18A} 进行比较，当调制波幅值大于载波幅值时，D_{18A} 输出高电平；当调制波幅值小于载波幅值时，D_{18A} 输出低电平。显然，D_{18A} 输出信号 PWM 为双极型 SPWM 调制信号，该信号通过后续处理后可用于逆变器的功率开关管的驱动控制信号。

该电路只能实现 PWM 的开环控制，不能根据反馈信号自行调整 PWM 控制信号的频率和占空比。若要实现工程中常用的闭环调节，可以将图 1-16 中的电位器 R_{P1} 和 R_{P4} 换成可受微处理器控制调整阻值的数字电位器。因采用分立元件来实现 PWM 的闭环控制较为烦琐，故已不属于推荐方案，目前常用的是采用 PWM 模拟集成电路芯片或微处理器来实现 PWM 自主控制和调节。

1.2.2　单端 PWM 控制芯片

UC3842 是美国 Unitrode 公司开发的单端输出的集成控制电路芯片，广泛应用于开关电源电路中，主要特点如下：

(1) 工作频率可高达 500kHz；

(2) 锁存脉宽调制，可实现逐周期限流功能；

(3) 具有大电流图腾柱输出结构。

1. UC3842 使用方法

UC3842 主要有 DIP-8、SOP-8、SOP-14 三种封装，如图 1-17 所示，其引脚图如图 1-18 所示。

图 1-17　UC3842 三种封装形式的实物图

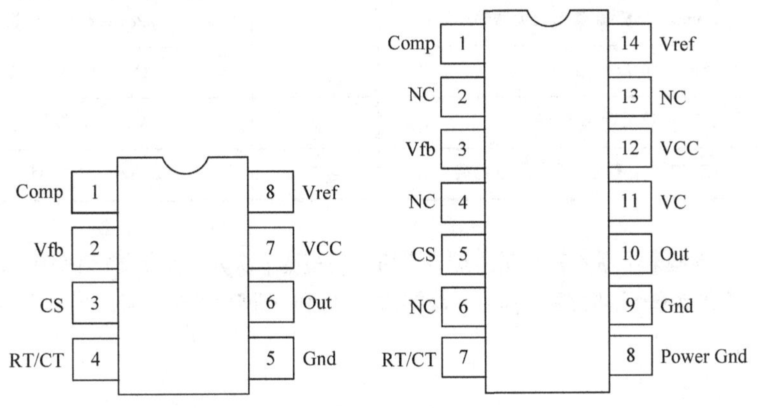

图 1-18　UC3842 引脚图

UC3842 集成电路内部结构框图如图 1-19 所示，引脚编号括号内外分别对应 14 脚和

8 脚封装，其控制环路由误差放大器、比较器、RS 触发器和逻辑门电路构成，内部集成了振荡电路、偏置电路、欠压锁定电路和基准稳压电路等，同时输出为图腾柱结构，可以直接用于驱动小功率的 Power MOSFET，其引入了电流内环，可实现逐周期电流限定，因而更易于实现过流保护功能。8 脚封装 UC3842 的各引脚功能说明如表 1-2 所示，14 脚封装与 8 脚封装引脚不同之处在于图腾柱部分，如图 1-19 所示，8 脚封装图腾柱部分已在芯片内部固定连接至电源正端和电源地，使得控制系统与驱动共地，因而不适合直接驱动悬浮的 Power MOSFET；而 14 脚封装图腾柱部分需设计者自行确定，可连接至芯片电源正端和电源地，也可连接至外接电源来驱动悬浮的 Power MOSFET。以下描述，均以 8 脚封装为例进行说明。

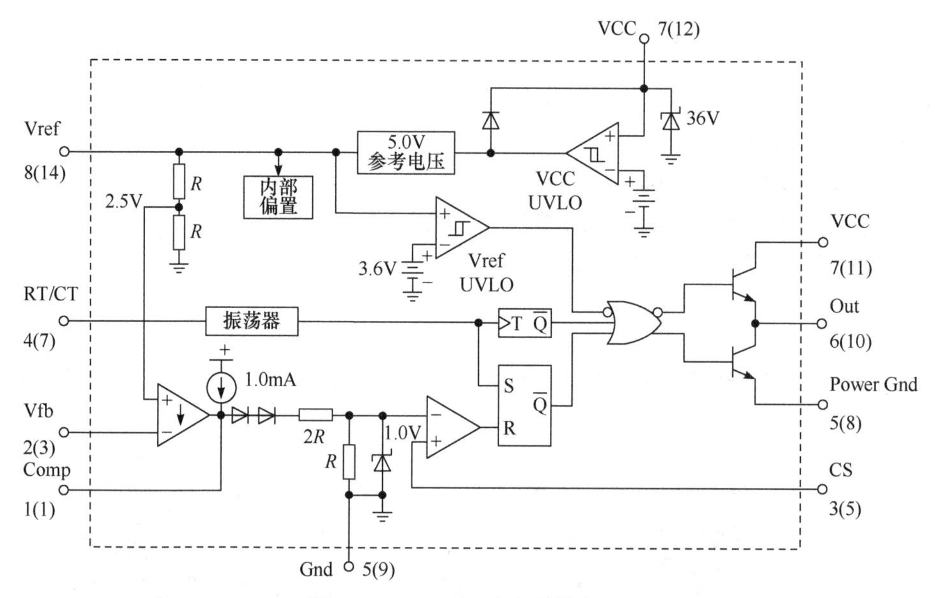

图 1-19　UC3842 内部结构框图

表 1-2　8 脚封装 UC3842 各引脚功能说明

引脚	功能	引脚	功能
1	Comp　补偿端(误差放大器输出端)	5	Power Gnd　电源地
2	Vfb　电压反馈端	6	Out　脉冲输出端
3	CS　电流反馈端	7	VCC　电源正端
4	RT/CT　振荡器外接电阻电容端	8	Vref　基准电压

UC3842 的 6 脚输出脉冲频率由振荡器的振荡频率决定，而振荡频率由外接振荡电阻 R_T(跨接在 8 脚和 4 脚)和振荡电容 C_T(跨接在 4 脚和 5 脚)共同决定，当 R_T>5kΩ 时，振荡频率表达式为

$$f_{osc}=\frac{1.86}{R_T C_T} \tag{1-1}$$

UC3842 的输出脉冲可直接驱动小功率的 Power MOSFET，如图 1-20 所示，该图中

还包括了内环电流采样电路，其中，R_d 为驱动电阻，R_s 为采样电阻，R 和 C 构成低通滤波环节，用于滤除由电路寄生参数等引起的采样电流尖刺和高频振荡。

由于电流内环将电流反馈值与外环误差放大器输出进行比较，而误差放大器输出最大值被限定在 1.0V，因此采样电阻 R_s 的选取可按式(1-2)进行计算，式中，I_P 为采样电流峰值。

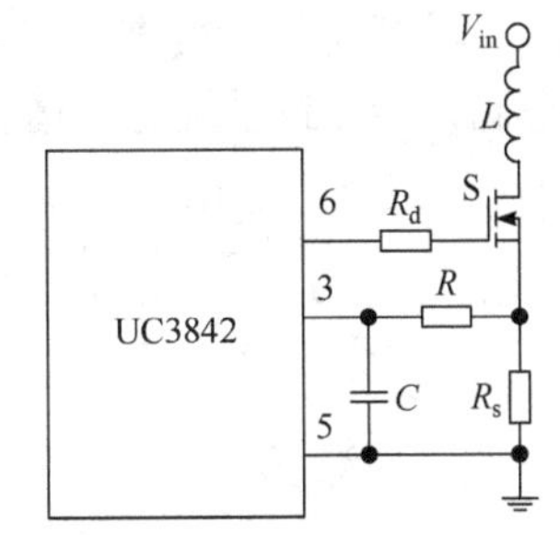

图 1-20　Power MOSFET 驱动及电流采样电路

$$R_s = \frac{1.0}{I_P} \tag{1-2}$$

UC3842 脉宽调制原理及其主要工作波形如图 1-21 所示。在每个控制脉冲周期开始时刻，RS 触发器置位，输出脉冲为高电平；随着采样电流的上升，当其上升至外环误差放大器输出的误差信号时，RS 触发器复位，输出脉冲变为低电平，直到当前周期结束。值得注意的是，外环误差放大器的基准/参考电压由芯片内部分压后固定为 2.5V，因而需要调节输出电压采样电阻的分压比例，以获得期望的输出电压。此外，从图中还可以看出，随着误差信号的逐渐增大，输出脉冲占空比也逐渐增加。利用该功能，容易实现开关 DC/DC 变换器的软启动。

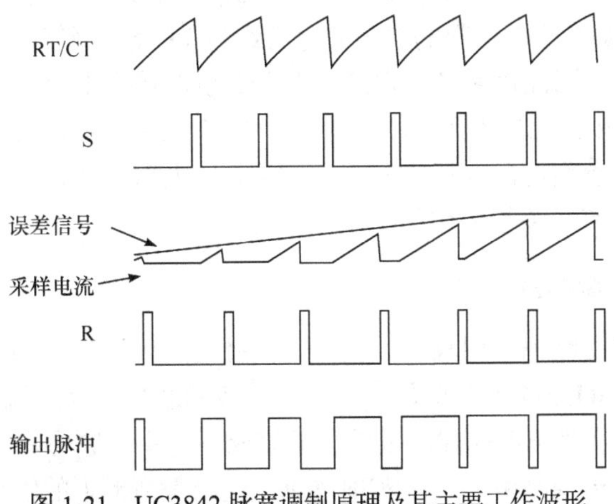

图 1-21　UC3842 脉宽调制原理及其主要工作波形

2. UC3842 典型应用电路分析

图 1-22 所示为 UC3842 在反激变换器中的典型应用。在系统上电时，直流母线电压通过起动限流电阻 R_1 对电容 C_4 充电，当电容电压达到 UC3842 起动电压时，6 脚输出控制脉冲，系统开始工作；UC3842 稳态工作电流约为 15mA，因此稳态时的芯片供电无法通过 R_1 获得，将由反馈绕组 N_3 来供电。N_3 绕组经 D_4 半波整流后的直流不仅完成 UC3842 的供电，而且充当输出电压反馈绕组。虽然系统稳定的是反馈绕组整流后的直流电压，但实际的输出电压与之成固定的匝比关系，从而间接稳定输出电压。这一反馈方式为磁反馈方式，可避免使用线性光耦或电压传感器来反馈输出电压，且能实现输入输出完全

电气隔离，具有简单、可靠和成本低等优点，但由于其无法根据实际负载输出调整功率管的占空比，会导致系统稳压精度不高。

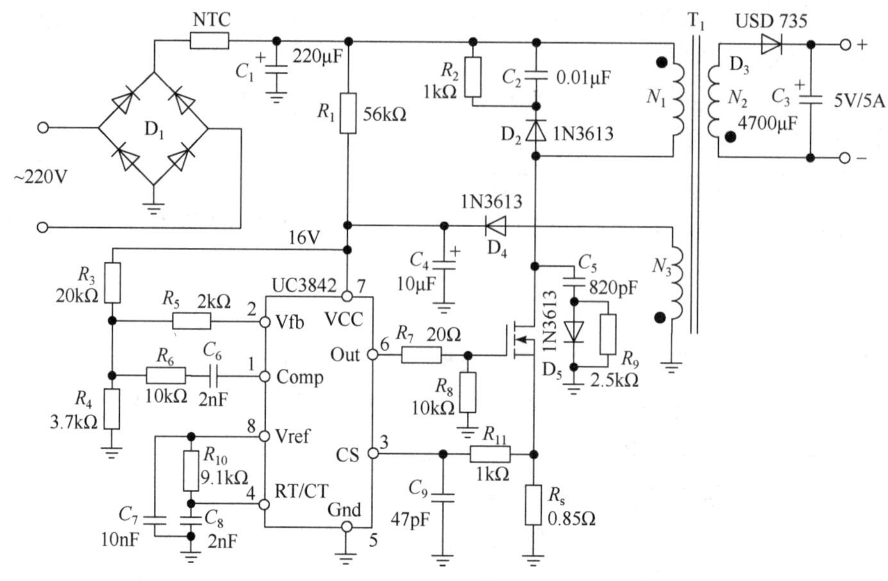

图 1-22　UC3842 在反激变换器中的典型应用

反馈电压由分压电阻 R_3 和 R_4 共同确定，由图示电路参数可确定为 $2.5\times(1+R_3/R_4)=16V$。UC3842 芯片 1 脚和 2 脚间的电阻和电容组成 PI 补偿网络。开关管电流经 R_s 转换为电流反馈电压信号，因此该系统限定的流经开关管的最大电流为 $1/R_s=1.18A$。电阻 R_{10} 和 C_8 共同决定振荡频率。二极管 D_2、电阻 R_2 和电容 C_2 组成 RCD 漏感能量吸收电路，能够抑制由变压器漏感引起的电压尖峰。二极管 D_5、电阻 R_9 和电容 C_5 组成 RCD 缓冲吸收电路，起到保护功率开关管的作用。

1.2.3　桥式 PWM 控制芯片

桥式电路在功率回路中应用较多，其中美国硅通用公司生产的 SG3525 和美国德克萨斯仪器公司生产的 TL494 为典型代表。这两款控制芯片均为双端输出，适用于推挽或半桥拓扑，除了能够实现 PWM 控制之外，还集成了一些保护功能，如电源欠压保护等，另外也预留了一个输出控制引脚，以实现过流、过温等情形下的输出脉冲封锁。

本节以 SG3525 为例，对桥式 PWM 控制芯片工作原理进行简要描述。SG3525 具有如下特点：

(1) 工作电压范围 8～35V；

(2) 精度为±1%的 5.1V 基准电压；

(3) 振荡频率范围 100Hz～500kHz；

(4) 具有振荡器同步信号输入端；

(5) 死区时间可调；

(6) 内置软启动电路；

(7) 逐个脉冲关断功能；

(8) 输入欠压锁定功能；

(9) 输出脉冲锁定功能；

(10) 双通道图腾柱输出。

1. SG3525 使用方法

如图 1-23 所示为采用 SOP-16 和 DIP-16 的 SG3525 实物照，图 1-24 为其引脚图，各个引脚的功能定义如表 1-3 所示。

图 1-23　SG3525 实物图

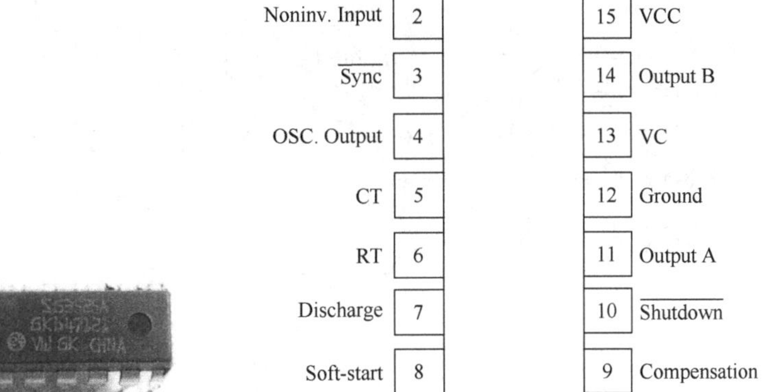

图 1-24　SG3525 引脚图

表 1-3　SG3525 引脚功能说明

引脚	功能	引脚	功能
1	Inv.Input　误差放大器反相输入端	9	Compensation　补偿端(误差放大器输出端)
2	Noninv.Input　误差放大器同相输入端	10	$\overline{\text{Shutdown}}$　输出封锁端
3	$\overline{\text{Sync}}$　同步端	11	Output A　A 路输出
4	OSC.Output　振荡器输出端	12	Ground　电源地
5	CT　振荡电容端	13	VC　输出电源端
6	RT　振荡电阻端	14	Output B　B 路输出
7	Discharge　放电端	15	VCC　电源正端
8	Soft-start　软启动端	16	Vref　基准电压

图 1-25 所示为 SG3525 集成电路的内部结构框图，其控制环路由误差放大器和比较器构成。SG3525 内部电路还包括振荡器、软启动电路、封锁电路、欠压锁定迟滞比较器、基准电压调节器、逻辑门和图腾柱输出等。SG3525 可以工作在主从模式，也可以与外部时钟同步。

(1) 电源。当 15 脚供电电压大于 8V 时，SG3525 开始工作；当供电电压降至 7.5V 时，欠压锁定电路工作，封锁脉冲输出。16 脚为 5.1V 稳压输出，它为系统提供基准电压。

(2) 软启动。8 脚外接电容可实现软启动功能，开机时，内部的 50μA 电流源对外接电容 C_s 充电，电容电压从零开始线性上升，从而逐步解除对输出脉冲占空比的限定。

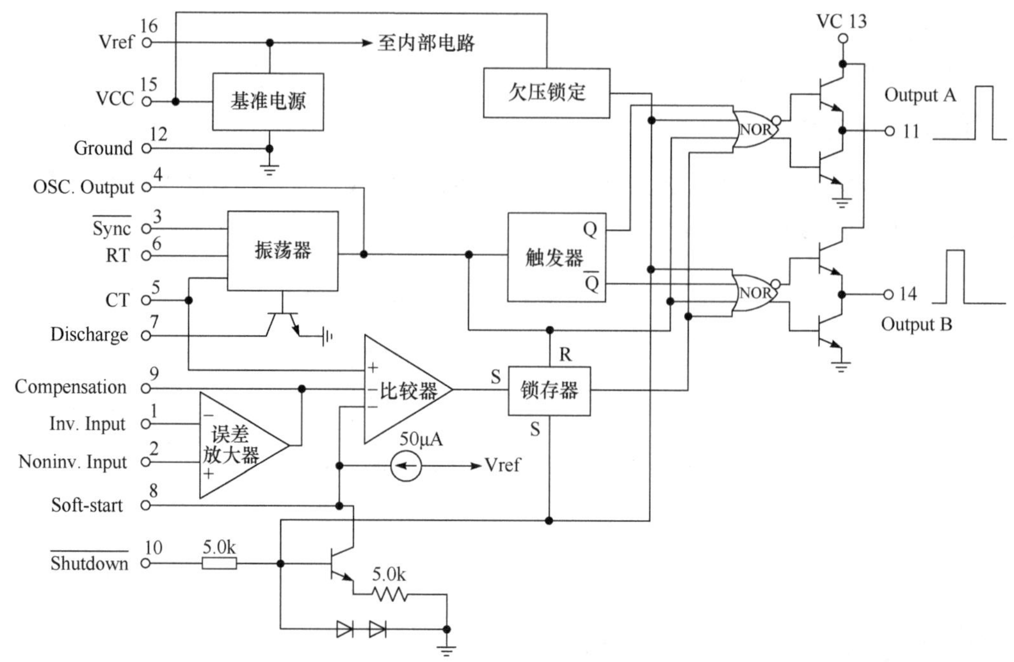

图 1-25　SG3525 内部结构框图

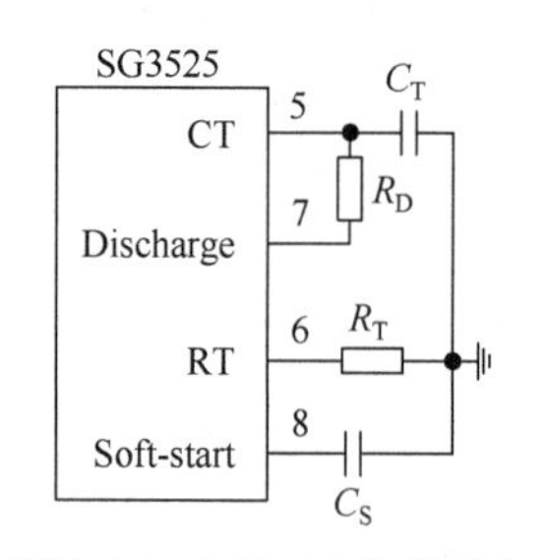

图 1-26　SG3525 软启动和振荡电路连接示意图

(3) 振荡频率与死区时间设定。5 脚和 6 脚分别外接电容 C_T 和电阻 R_T 到电源地，5 脚和 7 脚间外接放电电阻 R_D，电路连接如图 1-26 所示，它们共同决定振荡频率 f_{osc} 为

$$f_{osc} = \frac{1}{C_T(0.7R_T + 3R_D)} \tag{1-3}$$

放电电阻 R_D 决定了振荡电容 C_T 上三角波电压的下降速率和时间，在该下降时间段内，两路输出均为低电平，因而放电电阻的 R_D 大小可用于死区时间调节。

(4) 输出脉冲封锁。10 脚可用于封锁输出脉冲，实现过流、过温等保护功能。当该引脚上信号为高电平时，锁存器立即动作，输出脉冲封锁，同时软启动电容开始放电，放电电流约为 150μA，如果 10 脚仅为非常短暂的高电平，软启动电容并没有明显的放电过程，这样利用该特性很容易实现逐个脉冲关闭功能。但是，若 10 脚高电平维持时间较长，软启动电容将充分放电，当 10 脚高电平结束后，与启动类似，SG3525 将再次进入软启动阶段。

(5) 误差放大器。1 脚、2 脚和 9 脚构成误差放大器输入和输出，同相端通常由 5.1V 基准电压经分压电阻后获得反馈电压的参考值，而反馈电压连接至反相输入端，反相输出端和误差放大器输出端需跨接电阻电容构成 PI/PID 补偿网络。误差放大器输出与振荡电路生成的载波信号进行比较，从而生成相应的控制脉冲。这一环节是实现控制脉冲占空比自动调节，也即系统稳定控制的关键部分。

(6) 双端输出。11 脚和 14 脚均为图腾柱输出，它们分别受双稳态触发器输出端控制，相位相差 180°，形成双端输出模式，适合于推挽或半桥拓扑的双管驱动。值得注意的是，每一路输出脉冲的频率为振荡频率 f_{osc} 的一半。

SG3525 脉宽调制原理及其主要工作波形如图 1-27 所示。结合图 1-25 可知，SG3525 输出脉冲的宽度调制，是由 5 脚振荡电容 C_T 上的三角波电压 V_{CT}、误差放大器输出的误差信号 V_e、振荡器输出决定死区时间的信号以及 10 脚电平共同决定的，仅当以上信号均为低电平时，输出为高电平，否则输出为低电平。由图 1-27 可见，当误差放大器输出端电压越大时，输出脉冲的宽度也越大。

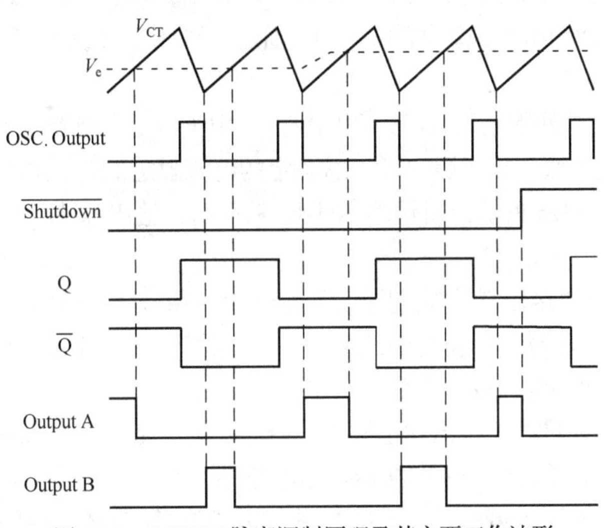

图 1-27　SG3525 脉宽调制原理及其主要工作波形

2. SG3525 典型应用电路分析

图 1-28 给出了 SG3525 在半桥变换器中的应用，其中输入电压 V_{in} 为市电经整流后的直流输出，半桥变换器直流输出电压为 48V，图中省略了 ± 15V 辅助电源。输出电压的

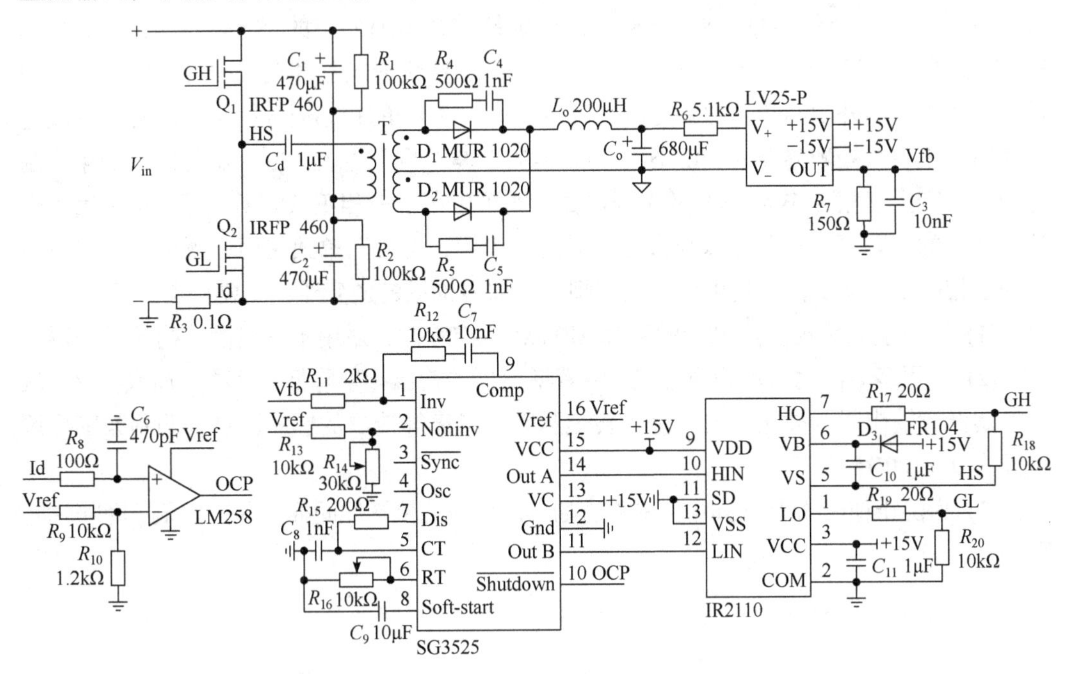

图 1-28　SG3525 在半桥变换器中的应用

隔离采样依靠电压霍尔传感器 LV25-P 来完成，关于 LV25-P 的使用，可参考第 3 章 3.1.2 节内容。经电阻 R_7 后，获得隔离的反馈电压，将其送至 SG3525 误差放大器的反相输入端。SG3525 误差放大器同相端的参考电压由 R_{13} 和 R_{14} 分压获得，通过调节 R_{14} 阻值可改变输出电压大小。R_{11}、R_{12} 和 C_7 构成 PI 补偿网络，可以稳定控制环路。

R_{15}、R_{16} 和 C_8 共同确定振荡频率，其中电阻 R_{15} 用于决定死区时间的大小，SG3525 最终输出的控制脉冲频率为振荡频率的一半。通过适当改变 R_{16} 的电阻值可对振荡频率进行精确调节。

运放 LM258 及其外围电路构成开环比较器，用于半桥变换器输入电流的过流监测。当流过电阻 R_3 的电流大于由电阻 R_9 和 R_{10} 确定的电流限定值时，比较器输出翻转为高电平，该信号送至 SG3525 的输出封锁端 10 脚，从而封锁输出脉冲，及时关断主功率开关管 Q_1 和 Q_2。

SG3525 输出的两路控制脉冲分别经驱动器 IR2110 后用于驱动主功率开关管 Q_1 和 Q_2，IR2110 通常用于驱动同一桥臂中的上下两个开关管，关于 IR2110 的原理及使用方法请参考本书第 2 章驱动电路设计部分。

SG3525 也常用作推挽变换器和全桥变换器的控制电路。当然 SG3525 也能用于 Buck、Boost、正激和反激等单管的开关变换器控制电路中，但在使用中应留意其每一路输出脉冲的最大占空比被限定为 50%。关于 SG3525 在其他开关变换器应用中的外围电路设计，可参考图 1-28，此处不再赘述。

1.2.4　三相逆变桥 SPWM 控制集成电路

三相正弦波逆变器应用广泛，故很多公司都推出了三相 PWM 集成电路，如英国马可尼(Marconi)公司的 MA818(828/838)，英国敏迪(Mitel)公司的 SA4828、SA8282 和 SA838，德国西门子(Siemens)公司的 SLE4520，这些集成电路都在国内得到应用，均为可编程微机控制外围芯片，即要与微处理器(如 51 系列单片机)配合使用，但各个集成电路使用过程中微处理器介入程度不同。HEF4752 是英国马德拉(Mullard)公司八十年代制造的用来产生三相 SPWM 信号的集成电路，既可以用于三相正弦波逆变器，也可用于交流电动机的变频调速；既可以与微处理器配合使用，也可以单独使用；既可用于强迫换流的三相晶闸管逆变器，也可用于全控型开关器件构成的逆变器，主要特点如下：

(1) 能产生三对相位差 120°的互补 SPWM 主控脉冲，适用于三相桥结构的逆变器。

(2) 采用多载波比自动切换方式，随着逆变器的输出频率降低，自动增加载波比，从而抑制低频输出时因高次谐波产生的转矩脉动和噪声等造成的恶劣影响。调制频率可调范围为 0～100Hz。

(3) 为防止逆变器上下桥臂功率管直通，在每相主控脉冲间插入死区间隔，间隔时间可调。

1. HEF4752 使用方法

HEF4752 采用 DIP28 封装结构，如图 1-29 所示，其引脚图如图 1-30 所示。

图 1-29　HEF4752 实物图

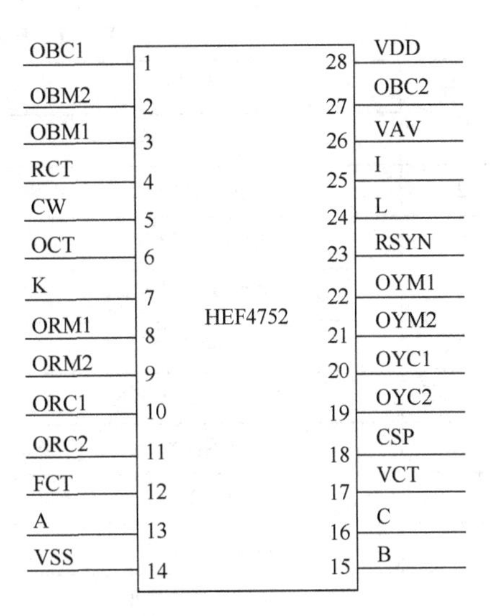

图 1-30　HEF4752 引脚图

HEF4752 有 12 个逆变驱动输出端口、4 个时钟输入端、7 个控制输入端、3 个控制输出端和 2 个电源端，各引脚功能和内部结构图如图 1-31 和表 1-4 所示。

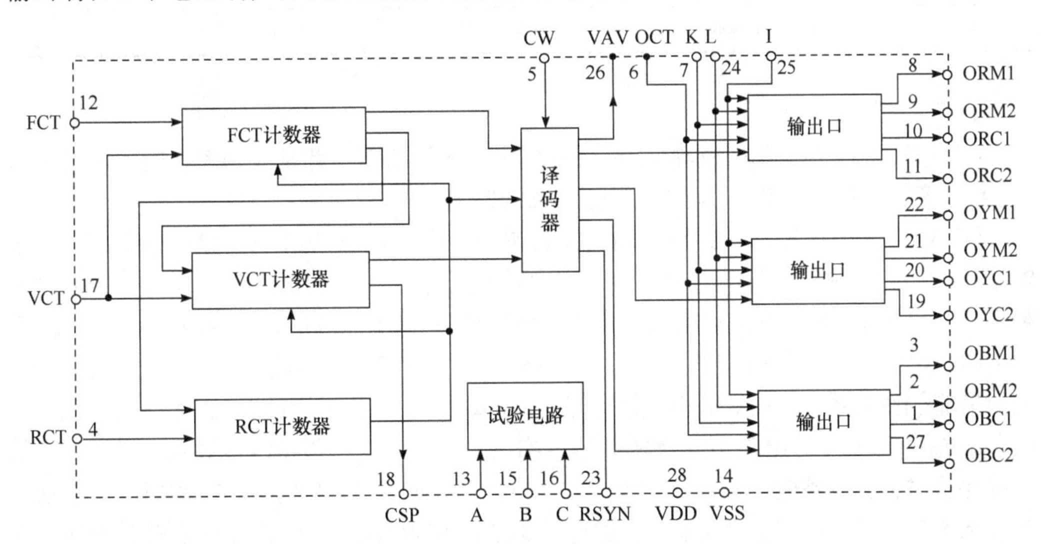

图 1-31　HEF4752 内部结构图

1) 逆变驱动输出端口

三相逆变器驱动输出端用 R、Y、B 区别三相，与 U、V、W 相对应。用 1 表示上桥臂开关器件，2 表示下桥臂开关器件，主开关器件驱动用 M 表示，则有 R 相的 ORM1、ORM2；Y 相的 OYM1、OYM2；B 相的 OBM1、OBM2。晶闸管用换流电路辅助开关器件驱动用 C 表示，则有 R 相的 ORC1、ORC2；Y 相的 OYC1、OYC2；B 相的 OBC1、OBC2。

表 1-4　HEF4752 引脚功能说明

引脚	功能	引脚	功能
1	OBC1　B 相换相	15	B　试验信号
2	OBM2　B 相主	16	C　试验信号
3	OBM1　B 相主	17	VCT　电压时钟
4	RCT　f_{smax} 基准时钟	18	CSP　电流采样脉冲
5	CW　相序选择	19	OYC2　Y 相换相
6	OCT　输出推迟时钟	20	OYC1　Y 相换相
7	K　推迟间隔选择	21	OYM2　Y 相主
8	ORM1　R 相主	22	OYM1　Y 相主
9	ORM2　R 相主	23	RSYN　R 相同步信号
10	ORC1　R 相换相	24	L　启动停止
11	ORC2　R 相换相	25	I　全控器件/晶闸管选择
12	FCT　频率时钟	26	VAV　平均电压
13	A　试验信号	27	OBC2　B 相换相
14	VSS　电源地	28	VDD　电源正

2) 时钟输入端

(1) FCT 为频率控制时钟输入端，控制 SPWM 波的基波调制波频率。输入时钟频率 f_{FCT} 与逆变器输出基波频率 f_{out} 关系为 f_{FCT}=3360f_{out}。

(2) VCT 为电压控制时钟输入端，控制逆变器输出的 SPWM 基波电压有效值 U。考虑到在电动机变频驱动时，要求在变频的同时改变电压，即保持 U/f_{out} 为常数。输入时钟频率 f_{VCT} 可确定 100%调制时输出频率 f_M 对应的基波电压有效值，f_{VCT}=6720f_M。在 $f_{out}<f_M$ 范围内，U 与 f_{out} 可保持线性关系。当 $f_{out}>f_M$ 时，SPWM 波逐渐向方波转变，U 与 f_{out} 逐渐呈非线性关系。由 f_{FCT} 和 f_{VCT} 分别与 f_{out} 和 f_M 的关系可知，当 $f_{out}=f_M$ 时，f_{FCT}=0.5f_{VCT}。换言之 f_{FCT}=0.5f_{VCT} 时出现 100%调制。f_{out} 再提高，U 与 f_{out} 不再呈线性关系。当 f_{VCT} 为某一确定值时，变频器输出电压 U 与 f_{out} 之间就有了确定的线性关系。在实现交流电动机变频调速时，可以在 f_{out} 的低频区，通过减小 f_{VCT} 以提高电压 U 来实现低频时的端电压补偿。

(3) RCT 为最高开关频率基准时钟输入端，用来设置逆变电路中开关器件的最大开关频率 f_{smax}。此基准时钟频率 f_{RCT} 与 f_{smax} 关系为 f_{RCT}=280f_{smax}，而开关器件的最小开关频率 f_{smin} 在电路内部被设置为 0.6f_{smax}。为确保三相波形的对称性，实际开关频率 f_s 被电路内部设置为逆变器输出基波信号频率的 3 的整数倍，即 f_s=N*f_{out}，N=15、21、30、42、60、84、120 和 168。在设计中应根据 HEF4752 电路内部设置的载波比 N 范围和逆变电路基波频率来综合考虑 f_{RCT} 的数值。

(4) OCT 为输出延迟时钟输入端，与控制输入端 K 的电平相配合确定每相上、下桥臂两个开关器件开通的延迟时间(死区间隔时间 t_d)。通常为简化设计，可以采用 $f_{OCT}=f_{RCT}$。

3) 控制输入端

(1) K 端与 OCT 端配合控制死区时间。K 端为高电平时，$t_d=16/f_{OCT}$；K 端为低电平时，$t_d=8/f_{OCT}$。

(2) I 端用来决定逆变器驱动输出模式。I 端为高电平时，主回路使用晶闸管作为开关器件；I 端为低电平时，主回路使用全控器件作为开关器件，此时不需要采用换流电路辅助开关器件驱动端口。

(3) L 端为启动/停止控制端。当 L 端为高电平时，允许驱动输入端输出 SPWM 信号。若此时 I 端为高电平，即使用晶闸管作为开关器件时，下桥臂的 3 个开关器件被连续触发，而上桥臂开关器件的触发信号被封锁；当 L 端为低电平时，即使用全控器件作为开关器件时，若此时 I 端为低电平，则驱动输出端全部为低电平，即禁止输出。该引脚除了能控制启/停电动机外，还可以用于过流、过压等保护。

(4) CW 端用于相序控制。当 CW 端为高电平时，逆变器输出三相相序为 R、Y、B；当 CW 端为低电平时，逆变器输出三相相序为 R、B、Y。该端口可以用来控制电动机的正/反转。

(5) 控制输入端 A、B、C 供制造过程试验用，工作时须接到 VSS(低电平)。但引脚 A 还有一个用处，在上电初始，若引脚 A 被置为高电平，则 HEF4752 被初始化，即该引脚可作为复位引脚使用。

4) 控制输出端

(1) RSYN 为 R 相同步信号输出，为脉冲输出，频率等于 f_{out}，可为触发示波器扫描提供一个稳定的参考信号。

(2) VAV 为模拟逆变器输出线电压平均值的信号，频率等于 f_{out}，不受输入控制 L 端的影响。

(3) CSP 为脉冲输出，频率为 2 倍的逆变器开关频率，也不受输入控制 L 端的影响。

5) 电源端

(1) VDD 接供电电源正端。

(2) VSS 接供电电源地。

2. HEF4752 典型应用电路分析

图 1-32 为 HEF4752 典型应用电路。由于该电路用于全控器件作为开关器件组成的三相逆变器控制，不使用 6 个换流电路辅助开关器件驱动端口 ORC1、ORC2、OYC1、OYC2、OBC1、OBC2，故将这 6 个引脚悬空。6 个主开关器件驱动端口的输出信号 ORM1、ORM2、OYM1、OYM2、OBM1、OBM2 可以经过高速光耦隔离后作为驱动芯片的输入信号。

频率控制时钟输入端 FCT 和电压控制时钟输入端 VCT 均采用集成电路 CD4046 来提供控制时钟脉冲。CD4046 采用的是 RC 型压控振荡器，只要简单外接电容和电阻作为充放电元件，就可以产生时钟脉冲，该脉冲频率受控于其引脚 9 输入电压，即在充放电元件电阻和电容参数固定时，通过调节引脚 9 输入电压数值就可以改变 HEF4752 的 FCT 和 VCT 输入脉冲的频率，实现调频和调压。图 1-32 中调节电位器 R_{P8} 可改变 CD4046 的输出脉冲频率，通过改变 HEF4752 的 f_{FCT}，从而改变 HEF4752 输出的 SPWM 波的基波频率。

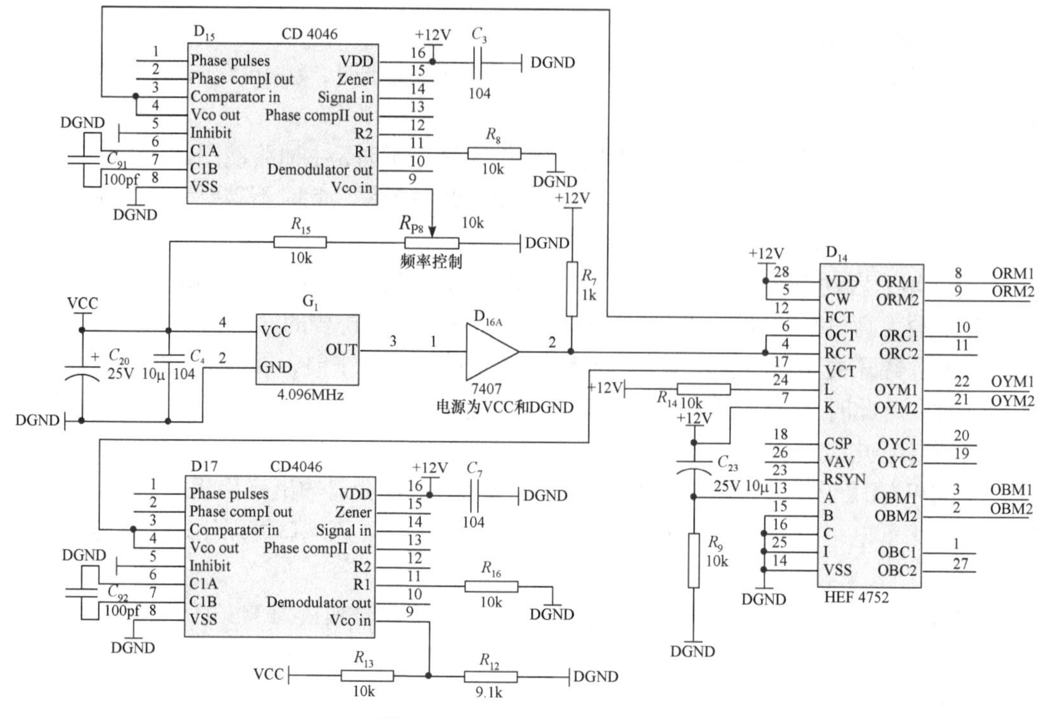

图 1-32　HEF4752 应用电路

最高开关频率基准时钟输入端 RCT 和输出延迟时钟输入端 OCT 连接在一起，由 4.096M 有源晶振提供输入时钟的脉冲信号。由于有源晶振为 5V 供电，而 HEF4752 为 12V 供电，因此通过集电极开路缓冲集成电路 7407 配合输出上拉电阻 R_7 将幅值为 5V 的脉冲信号转变成幅值为 12V 的脉冲信号。

电路中将死区控制 K 端连接到+12V，则死区时间 $t_d=16/f_{OCT}=3.9\mu s$。主电路采用全控器件作为开关器件，故将 I 端和 B、C 均连接到电源地 DGND。电路中不用 L 端作为启动/停止控制，故将其通过上拉电阻 R_{14} 连接到+12V。因该电路只应用于三相逆变器控制，不用于电动机调速，不需要控制电机的正反转，即三相相序固定，故把相序控制 CW 端连接到+12V。使用 A 端在电路上电初始对 HEF4752 进行复位，故将 A 端连接到 C_{23} 和 R_9 组成的充电电路。上电初始，电容 C_{23} 无电压，故 A 端为+12V，随着 12V 电源通过 R_9 对电容 C_{23} 充电，A 端电位逐渐降低，最终降到 0V，即完成上电复位功能。

控制输出端 RSYN、VAV 和 CSP 未参与电路控制，故在本电路中均处于悬空状态。

1.3　PWM 数字控制

目前开关变换器的数字化已成为趋势，故本节介绍通过微处理器产生 PWM 信号的方法。微处理器种类繁多，但产生 PWM 信号的方式大同小异，本节以应用较为普及的 51 单片机、定点型 DSP(Digital Signal Processor)芯片 TMS320F2812 和浮点型 DSP 芯片 TMS320F28335 来介绍微处理器产生 PWM 信号的方法。

1.3.1　标准 51 单片机 PWM 控制

标准的 51 单片机无内置 PWM 发生器，要产生 PWM 信号就必须要用软件编程的方法来模拟。方法分为软件延时和定时器产生两种。

软件延时法是利用软件延时函数来控制电平持续的时间，达到模拟 PWM 的效果。这种方法简单易行，但缺点也相当明显。当程序除了要输出 PWM 控制信号外还要执行其他操作，比如键盘扫描、显示等操作时，需要占用 CPU 一定的机器周期，这样就会影响 PWM 控制的准确度。故很少采用这种方法来产生 PWM 控制信号。

定时器产生 PWM 是利用定时器溢出中断，在中断服务程序改变电平的高低，在程序较复杂、多操作时仍能输出较准确的 PWM 波形。一般来说中断服务程序只完成改变标志位、转换高低电平的功能，如果中断服务程序中有太多的操作会影响 PWM 波的输出，尤其是除法、取余、浮点数运算会占用大量的机器周期，应在中断外完成运算。

下面例程中，采用定时器 0 的中断来设定 PWM 的控制周期，通过定时器 1 的中断来实现占空比的调节，最后通过 IO 的电平翻转来实现功率管的 PWM 控制，如图 1-33 所示，定时器 0 中断周期不变，只要改变定时器 1 的中断周期即可以实现 PWM 控制信号的占空比实时调节。

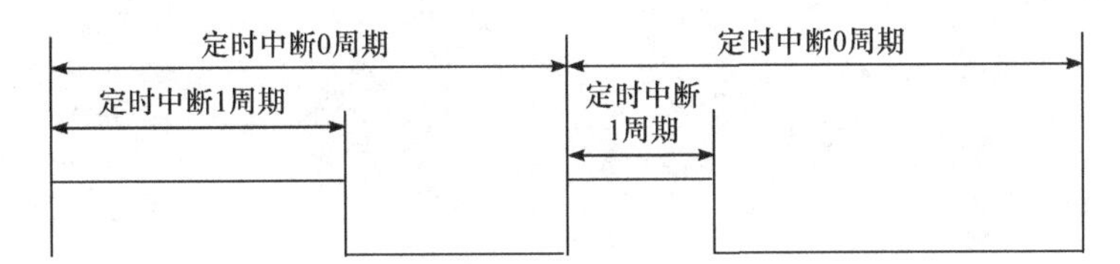

图 1-33　51 单片机利用定时中断实现 PWM 控制原理

例程中的 TMOD 为定时器工作方式控制 8 位寄存器，其定义如表 1-5 所示。

表 1-5　定时器工作方式控制寄存器说明

位	7	6	5	4	3	2	1	0
定义	GATE	C/T	M1	M0	GATE	C/T	M1	M0
	定时器 1				定时器 0			

```
M1 M0  方式  说明
0  0    0     13 位计数器
0  1    1     16 位计数器
1  0    2     可自动再载入的 8 位计数器
1  1    3     把定时器 0 分成两个 8 位的计数器，定时器 1 停止计数
C/T：选择“计数器”或“定时器”功能。本位置 1 时为计数器功能，置 0 时为定时器功能。
sbit PWM = 0xB1;                  // 定义 I/O 口 P3.1 为 PWM 口
Uint   Temp_T1;                   // 脉宽，即占空比数值
void Init_T(void)
{
TMOD=0x11;                        // 定时器 0 定时器 1 均工作在方式 2
TH0=0xfe;                         //  PWM 控制周期为 240μs，内部定时
```

```
TL0=0x70;
TH1=0xff;                              // 调制波初始化占空比 1/20
TL1=0xec;
Temp_T1=0xffec;
ET0=1;                                 // 定时器 0 中断开
ET1=1;                                 // 定时器 1 中断开
}
void Time0(void) interrupt 1 using 0   // 定时器 0 中断
{
TR0=0;
PWM=1;                                 // 通过 I/O 来实现 PWM 控制信号的变化
TR1=0;
TL1=(Uchar)(Temp_T1 % 256);            // 重新设定占空比
TH1=(Uchar)(Temp_T1 >> 8);
TR1=1;
TR0=1;
}
void Time1(void) interrupt 3 using 0   //定时器 1 中断
{
TR1=0;
PWM=0;
}
```

1.3.2　TMS320F2812 的 PWM 控制

1. TMS320F2812 的 PWM 波产生方法

TI 公司生产的 TMS320F2812(以下简称 2812)DSP 芯片的 PWM 控制功能是通过其内置的事件管理器(Event Manager, 简称 EV)来实现的。2812 具有两个事件管理器 EVA 和 EVB。这两个 EV 模块具有完全相同的功能，只是各个内部单元的名称因 EVA 和 EVB 而有所不同。每个 EV 可用于 PWM 的部分是 3 个比较单元和 2 个通用定时器。每个比较单元可以产生一对(两路)互补的 PWM 信号；EV 的通用定时器除了可以计时外，还能单独产生 1 路独立的 PWM 信号。因此，2812 一共可以产生 2*3 对互补的 PWM 信号(由比较单元产生，对应 PWM1～PWM12)和 2*2 路独立的 PWM 信号(由通用定时器产生，对应 TxPWM_TxCMP，x=1,2,3,4)。

由于 2812 的 PWM 输出口是通用 I/O(GPIO)的复用功能，而复位时所有 GPIO 默认为 I/O 功能。因此当该管脚用于 PWM 口时，需要初始化 GPIO，即在 GPIO 的功能选择寄存器中将该引脚设置为功能引脚。2812 的 GPIOA0～GPIOA5 分别对应 PWM1～PWM6，而 GPIOB0～GPIOB5 分别对应 PWM7～PWM12。GPIOA6 对应 T1PWM_T1CMP、GPIOA7 对应 T2PWM_T2CMP、GPIOB6 对应 T3PWM_T3CMP、GPIOB7 对应 T4PWM_T4CMP。故可以在初始化程序中进行 GPIO 口的 PWM 功能定义，初始化例程如下：

```
GpioMuxRegs.GPAMUX.all=0x03f;  // 将 GPIOA0～GPIOA5 设置成 PWM 口
GpioMuxRegs.GPBMUX.all=0x03f;  // 将 GPIOB0～GPIOB5 设置成 PWM 口
```

例程中 16 位寄存器 GPAMUX 和 GPBMUX 分别为 GPIOA 和 GPIOB 的功能选择控制寄存器。例如：GPAMUX 的 0～15 位分别对应 GPIOA0～GPIOA15，该位为 0 时，对应的 GPIOA 口被定义成 I/O；该位为 1 时，对应的 GPIOA 口被定义成复用功能的外设口。

2. PWM 波频率设定

EVA 有通用定时器 T1 和 T2，EVB 有 T3 和 T4。每个定时器可独立使用，也可两两配合同步(1 和 2，3 和 4)使用。主要作用有：一是计时；二是使用定时器的比较功能产生 PWM 波；三是给 EV 的其他子模块提供基准时钟，其中 T1 为 EVA 的比较单元和 PWM 电路提供基准时钟，T3 为 EVB 的比较单元和 PWM 电路提供基准时钟。如果采用定时器发波，T1、T2、T3、T4 可单独设置时钟并发出不同的 PWM 信号，即独立发波。若采用比较单元时，EVA 采用 T1 时钟并使用定时器计数寄存器 T1CNT 和周期寄存器 T1PR，EVB 采用 T3 时钟并使用 T3CNT 和 T3PR。因此采用定时器发波最多有四种时钟，而采用比较单元则只有两种。

通常情况下，2812 使用 30MHz 外部晶振，通过锁相环倍频至 150MHz，再通过高速外设时钟预定标寄存器 HISPCP 进行分频设置后提供给 EV 作为时钟信号。需要注意的是，高速时钟默认值为 SYSCLKOUT(系统时钟 150MHz)/2，即 75MHz，若要设置为其他数值，需要在初始化程序中对 HISPCP 进行设置，初始化例程如下：

```
SysCtrlRegs.HISPCP.all = 0x0000;            // 高速时钟=SYSCLKOUT，即 150M
SysCtrlRegs.PCLKCR.bit.EVAENCLK=1; // 使能 EVA 外设内部的高速时钟(HISPCP)
SysCtrlRegs.PCLKCR.bit.EVBENCLK=1; // 使能 EVB 外设内部的高速时钟(HISPCP)
```

例程中 PCLKCR 为外设时钟控制器，对应位被置 1 将使能对应外设的高速时钟。高速外设时钟预定标寄存器 HISPCP 为 16 位寄存器，15～3 位保留，2～0 位用来配置高速外设时钟相对于 SYSCLKOUT 的倍频系数。其对应关系为

000　　　　高速外设时钟=SYSCLKOUT/1

001～111 (k)　高速外设时钟=SYSCLKOUT/(2*k)

EV 再通过定时器控制寄存器中对时钟信号进行分频设置，最终得到定时器的时钟 TxCLK(x=1,2,3,4)。若以上分频设置均设为不分频，则 TxCLK 可达到 150MHz。每隔一个 TxCLK 脉冲，定时器计数寄存器 TxCNT(x=1,2,3,4)就增加或减少 1(计数一次)。通用定时器常用的计数模式有连续增/减计数模式和连续递增计数模式。初始化例程如下：

```
EvaRegs.T1CON.all = 0x0842; // 连续增/减模式，定时器输入时钟等于 HSPCLK，使能定时器
EvbRegs.T3CON.all = 0x0842;
```

例程中 T1CON 和 T3CON 分别是定时器 1 和 3 的 16 位控制寄存器。其第 6 位为使能位，置 1 时该定时器使能；其 5 和 4 位定义其该定时器的时钟源，为 0 时选择 HSPCLK 为其时钟源；12 和 11 位定义该定时器的计数模式，01 表示连续增/减模式，10 表示连续增模式；位 10～8 用来配置该定时器输入时钟相对于 HSPCLK 的倍频系数，其对应关系为

000～111 (k)　定时器输入时钟=HSPCLK/2^k

连续增/减计数模式的运行方式是 TxCNT 从初始值递增至周期寄存器 TxPR(x=1,2,

3,4)的值再递减至 0，形成对称的三角载波，如图 1-34 所示。而连续增计数模式的运行方式是 TxCNT 从初始值递增至周期寄存器 TxPR 的值，再突变为 0，形成不对称的三角载波，如图 1-35 所示。

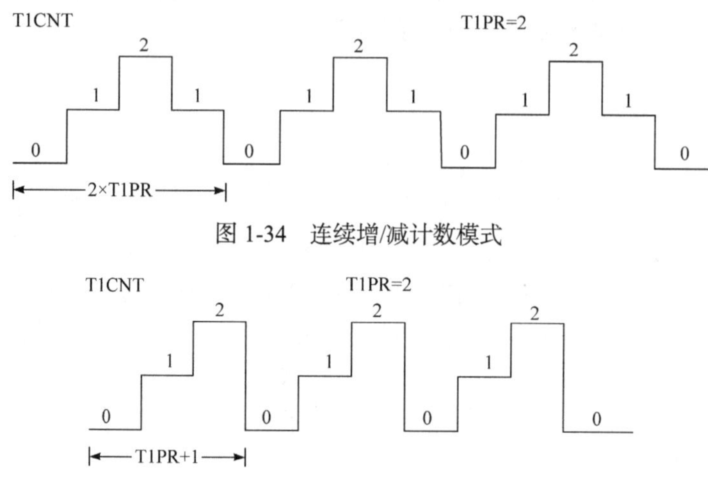

图 1-34　连续增/减计数模式

图 1-35　连续增计数模式

因此，连续增/减计数模式时开关频率 $f=\dfrac{\text{TxCLK}\times 10^6}{2\times \text{TxPR}}\text{Hz}$，而连续增计数模式时开关频率 $f=\dfrac{\text{TxCLK}\times 10^6}{\text{TxPR}+1}\text{Hz}$，即设定 TxPR 可确定 PWM 波的频率。

以常用的连续增/减计数模式为例，设经过分频设置，T1CLK 为 150MHz，将周期寄存器 T1PR 设置为 15000，则由定时器 T1 确定的 PWM 信号的频率为 5kHz。需要注意的是，受限于最高的 TxCLK 数值，PWM 的频率与其控制分辨率成反比。

3. 比较操作和 PWM 波的产生

如前所述，通过事件管理器 EVA 和 EVB，有两种产生 PWM 的方法，一是通过通用定时器，二是通过比较单元。

1) 通过通用定时器产生 PWM 波

在 EV 中，每个通用定时器都有一个比较寄存器为 TxCMPR(x=1,2,3,4)，并对应一个 PWM 输出引脚 TxPWM_TxCMP(x=1,2,3,4)。定时器计数寄存器 TxCNT 的值与 TxCMPR 值进行比较，当 TxCNT 的值等于 TxCMPR 的值时，TxPWM_TxCMP 引脚电平会发生跳变，从而输出 PWM 信号，如图 1-36 和图 1-37 所示。输出电平的高低跳变则是由通用定时器控制寄存器 GPTCONx(x=A,B)的 TyPIN(x=A 时 y=1,2；x=B 时 y=3,4)位来确定。若通过通用定时器来产生 PWM 波，可通过改变 TxCMPR 数值实现对占空比的调整，初始化例程如下：

```
EvaRegs.T1PR = prd;            // 定时器 1 周期寄存器赋值，prd 通过宏定义实现
EvaRegs.T1CMPR = prd/2         // 定时器 1 比较寄存器赋值
EvaRegs.T1CNT = 0;             // 定时器 1 计数寄存器赋值，从当前值开始计数
```

EvaRegs.GPTCONA.bit.T1PIN =1;　　// 定时器 1 比较输出的极性低有效，2 为高有效

例程中 GPTCONA 为通用定时器 A 控制寄存器，其 1 和 0 位用于定义通用定时器 1 比较输出的极性选择，其对应关系为

00 强制低

01 低有效

10 高有效

11 强制高

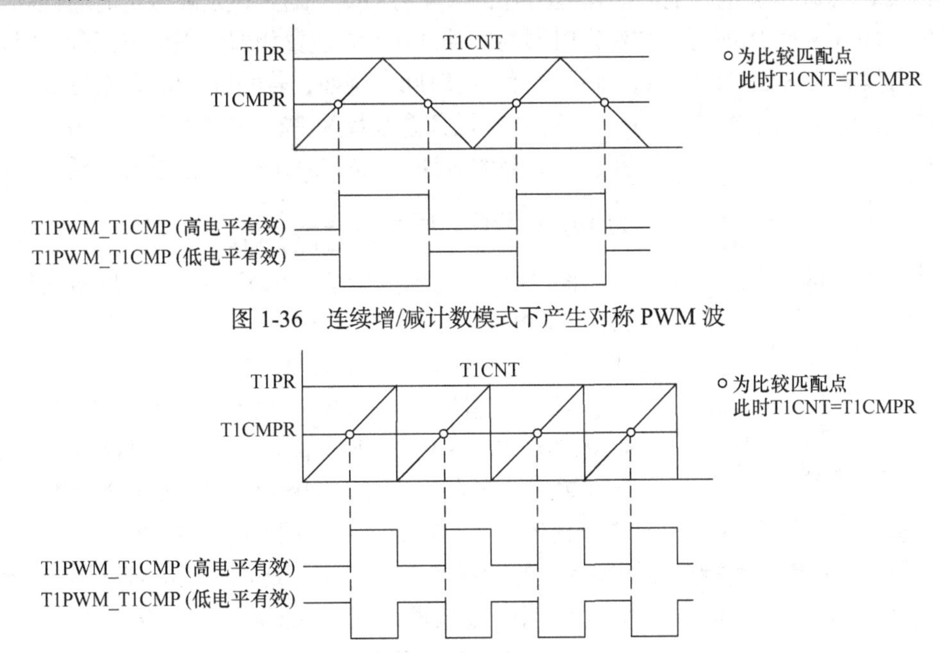

图 1-36　连续增/减计数模式下产生对称 PWM 波

图 1-37　连续增计数模式下产生非对称 PWM 波

2) 通过比较单元产生 PWM 波

相比于通用定时器，比较单元产生 PWM 信号原理相同，都是基于通用定时器计数器 TxCNT 的值与比较寄存器的值进行比较，当两者相等时产生比较匹配事件。区别就在于通用定时器的比较寄存器为 TxCMPR(x=1,2,3,4)，比较单元的比较寄存器为 CMPRx(x=1,2,3,4,5,6)，其输出电平的高低跳变则是由比较行为控制寄存器 ACTRx(x=A,B)寄存器中对应控制位来确定。图 1-38 所示为定时器 T1 工作于连续增/减计数模式时，比较单元 1 输出一对对称的互补 PWM 波形 PWM1 和 PWM2。

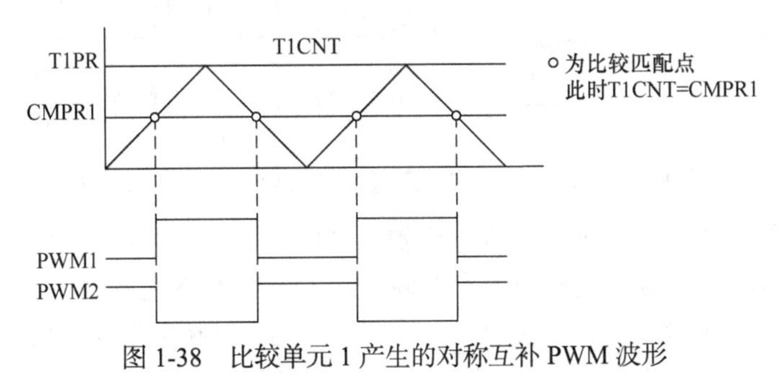

图 1-38　比较单元 1 产生的对称互补 PWM 波形

4. 互补脉冲的死区设置

通过事件管理器 EVA 和 EVB 的比较单元，可产生总共 6 对互补的 PWM 波，适合应用于开关变换器中常用的桥式电路中上下半桥开关管的互补导通。考虑到开关管状态的切换存在延时，为防止上下桥臂直通，可通过死区定时器控制寄存器的设定，使得互补波形之间具有死区时间。

2812 的死区是设定在上升沿延迟上升，下降沿不变。通过设定死区定时器控制寄存器 DBTCONx(x=A,B)即可。与对定时器的时钟 TxCLK 设置相似，先设定死区定时器的时钟，再设置死区延时计数值，即可设置死区时间。例如，若经过分频设置(可定义成系统时钟频率的 1、2、4、8、16、32 分频)，设分频系数为 32，系统时钟为 150MHz，则死区定时器的时钟为 4.6875MHz，再设置死区延时计数值为 10，则死区时间为 $t=\dfrac{10}{4.6875\text{MHz}}=2.13\times10^{-6}\text{s}$ 。

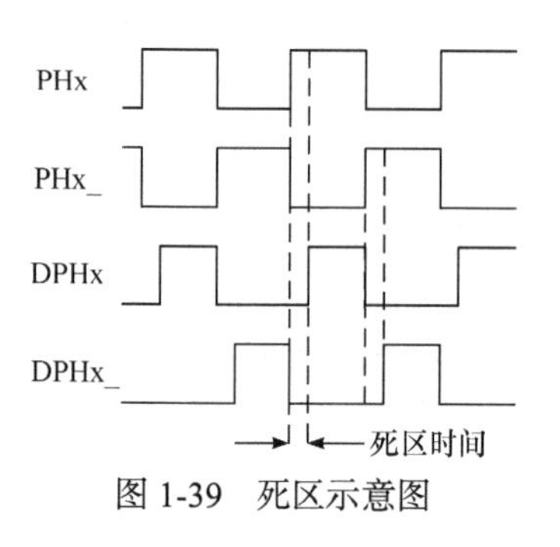

图 1-39　死区示意图

图 1-39 为设定死区前后波形的对比。原始互补波形 PHx 和 PHx_在设定上升沿延迟上升一段死区时间后，形成了带死区时间的波形 DTPHx 和 DTPHx_。

事件管理器 EVA 具有 3 个比较单元，比较单元 1 产生 PWM1 和 PWM2；比较单元 2 产生 PWM3 和 PWM4；比较单元 3 产生 PWM5 和 PWM6，其时钟由通用定时器 1 提供。事件管理器 EVB 也具有 3 个比较单元，其时钟由通用定时器 T3 提供。如图 1-40 所示，每个比较单元都能输出两路互补的 PWM 波形，也可通过相应的寄存器设置死区时间。故 EVA 和 EVB 均可以为一个三相全桥电路提供 6 路 PWM 控制信号。

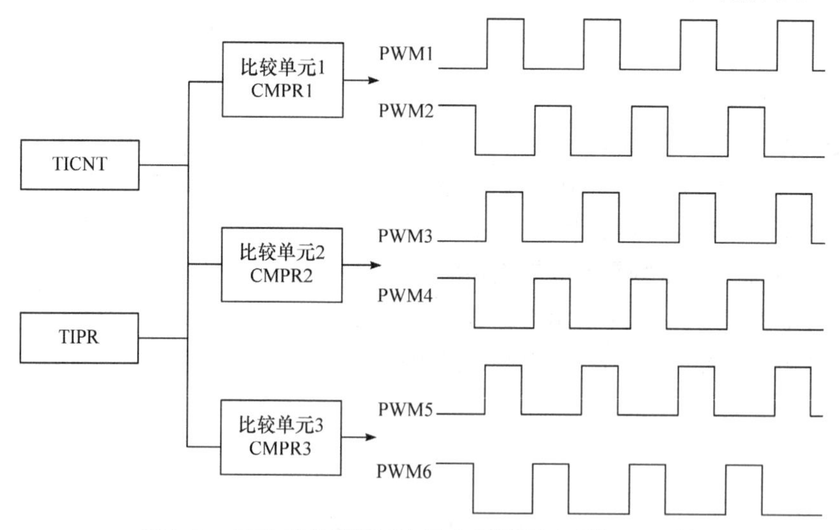

图 1-40　EVA 的比较单元和输出的带死区互补 PWM 波

针对 H 桥逆变单元进行相关寄存器设置，其中功率管开关频率设为 5kHz，2812 的 T1CLK 为 150MHz，则载波周期数值为 30000。设定 EVA 的比较单元 1(CMPR1)对应的 PWM1(低有效)和 PWM2(高有效)用于 H 桥左桥臂的上下桥臂功率管的驱动控制，设定 EVB 的比较单元 1(CMPR4)对应的 PWM7(高有效)和 PWM8(低有效)用于 H 桥右桥臂的上下桥臂功率管的驱动控制。采用载波反相的倍频单极性调制方式，EVA 和 EVB 的载波相差 180°，即 EvaRegs.T1CNT 和 EvbRegs.T3CNT 初始数值相差载波半个周期数 15000。因上下桥臂控制信号为互补关系，故加入死区。

```
// EVA 设置
EvaRegs.T1PR = 15000;                    // Time1 周期寄存器写入定时值
EvaRegs.T1CNT =0;
EvaRegs.ACTRA.all = 0x0999;              // CMP1,3,5 低有效,CMP2,4,6 高有效
EvaRegs.CMPR1 = 7500;                    // 占空比初值 50%
EvaRegs.DBTCONA.all = 0x0ff4;            // 定时 PWM 死区时间 3.2μs
// EVB 设置
EvbRegs.T3PR = 15000;
EvbRegs.T3CNT =15000;                    // 与 EVA 的 PWM 载波相移 180 度
EvbRegs.ACTRB.all = 0x0666;              // CMP7,9,11 高有效,CMP8,10,12 低有效
EvbRegs.CMPR4 = 7500;
EvbRegs.DBTCONB.all = 0x0ff4;            // 定时 PWM 死区时间 3.2μs
```

例程中 ACTRA 和 ACTRB 为 16 位的比较方式控制寄存器，其 11～0 位分别定义通用定时器计数器 T1CNT 和 T3CNT 计数值达到图 1-38 中的比较匹配点后的对应比较器输出引脚的电平状态。寄存器每 2 位对应 1 个比较器输出引脚，则 ACTRA 对应 CMP6～1，ACTRB 对应 CMP12～7。例如 ACTRA 的 1 和 0 位定义对应比较匹配点后 CMP1 的电平状态，其对应关系为

00 强制低
01 低有效
10 高有效
11 强制高

H 桥输出电流采用比例积分控制，其中 Signal_set 为给定值，Current 为反馈值，Kp 为比例系数，Ki 为积分系数。

```
error=Signal_set-Current;
Vout=Kp*(error-error_old)+Ki*error+Vout_old;
error_old=error;
if(Vout>7500) Vout=7500;
else if(Vout<-7500) Vout=-7500;
Vout_old= Vout;
Value_CMP=7500-Vout;
if(Value_CMP<0) Value_CMP=0;                    //越限保护
else if(Value_CMP>15000) Value_CMP=15000;
EvaRegs.CMPR1=Value_CMP;
EvbRegs.CMPR4=Value_CMP;
```

1.3.3 TMS320F28335 的 PWM 控制

1. TMS320F28335 的 PWM 波产生方法

TMS320F2812 中 PWM 模块采用事件管理器控制，而 TMS320F28335(以下简称 28335)有专用 6 个 ePWM 模块。每个 ePWM 模块都可以通过精确的 16 位时间定时器，进行周期和频率的控制，可输出 ePWMxA 和 ePWMxB 两路 PWM 信号。两个 DSP 芯

片在使用中明显的不同之处是：2812 常用的 12 路 PWM 信号分别由两个事件管理器产生，每个事件管理器可产生 1 路载波，即每 6 路 PWM 波对应 1 路载波，可满足常用的两电平三相逆变桥电路的 PWM 控制要求；而 28335 中每 2 路 PWM 信号由 1 个 ePWM 模块产生，即每 2 路 PWM 信号对应 1 路载波，因此在多载波控制电路中应用 28335 更为方便。

与 2812 相似，28335 的 PWM 输出口是通用 I/O(GPIO)的复用功能，故当该管脚用于 PWM 口时，需要初始化 GPIO，即在 GPIO 的功能选择寄存器中将该引脚设置为功能引脚。28335 的 PWM 输出口与 GPIO 口的对应关系如表 1-6 所示。

表 1-6　28335 的 PWM 输出口与 GPIO 口的对应关系

GPIO 口定义	GPIO0	GPIO1	GPIO2	GPIO3	GPIO4	GPIO5
PWM 口定义	ePWM1A	ePWM1B	ePWM2A	ePWM2B	ePWM3A	ePWM3B
GPIO 口定义	GPIO6	GPIO7	GPIO8	GPIO9	GPIO11	GPIO12
PWM 口定义	ePWM4A	ePWM4B	ePWM5A	ePWM5B	ePWM6A	ePWM6B

故可以在初始化程序中进行 GPIO 口的 PWM 功能定义，初始化例程如下：

```
GpioCtrlRegs.GPAMUX1.bit.GPIO0 = 1;   // PWM1A
GpioCtrlRegs.GPAMUX1.bit.GPIO1 = 1;   // PWM1B
GpioCtrlRegs.GPAMUX1.bit.GPIO2 = 1;   // PWM2A
GpioCtrlRegs.GPAMUX1.bit.GPIO3 = 1;   // PWM2B
GpioCtrlRegs.GPAMUX1.bit.GPIO4 = 1;   // PWM3A
GpioCtrlRegs.GPAMUX1.bit.GPIO5 = 1;   // PWM3B
GpioCtrlRegs.GPAMUX1.bit.GPIO6 = 1;   // PWM4A
GpioCtrlRegs.GPAMUX1.bit.GPIO7 = 1;   // PWM4B
GpioCtrlRegs.GPAMUX1.bit.GPIO8 = 1;   // PWM5A
GpioCtrlRegs.GPAMUX1.bit.GPIO9 = 1;   // PWM5B
GpioCtrlRegs.GPAMUX1.bit.GPIO10= 1;   // PWM6A
GpioCtrlRegs.GPAMUX1.bit.GPIO11= 1;   // PWM6B
```

2. PWM 波频率设定

PWM 的频率由时基时钟信号(TBCLK)、时间基准周期寄存器值(TBPRD)和时间基准计数器模式(TBCTR)共同决定。TBCLK 来源于预分频的系统时钟信号(SYSCLKOUT，28335 主频可达 150MHz)，该信号确定了时间基准计数器增减的速率。

时间基准计数器的计数模式有向上计数(递增)模式、向下计数(递减)模式、向上-向下计数(先递增后递减)模式。时间基准计数器周期值设置为 4(PRD=4)为例，分别如图 1-41(a)、(b)、(c)所示。

1) 递增计数模式

时间基准计数器从零递增到周期值(PRD)，当达到周期值，时间基准计数器复位至零，此时再重新开始递增计数，重复运行。

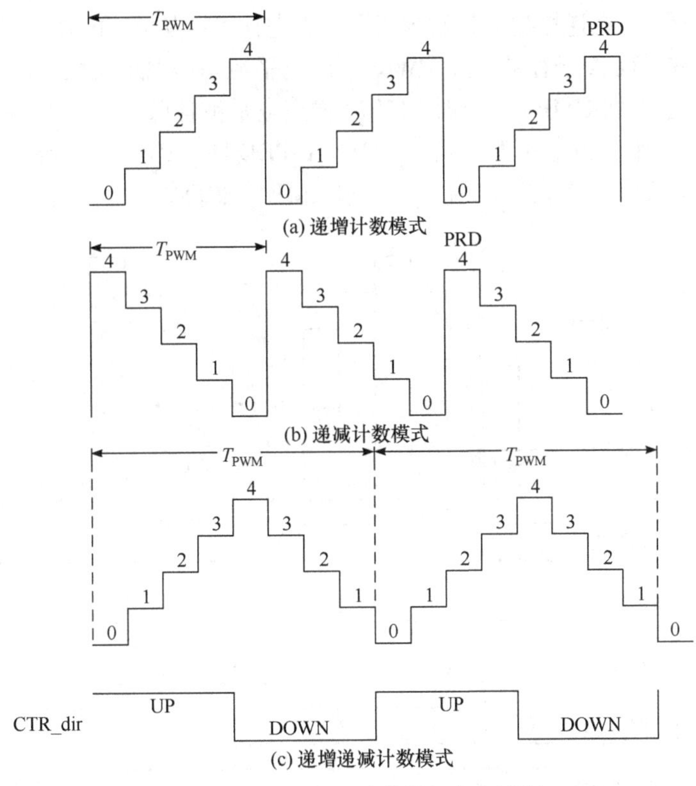

图 1-41　时间基准计数器频率和周期

2) 递减计数模式

时间基准计数器从周期值(PRD)递减到零，当达到零值时，时间基准计数器重置周期值，此时再重新递减重复运行。

递增计数模式和递减计数模式周期和频率的计算方法一致：

$$T_{PWM}=(PRD+1)*TBCLK,\qquad f_{PWM}=1/T_{PWM}$$

3) 递增递减计数模式

时间基准计数器从零递增到周期值(PRD)，当达到周期值，时间基准计数器开始递减直至零，此时再递增重复运行。

递增递减计数模式下周期和频率的计算方法：

$$T_{PWM}=2*PRD*TBCLK,\qquad f_{PWM}=1/T_{PWM}$$

以常用递增递减计数模式为例，若要设置 PWM 波频率为 10kHz，即 f_{PWM}=10kHz，时基时钟信号 TBCLK 为 1/150MHz，则时间基准计数器周期值 PRD=1/(2*TBCLK* f_{PWM})=150MHz/(2*10kHz)=7500。

3. PWM 波占空比调整

在设定时间基准计数器周期值 PRD 后，即设定了 PWM 控制时的载波频率，也即设定了 PWM 信号的频率。28335 可以通过设定 ePWM 模块中 CMPA 和 CMPB 数值来改变 ePWMxA 和 ePWMxB 的输出电平变化，即改变 PWM 波的占空比。

如图 1-42 所示，在递增递减计数模式下，占空比可以从 0～100%变化。当计数器递增到 CMPA(计数比较 A 寄存器)时，PWM 输出电平经动作限定模块 AQCTLA 被置高，同样，当计数器递减到 CMPA 的值时，PWM 输出电平被置低。若 CMPA=0 时，则 PWM 信号一直输出低电平，占空比为 0%；当 CMPA=PRD 时，PWM 信号输出高电平，占空比一直为 100%。若要设置占空比为 50%，则 CMPA=PRD/2。

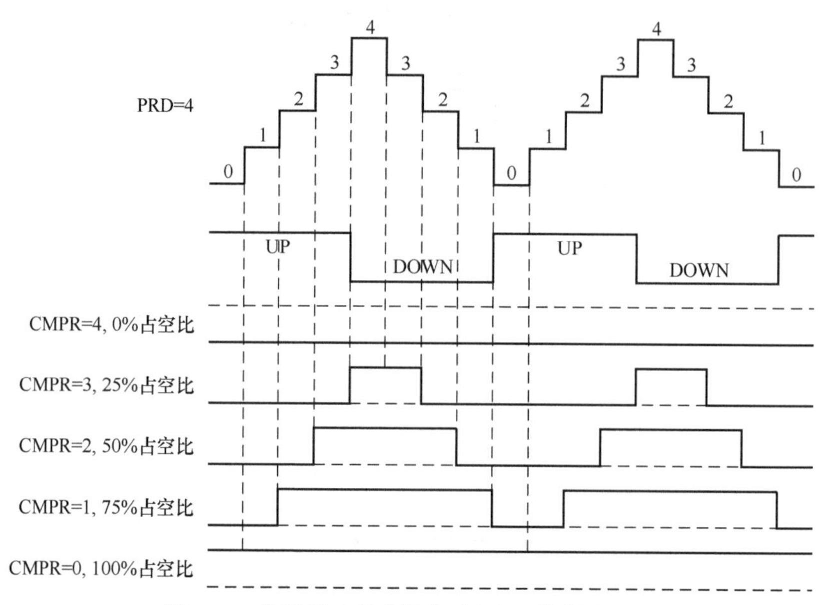

图 1-42　先递增后递减模式下占空比控制波形图

4. 互补 PWM 波死区设置

PWM 控制在桥式电路中得到广泛应用，电路中的功率管切换过程中总会存在一定的延时，同一桥臂上待开通的功率管的上升沿只要滞后于另一管子的下降沿时间即可，这个时间区域称为死区。死区的存在能够有效避免同一桥臂的两个开关管同时导通。

在 2812 中，只能设置上升沿死区，下降沿不变；而 28335 既可以设置上升沿死区，又可以设置下降沿死区。在 28335 死区模块中，主要包括死区控制寄存器 DBCTL、死区上升沿延迟计数寄存器 DBRED、死区下降沿延迟计数寄存器 DBFED。通过这些寄存器，可以设置一个周期内信号上升沿延迟值(RED)和下降沿延迟的值(FED)，该值与定时器时钟成正比：

RED = DBRED×T(TBCLK)；TBCLK 为时基时钟

FED = DBFED×T(TBCLK)；

典型死区输出波形如图 1-43 所示，可实现按照驱动要求的高有效或低有效。

5. 载波相移的应用

在 PWM 控制中，载波比越高，经过惯性环节后输出的电压或电流波形所含谐波越少，即开关频率越高，输出波形质量越高。但在大功率变流系统中，为降低开关损耗，大功率开关管通常开关频率偏低，而低频的 PWM 控制会导致输出波形中含有大量低频谐波和较大的响应延时。此时可在级联或并联电路中采用载波相移技术，提高系统的等效开关频率，在提高系统输出波形质量的同时，也有效缩短电路的响应时间。

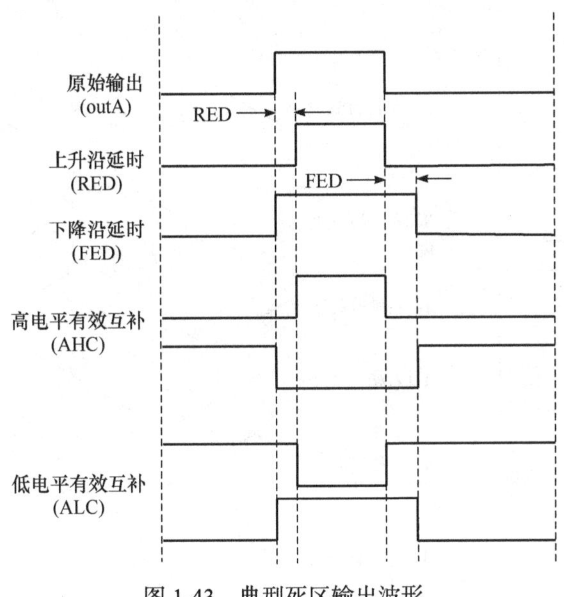

图 1-43　典型死区输出波形

图 1-44 中功率管开关频率为 5kHz，则载波周期为 0.2ms，按照 DSP 常用的在载波周期中断采样(图中的 a 点和 c 点)，在载波的下溢中断响应(图中的 b 点和 d 点)，则响应延时为 0.1～0.3ms。

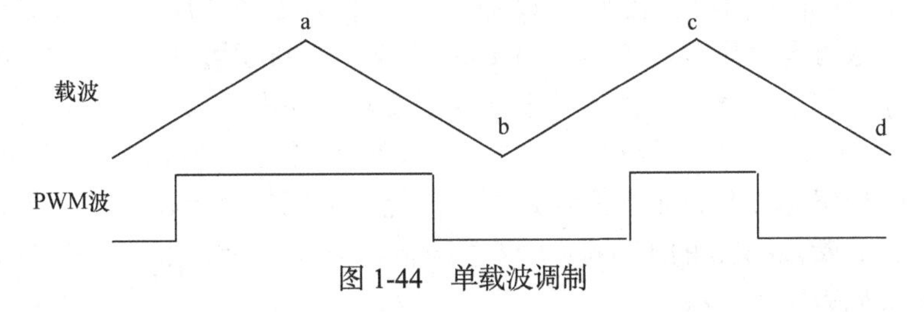

图 1-44　单载波调制

图 1-45 中主回路拓扑为 H 桥级联结构，常用于中、低压功率器件应用到高压的场合。图中为 3 个 H 桥，6 个桥臂。在桥式控制中，同一桥臂上下功率管通常为加死区互补导通，即一个桥臂的 PWM 控制可共用一个载波。则图中所示的 3H 桥级联若采用多载波控制方式，需要 6 路载波 12 路 PWM 控制信号。一个载波周期 360°，为实现一个 H 桥的倍频单极性控制(可输出三电平)，则一个 H 桥中左右桥臂载波应相差 180°，而三个 H 桥左桥臂的载波起始相位应互差 60°，则 6 个桥臂对应的载波相位关系如图 1-46 所示。这种载波相移控制方式，不但使得系统输出电压波形为 7 电平，同时按照图 1-44 的分析方法，其响应延时仅为 1/6～1/3 个载波周期。同样是功率管开关频率为 5kHz，载波周期为 0.2ms，该系统的响应延时仅为 33～66μs，即系统等效开关频率为功率管开关频率的 6 倍。

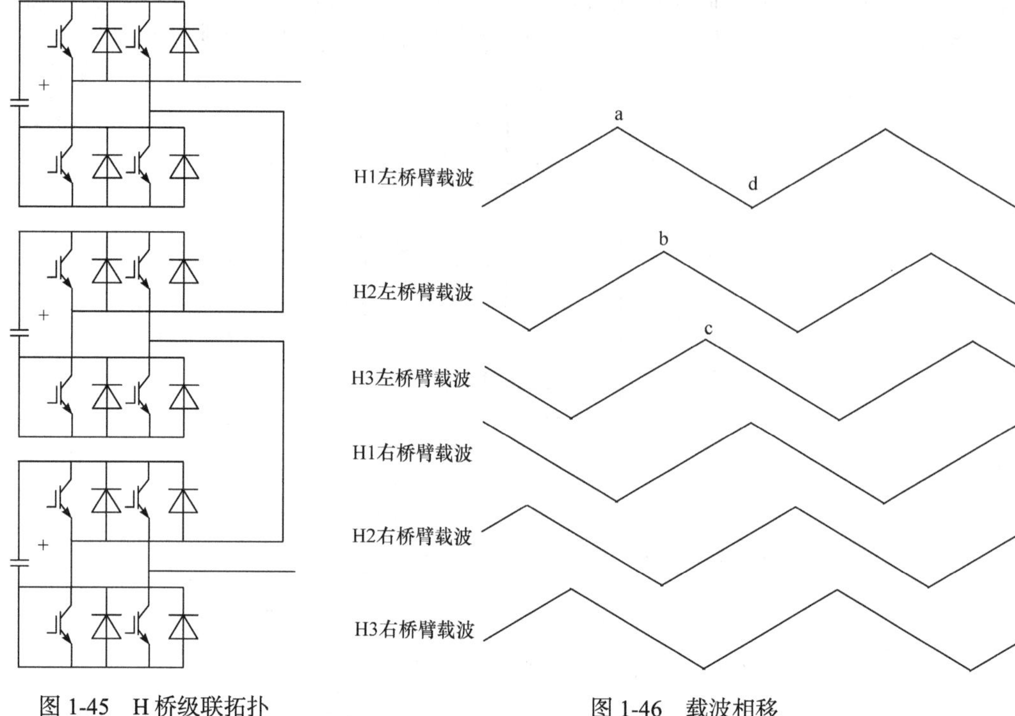

图 1-45　H 桥级联拓扑　　　　图 1-46　载波相移

设定开关频率为 5kHz，TBCLK=150MHz，f_{PWM}=TBCLK/(2*TBPRD)，则半个载波周期计数，即周期寄存器的值为 TBPRD=15000。定义 H1 左桥臂载波增减计数起始值为 0，则 H1 右桥臂、H2 左桥臂、H2 右桥臂、H3 左桥臂、H3 右桥臂的载波增减计数起始值及计数方向分别为 15000、5000(减计数)、10000(增计数)、10000(减计数)、5000(增计数)。同时根据 H 桥倍频单极性控制要求，左右桥臂采用相差 180°的载波，且右桥臂的调制原则与左桥臂相反。左桥臂是调制波比载波高时上桥臂的功率管导通，下桥臂的功率管关断；而右桥臂是调制波比载波高低时上桥臂的功率管导通，下桥臂的功率管关断。28335 的 12 路 PWM 输出口与应 3H 桥级联的 12 个功率管驱动信号的对应关系如表 1-7 所示。

表 1-7　28335 的 12 路 PWM 输出口与应 3H 桥级联的 12 个功率管驱动信号的对应关系

PWM 输出口	ePWM1A	ePWM1B	ePWM2A	ePWM2B	ePWM3A	ePWM3B
3H 桥级联功率管	H1 左桥臂上管	H1 左桥臂下管	H1 右桥臂上管	H1 右桥臂下管	H2 左桥臂上管	H2 左桥臂下管
PWM 输出口	ePWM4A	ePWM4B	ePWM5A	ePWM5B	ePWM6A	ePWM6B
3H 桥级联功率管	H2 右桥臂上管	H2 右桥臂下管	H3 左桥臂上管	H3 左桥臂下管	H3 右桥臂上管	H3 右桥臂下管

ePWM 模块初始化例程如下：

```
void Epwm_Init()
```

```
{
//----------------------------ePWM1 设置--------
EPwm1Regs.TBSTS.all=0;                    // 将时基的状态寄存器清零
EPwm1Regs.TBPHS.half.TBPHS=0;             // 相位寄存器设置为 0，即设定计数起始值
EPwm1Regs.TBCTL.all=0x2006;               // TBCLK=150M，同步后增计数，增减计数，使能
EPwm1Regs.TBPRD=15000;                    // 周期寄存器赋值
//----------------比较器设置-------------------
EPwm1Regs.CMPCTL.all=0x000a;              // 下溢或周期匹配时重装载 CMPA/B
EPwm1Regs.CMPA.half.CMPA =15000/3; // 设定初始占空比为 2/3
EPwm1Regs.CMPB=15000/3;
//----------------动作限定设置-----------------
EPwm1Regs.AQCTLA.all=0x0060;              /* 当时间基准计数器 TBCTR≥CMPA 值时，ePWM1A 为
                                          高电平；当 TBCTR≤CMPA 值时，ePWM1A 为低电平 */
EPwm1Regs.AQCTLB.all=0x0900;              /* 当时间基准计数器 TBCTR≥CMPB 值时，ePWM1B 为低
                                          电平；当 TBCTR≤CMPB 值时，ePWM1B 为高电平 */
//----------------死区设置---------------------
EPwm1Regs.DBCTL.all=0x0007;
EPwm1Regs.DBRED=480;                      // 上升沿死区时间为 3.2μs
EPwm1Regs.DBFED=480;                      // 下降沿死区时间为 3.2μs

//---------------------ePWM2 设置--------------
EPwm2Regs.TBSTS.all=0;
EPwm2Regs.TBPHS.half.TBPHS=15000;
EPwm2Regs.TBCTL.all=0x0006;               // 同步后减计数
      EPwm2Regs.TBPRD=15000;
//----------------比较器设置-------------------
EPwm2Regs.CMPCTL.all=0x000a;
EPwm2Regs.CMPA.half.CMPA =15000/3;
EPwm2Regs.CMPB=15000/3;
//----------------动作限定设置---------------
EPwm2Regs.AQCTLA.all=0x0090;              /* 当时间基准计数器 TBCTR≥CMPA 值时，ePWM2A 为
                                          低电平；当 TBCTR≤CMPA 值时，ePWM2A 为高电平 */
EPwm2Regs.AQCTLB.all=0x0600;              /* 当时间基准计数器 TBCTR≥CMPB 值时，ePWM2B 为
                                          高电平；当 TBCTR≤CMPA 值时，ePWM2B 为低电平 */
//----------------死区设置---------------------
      EPwm2Regs.DBCTL.all=0x0007;
EPwm2Regs.DBRED=480;
EPwm2Regs.DBFED=480;

//----------------------ePWM3 设置---------------------------
EPwm3Regs.TBSTS.all=0;
EPwm3Regs.TBPHS.half.TBPHS=5000;
EPwm3Regs.TBCTL.all=0x0006;   // 同步后减计数
EPwm3Regs.TBPRD=15000;
//----------------比较器设置-------------------
```

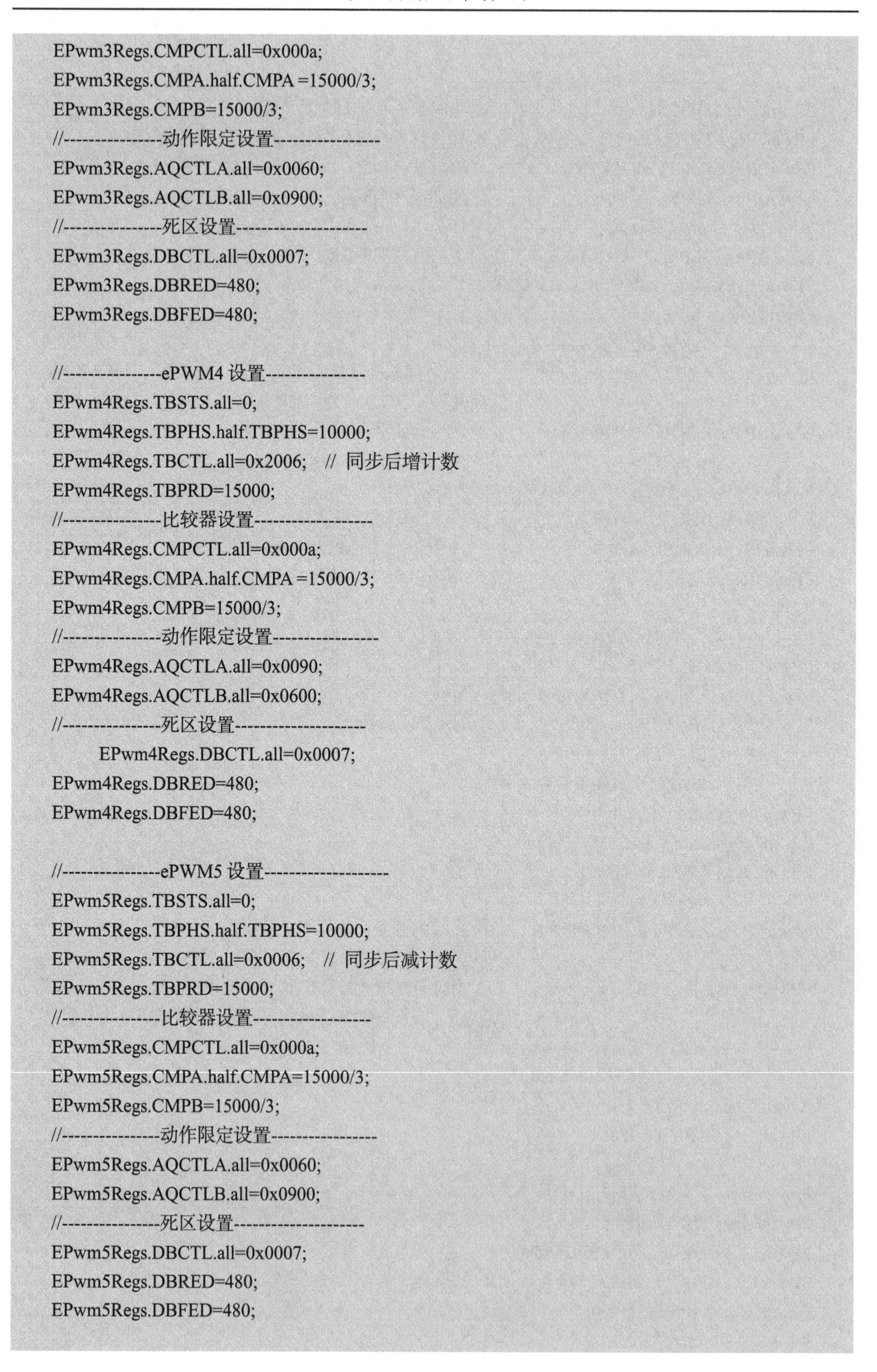

```
EPwm3Regs.CMPCTL.all=0x000a;
EPwm3Regs.CMPA.half.CMPA =15000/3;
EPwm3Regs.CMPB=15000/3;
//----------------动作限定设置-----------------
EPwm3Regs.AQCTLA.all=0x0060;
EPwm3Regs.AQCTLB.all=0x0900;
//----------------死区设置---------------------
EPwm3Regs.DBCTL.all=0x0007;
EPwm3Regs.DBRED=480;
EPwm3Regs.DBFED=480;

//----------------ePWM4 设置----------------
EPwm4Regs.TBSTS.all=0;
EPwm4Regs.TBPHS.half.TBPHS=10000;
EPwm4Regs.TBCTL.all=0x2006;   // 同步后增计数
EPwm4Regs.TBPRD=15000;
//----------------比较器设置-------------------
EPwm4Regs.CMPCTL.all=0x000a;
EPwm4Regs.CMPA.half.CMPA =15000/3;
EPwm4Regs.CMPB=15000/3;
//----------------动作限定设置-----------------
EPwm4Regs.AQCTLA.all=0x0090;
EPwm4Regs.AQCTLB.all=0x0600;
//----------------死区设置---------------------
        EPwm4Regs.DBCTL.all=0x0007;
EPwm4Regs.DBRED=480;
EPwm4Regs.DBFED=480;

//----------------ePWM5 设置--------------------
EPwm5Regs.TBSTS.all=0;
EPwm5Regs.TBPHS.half.TBPHS=10000;
EPwm5Regs.TBCTL.all=0x0006;   // 同步后减计数
EPwm5Regs.TBPRD=15000;
//----------------比较器设置-------------------
EPwm5Regs.CMPCTL.all=0x000a;
EPwm5Regs.CMPA.half.CMPA=15000/3;
EPwm5Regs.CMPB=15000/3;
//----------------动作限定设置-----------------
EPwm5Regs.AQCTLA.all=0x0060;
EPwm5Regs.AQCTLB.all=0x0900;
//----------------死区设置---------------------
EPwm5Regs.DBCTL.all=0x0007;
EPwm5Regs.DBRED=480;
EPwm5Regs.DBFED=480;
```

```
//----------------ePWM6 设置--------------------
EPwm6Regs.TBSTS.all=0;
EPwm6Regs.TBPHS.half.TBPHS=5000;
EPwm6Regs.TBCTL.all=0x2006;         // 同步后增计数
EPwm6Regs.TBPRD=15000;
//----------------比较器设置-------------------
EPwm6Regs.CMPCTL.all=0x000a;
EPwm6Regs.CMPA.half.CMPA =15000/3;
EPwm6Regs.CMPB=15000/3;
//----------------动作限定设置-----------------
EPwm6Regs.AQCTLA.all=0x0090;
EPwm6Regs.AQCTLB.all=0x0600;
//----------------死区设置---------------------
EPwm6Regs.DBCTL.all=0x0007;
EPwm6Regs.DBRED=480;
EPwm6Regs.DBFED=480;

EPwm1Regs.TBCTR=0;                  // 时间基准计数器清 0
EPwm2Regs.TBCTR=0;
EPwm3Regs.TBCTR=0;
EPwm4Regs.TBCTR=0;
EPwm5Regs.TBCTR=0;
EPwm6Regs.TBCTR=0;
}
```

例程中 TBCTL 为 16 位的时间基准子模块控制寄存器。其第 13 位为相位方向控制位，用来决定同步后递增递减计数模式下的计数方向，在递增计数和递减计数模式下此位被忽略。该位为 0 时表示同步后减计数，为 1 时表示同步后增计数。其 12～10 位为基准时钟分频位 CLKDIV，000～111(k)对应分频系数 2^k。9～7 位为高速基准时钟分频位 HSPCLKDIV，000 对应分频系数为 1；000～111(k)对应分频系数 $2*k$。TBCLK=SYSCLKO UT/(CLKDIV*HSPCLKDIV)。其第 2 位为使能位，该位为 1 时，当同步信号到来时 TBCTR 加载。其 1 和 0 位为计数模式选择，对应关系为

00　增计数
01　减计数
10　增减计数
11　停止计数

例程中 CMPCTL 为比较功能子模块的 16 位控制寄存器。其 3～2 位和 1～0 位分别决定 CMPA 和 CMPB 映射寄存器何时向当前寄存器装载数据，即决定何时重新进行占空比的调整，对应关系为

00　在 TBCTR=0 时装载
01　在 TBCTR=TBPRD 时装载
10　既在 TBCTR=0 时装载，也在 TBCTR=TBPRD 时装载
11　禁止装载

例程中 AQCTLA 和 AQCTLB 分别是动作限定输出通道 A 和 B 的 16 位控制寄存器。用于控制当时间基准计数器 TBCTR 等于 0、周期寄存器 TBPRD 的值、CPMA 值和 CMPB 值时，对应的 ePWM 输出口的高、低电平变化。DBCTL 为死区控制寄存器，其 5～0 位功能描述如表 1-8 所示。

表 1-8 死区控制寄存器 DBCTL 各位功能描述

位	取值及功能描述
15～6	保留
5～4	00 ePWMxA 作为上升沿及下降沿延时的信号源 01 ePWMxB 作为上升沿延时的信号源，ePWMxA 作为下降沿延时的信号源 10 ePWMxA 作为上升沿延时的信号源，ePWMxB 作为下降沿延时的信号源 11 ePWMxB 作为上升沿及下降沿延时的信号源
3～2	00 ePWMxA 和 ePWMxB 都不反转极性 01 ALC 和 ePWMxA 反转极性(ALC 为低电平有效互补) 10 AHC 和 ePWMxB 反转极性(AHC 为高电平有效互补) 11 ePWMxA 和 ePWMxB 都反转极性
1～0	00 上升沿和下降沿均不延时 01 禁止上升沿(ePWMxA)延时 10 禁止下降沿(ePWMxB)延时 11 使能上升沿和下降沿均延时

在程序运行中，PWM 占空比的调节例程如下。采用常用的比例调节器，其中比例系数为 KP，Signal_set 为给定值，Signal_I 为实时反馈值，载波周期为 30000，Value_CMP 为计算所得，用于改变各 ePWM 模块中 CMPA 和 CMPB 数值，即改变 PWM 波的占空比。

```
Vout=KP*( Signal_set -Signal_I);                    //比例调节
Value_CMP=7500-Vout;
if(Value_CMP<0) Value_CMP=0;                        // 过限保护
else if(Value_CMP>15000) Value_CMP=15000;           // 过限保护
EPwm1Regs.CMPA.half.CMPA = Value_CMP;               // PWM1
EPwm1Regs.CMPB=Value_CMP;                           // PWM2
EPwm2Regs.CMPA.half.CMPA = Value_CMP;               // PWM3
EPwm2Regs.CMPB=Value_CMP;                           // PWM4
EPwm3Regs.CMPA.half.CMPA = Value_CMP;               // PWM5
EPwm3Regs.CMPB=Value_CMP;                           // PWM6
EPwm4Regs.CMPA.half.CMPA = Value_CMP;               // PWM7
EPwm4Regs.CMPB=Value_CMP;                           // PWM8
EPwm5Regs.CMPA.half.CMPA = Value_CMP;               // PWM9
EPwm5Regs.CMPB=Value_CMP;                           // PWM10
EPwm6Regs.CMPA.half.CMPA = Value_CMP;               // PWM11
EPwm6Regs.CMPB=Value_CMP;                           // PWM12
```

思考与练习

1-1 简述线性电源与开关电源的区别。

1-2 简述采用 UC3842 为 PWM 控制芯片的反激式变换器如何设定功率管开关频率、实现稳压输出和过流保护。

1-3 简述采用 SG3525 为 PWM 控制芯片的半桥变换器如何设定功率管开关频率、实现稳压输出和过流保护。

1-4 采用 TMS320F28335 为控制芯片的数字化开关变换器中，功率管的开关频率如何设定？如何改变占空比？

第 2 章　驱动电路设计

电力电子器件的工作状态通常由信息电子电路来控制。由于电力电子器件处理的电功率较大，信息电子电路不能直接控制，需要中间电路将控制信号放大，该放大电路就是电力电子器件的驱动电路。

2.1　驱动电路设计准则

2.1.1　驱动电路基本功能

驱动电路位于主电路和控制电路之间，是用来对控制电路的信号进行放大的中间电路。驱动电路的基本任务，就是将信息电子电路传来的信号按照其控制目标的要求，转换为施加在功率开关管控制端和公共端之间，可以使其开通或关断。对半控型器件只需提供开通控制信号，对全控型器件则既要提供开通控制信号，又要提供关断控制信号，以保证器件按要求可靠导通或关断。驱动电路的性能会影响到整个开关变换器的系统可靠性、变换效率(开关器件开关、导通损耗)、开关器件应力(开/关过程中)和 EMC(电磁兼容)特性。

本书描述的驱动电路针对的都是全控型器件。全控性器件有电流型驱动和电压型驱动的区分,其中电流型驱动主要指 GTO 和 GTR,而电压型驱动以 Power MOSFET 和 IGBT 为主要代表。因目前 GTO 和 GTR 在开关变换器中应用较少，故本书所描述的驱动电路面向的是 Power MOSFET 和 IGBT 这类电压型驱动的开关器件。

图 2-1 为驱动电路的等效原理图。驱动电路通过驱动电阻 R_G 连接到功率管(图 2-1 中采用的是 Power MOSFET)的栅极 G,驱动基准地 Driver GND 与 Power MOSFET 的源极 S 相连，C_{in} 为 Power MOSFET 的等效输入电容。驱动电路相当于一个受控的单刀双掷开关，其输出端分别与 VDD 和 VSS 进行连接。VDD 为外接正电源，通常不小于 10V，VSS 为外接负电源，VDD 和 VSS 的基准地 GND 与驱动基准地 Driver GND 连接。在小功率开关管的驱动电路中，也可以不用负电源，此时 VSS 可以用 GND 替代。当 Driver 与 VDD 连接时，VDD 通过驱动电阻 R_G 为 MOSFET 的等效输入电容 C_{in} 充电，C_{in} 电压上升，当 C_{in} 电压达到门槛电压后，Power MOSFET 开始导通；而当 Driver 与 VSS 连接时，已充满电的 C_{in} 通过驱动电阻 R_G 放电，C_{in} 电压下降，当 C_{in} 电压低于门槛电压后，Power MOSFET 关断。即对于电压型驱动的开关器件，驱动电路的实质就是给开关器件的栅极电容充放电。一个可靠的驱动电路既

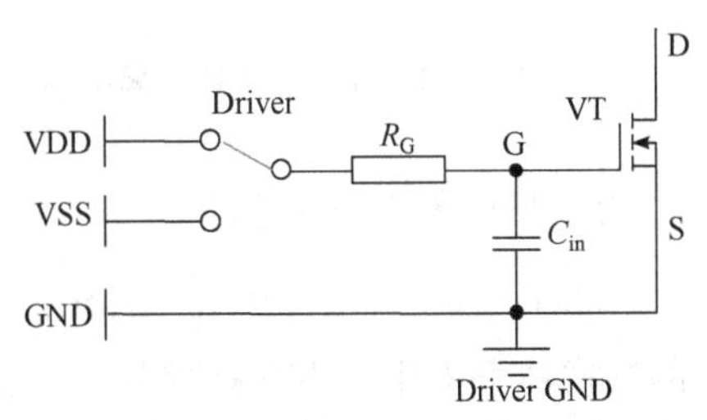

图 2-1　驱动电路的等效原理图

要能保证在器件开通时能对栅极电容的快速充电，又要能实现在器件关断时能对栅极电容的快速放电。

2.1.2 驱动电路与控制电路的隔离问题

由于 Power MOSFET 和 IGBT 的工作频率及输入阻抗高，容易被干扰，控制电路与主电路之间应具有良好的电气隔离性能，使控制电路具有较强的抗干扰能力，避免功率级电路对控制信号的干扰。如图 2-1 所示，驱动电路的驱动基准地 Driver GND 必须与功率开关管的主电极相连接，故要实现控制电路与主电路的电气隔离，通常是在控制电路和驱动电路间实现电气隔离。

隔离技术一般使用隔离变压器或光电耦合器。脉冲变压器是一种简单可靠，又具有电气隔离作用的电路，如图 2-2 所示。驱动信号通过晶体管 Q 放大后对脉冲变压器进行励磁控制，进而对功率管 VT 实现驱动控制。但其对脉冲的宽度有较大限制，若脉冲过宽，磁饱和效应可能使一次绕组的电流突然增大，甚至使其烧毁，而若脉冲过窄，为驱动栅极关断所存储的能量可能不够。光电隔离，是利用光耦合器将控制信号回路和驱动回路隔离开，如图 2-3 所示。其中 D_1 为高速光耦。ORM1 为 PWM 控制电路的输出控制信号，该信号经高速光耦 D_1 转换后的信号 G 连接到驱动芯片的输入端。但由于光耦合器响应速度较慢，因而其开关延迟时间较长，限制了开关频率。

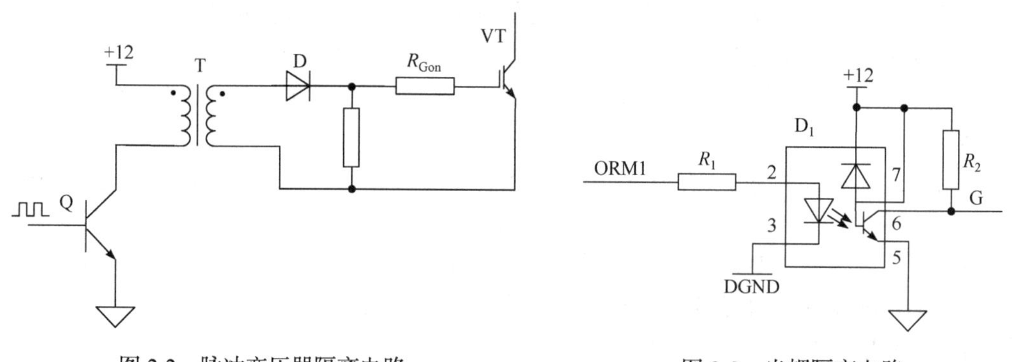

图 2-2 脉冲变压器隔离电路　　图 2-3 光耦隔离电路

2.1.3 驱动电路的共地问题

除了 2.1.2 节所描述的驱动电路与控制电路间的电气隔离问题，针对图 2-4 所示常用的桥式功率拓扑，还需要考虑上下桥臂功率管的驱动不共地问题。图 2-4(a)中 VT_1(包含体二极管 VD_1)和 VT_2(包含体二极管 VD_2)组成半桥结构。VT_1 的驱动信号施加在 G_1 和 E_1 间，而 VT_2 的驱动信号施加在 G_2 和 E_2 间。根据对图 2-4(a)的分析，VT_1 的驱动信号基准地与 E_1 相连，而 VT_2 的驱动信号基准地与 E_2 相连，则 VT_1 和 VT_2 有不同的驱动信号基准地，即上下桥臂功率管的驱动不共地，1 个半桥结构有 2 个驱动基准地。图 2-4(b)所示的三相桥由 3 个半桥组成，同理每相上下桥臂功率开关管的驱动基准地均不同，因三相下桥臂的发射极 E_4、E_6、E_2(同时也是下桥臂功率开关管的驱动信号基准地)连接在一起，故三相桥 6 个开关器件共有 4 个驱动信号基准地，即三相上桥臂功率管的发射极 E_1、E_3、E_5 和下桥臂功率开关管的共发射极。

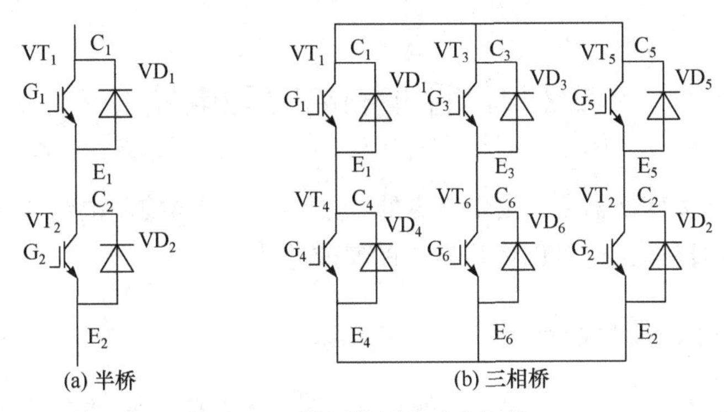

图 2-4　常用的桥式功率拓扑

2.1.4　驱动电路的驱动能力和驱动电阻的选择

在确定主回路中所选用的功率管后，要根据开关器件的参数选择合适的驱动电路，其中主要涉及驱动电路驱动功率和最大驱动电流两个参数。

功率管开关过程中，等效输入电容 C_{in} 中存储的能量为 $W = C \cdot \Delta U^2 / 2$ ，式中，C 为 C_{in} 的容量，ΔU 为栅极上升的电压，如图 2-1 所示中的 VDD-VSS。因在每个周期中，充、放电各一次，则该功率开关管所需的驱动功率为 $P = fC\Delta U^2$ 。式中，f 为开关频率。

驱动出现最大电流 I_{max} 的时刻是在充电初始时刻，$I_{max} = \Delta U / R$ ，式中，R 为驱动电阻 R_G 的阻值，即驱动电路的最大驱动电流不能小于 I_{max}。驱动电阻的选取要根据使用的功率开关管来决定，阻值过大和过小都不合适，阻值过大会导致驱动时 RC 充放电时间变长，开关过程变长，导致开关过程中损耗加大；数值较小的栅极电阻能加快栅极电容的充放电，从而减小开关时间和开关损耗，但与此同时也降低了栅极的抗噪声能力，并可能导致输入电容和栅极驱动导线的寄生电感产生振荡，同时也会造成关断时电压突波峰值过大。通常在功率管的说明文件中都会有对应一定测试条件的驱动电阻，如表 2-1 中的 R_G。这是推荐的最小驱动电阻值，实际应用时驱动电阻值应大于该数值。

表 2-1　某个 IGBT 开关时间(t_{don}, t_r, t_{doff}, t_f)

开关时间参数		典型时间	单位
导通延时 t_{don} (turn-on delay time)	I_C=450A, V_{CE}=900V　T_{vj}=25℃ V_{GE}=±15V　T_{vj}=125℃ R_G=3.3Ω	0.28 0.30	μs
上升时间 t_r (rise time)	I_C=450A, V_{CE}=900V　T_{vj}=25℃ V_{GE}=±15V　T_{vj}=125℃ R_G=3.3Ω	0.08 0.10	μs
关断延时 t_{doff} (turn-off delay time)	I_C=450A, V_{CE}=900V　T_{vj} =25℃ V_{GE}=±15V　T_{vj} =125℃ R_G=3.3Ω	0.81 1.00	μs
下降时间 t_f (fall time)	I_C=450A, V_{CE}=900V　T_{vj} =25℃ V_{GE}=±15V　T_{vj} =125℃ R_G=3.3Ω	0.18 0.30	μs

注：I_C 为主电极 CE 导通时流过的电流，V_{CE} 为主电极 CE 截止时承受的电压，V_{GE} 为驱动电压，T_{vj} 为 IGBT 芯片结温。

2.2　单管非隔离驱动电路

在小功率的开关变换器中，出于成本的考虑，会采用与控制电路非隔离的驱动电路，可以使用分立器件搭建，也可以使用专用的集成芯片。

2.2.1　分立元件驱动电路设计

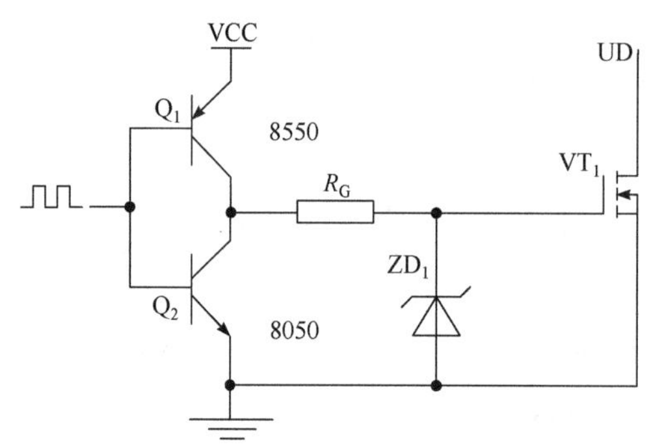

图 2-5　采用分立元件组成的非隔离驱动电路

非隔离单管驱动电路可使用电阻、电容、二极管以及三极管等分离元件搭建，如图 2-5 所示。图中三极管 Q_1 和 Q_2 组成推挽输出电路，Q_1 导通时，VCC 通过 Q_1 和 R_G 为 VT_1 栅极等效电容充电，VT_1 导通；Q_2 导通时，VT_1 栅极等效电容通过 Q_2 和 R_G 放电，VT_1 关断。ZD_1 为 15V 或者 18V 的稳压二极管，防止驱动电压超过 MOS 管承受的驱动电压上限。

2.2.2　单管驱动芯片

分立元件搭建的驱动电路成本较低，但电路板布线时电路中的分布参数很难控制，容易引入干扰，影响驱动电路的稳定性，故目前基本是采用专用的功率管驱动芯片，如 IXYS 的 IXDD414。

1. IXDD414 简介

IXDD414 专门用于 Power MOSFET 和 IGBT 的驱动，工作电压范围为 4～25V，最大驱动电流为 4A。IXDD414 采用 PDIP8 封装结构，如图 2-6 所示，其引脚图如图 2-7 所示，各引脚及其功能如表 2-2 所示。

图 2-6　IXDD414 实物图

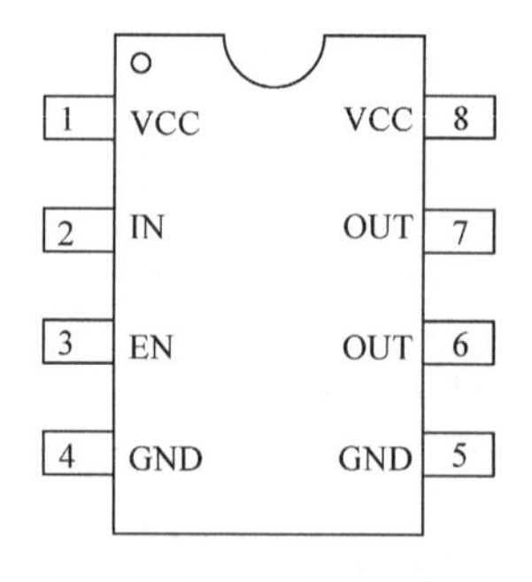

图 2-7　IXDD414 引脚图

表 2-2　IXDD414 引脚功能说明

引脚	功能	引脚	功能
1	VCC　电源	5	GND　地
2	IN　驱动信号输入	6	OUT　驱动信号输出
3	EN　输出信号使能	7	OUT　驱动信号输出
4	GND　地	8	VCC　电源

2. IXDD414 工作原理

IXDD414 内部结构如图 2-8 所示，IN 为驱动信号输入端，输入有效高电平 V_{IH} 最小为 3.5V；输入有效低电平 V_{IL} 最大电压为 0.8V。芯片具有输出使能控制端(EN)，当使能端为低电平时，IXDD414 驱动信号输出端口 OUT 处于高阻状态。

IXDD414 控制时序如图 2-9 所示，当使能端 EN 为高电平时，驱动信号输出端 OUT(6、7 脚)输出的信号与 IN 的是同频同相的 PWM 波，只是电压幅值不同。

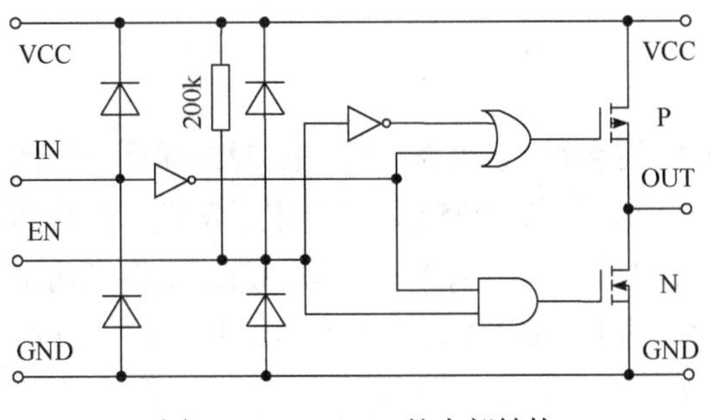

图 2-8　IXDD414 的内部结构

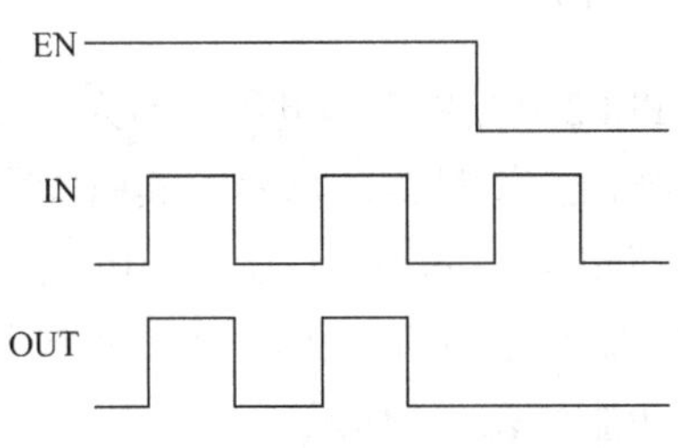

图 2-9　IXDD414 控制时序

3. IXDD414 典型应用电路

IXDD414 典型应用电路如图 2-10 所示，芯片的供电电源一般选用+15V，并在 15V 的电源上接一个 47μF 的电解电容(C_1)，用于电源滤波；EN 通过 10kΩ的电阻 R_1 上拉到

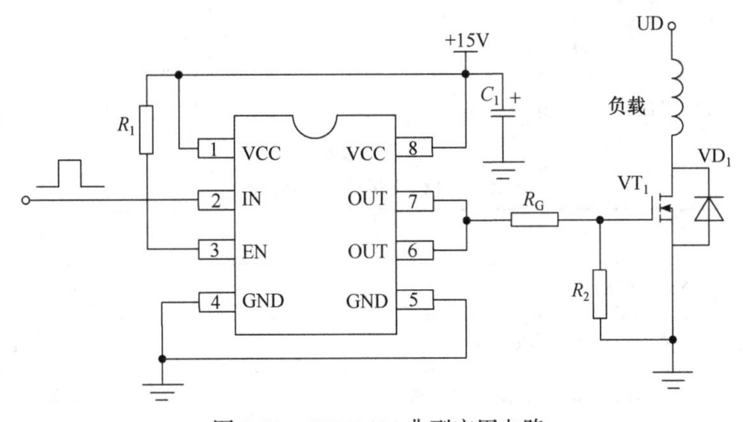

图 2-10　IXDD414 典型应用电路

15V 电源，实现输出信号的使能，也可以通过外部电路对其进行控制，在检测到功率管过流时将该管脚输入电平拉低，实现过流保护；输出 7 脚和 6 脚可以并联到一起使用，驱动电阻 R_G 根据功率管型号进行选择，且要考虑电阻的功率；R_2 是 MOSFET 栅极的下拉电阻，可以选用 kΩ 级电阻，防止无驱动信号时 MOS 管栅极浮空。

2.3 单管隔离驱动

在中、大功率的开关变换电路中，通常需要控制电路和功率电路实现电气隔离，这时候需要在驱动电路中对输入的控制信号进行隔离。光电耦合器是常用的隔离器件，通过电-光-电的转换可以实现输入和输出信号的电气隔离。基于以上要求，很多驱动芯片都采用内置光耦，从而简化了驱动电路设计。常用的单管隔离驱动芯片主要有 TLP250、HCPL3120、HCPL-316J 等，下面以 TLP250 为例来介绍光耦隔离驱动电路。

2.3.1 光耦隔离驱动

1. TLP250 简介

TLP250 光耦工作电压范围为 10-35V，开关转换时间最大为 0.5μs。TLP250 采用 PDIP8 封装结构，如图 2-11 所示，其引脚图如图 2-12 所示。TLP250 内部集成了发光二极管和光电探测器，隔离电压为 2500V_{rms}，采用了光接收、信号放大、驱动电路以及推挽输出方式，输出电流可达 2A，可以直接驱动小功率的 Power MOSFET 及 IGBT。TLP250 引脚及功能如表 2-3 所示。

图 2-11 TLP250 实物图

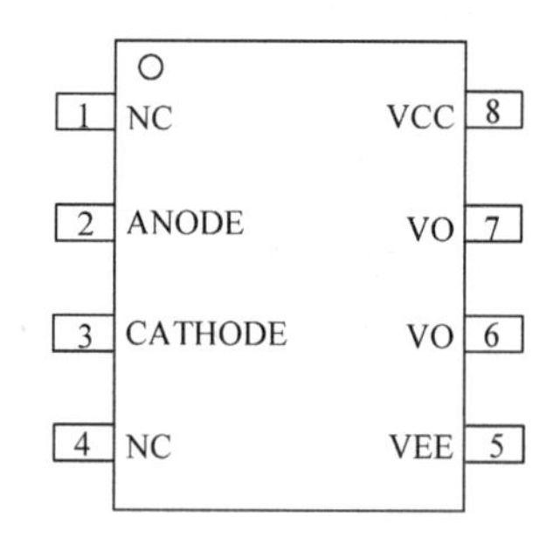

图 2-12 TLP250 引脚图

表 2-3 TLP250 引脚功能说明

引脚	功能	引脚	功能
1	NC 空脚	5	VEE 地
2	ANODE 驱动信号输入正	6	VO 驱动信号输出
3	CATHODE 驱动信号输入负	7	VO 驱动信号输出
4	NC 空脚	8	VCC 电源

2. TLP250 工作原理

TLP250 内部结构如图 2-13 所示，2、3 脚输入的驱动信号通过电-光-电隔离后，并放大用于驱动功率模块。当引脚 2、3 之间有电流流过时，即 2-3 脚的发光二极管点亮时，通过内部的 NPN 三极管使输出驱动引脚 6、7 与电源引脚 8 相连，实现功率管导通；当输入控制信号无效时，通过内部的 PNP 三极管将输出引脚 6、7 与电源地引脚 5 相连接，使功率管关断。

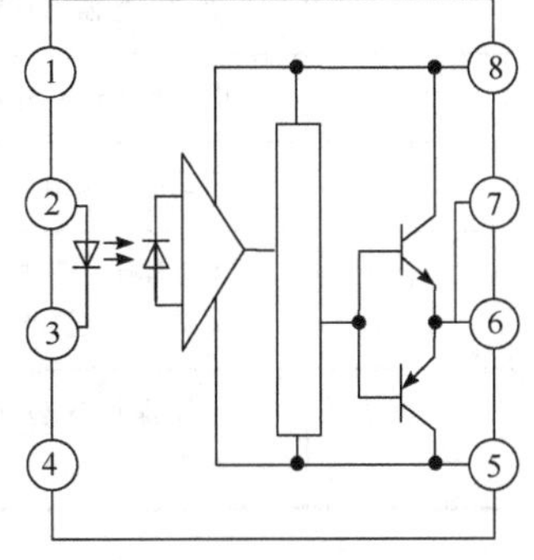

图 2-13　TLP250 结构框图

3. TLP250 典型应用电路

TLP250 典型应用电路如图 2-14 所示，在用于 Power MOSFET 驱动时，可使用+12V 或 15V 单电源供电。当 2、3 脚有电流时，电阻 R_1 使得控制信号有效时流过光耦的电流控制在 10mA 左右。

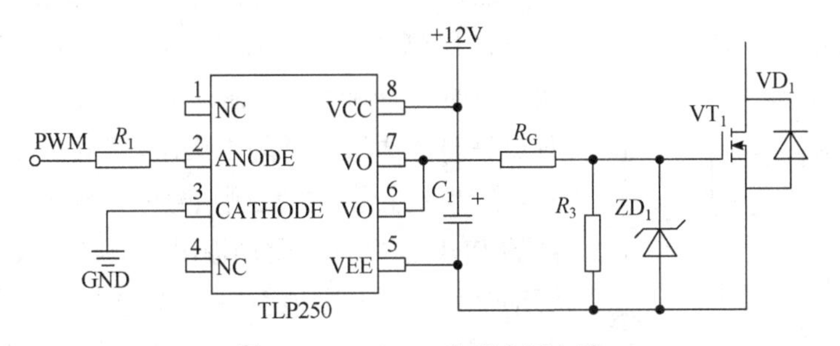

图 2-14　TLP250 典型应用电路

2.3.2　单管集成驱动模块

TLP250 具有信号隔离的功能，但自身不具备短路以及过流保护功能，需要额外的电路进行电流检测和过流保护。为提高可靠性，这时可以使用一些内置过流保护功能的专用集成驱动模块，比如富士(FUJI)公司的 EXB 系列的单通道 IGBT 专用集成驱动模块，包括标准的 EXB850、EXB851 和高速的 EXB841、EXB840 几款。下面以 EXB841 为例介绍该系列集成驱动器的使用。

1. EXB841 简介

图 2-15　EXB841 驱动模块

EXB841 驱动模块实物如图 2-15 所示，其信号传输延迟不大于 1μs，工作频率可达 40kHz，具有单电源、正负偏压、短路保护、软关断等功能，可用于 600V(400A)或 1200V(300A)等大功率 IGBT 模块的驱动。

EXB841 驱动模块引脚分配及功能如表 2-4 所示，图 2-15 中“•”为驱动模块的 1 脚，其他的引脚顺次排列。

表 2-4 EXB841 引脚功能说明

引脚	功能	引脚	功能
1	驱动信号输出基准地	6	集电极电压监测
2	电源端，通常外接 20V 电源	7、8	空置脚
3	驱动信号输出	9	电源地
4	用于连接外部电容器，降低保护电路的灵敏度(一般情况下不需要)	10、11	空置脚
5	过流保护状态输出信号；出现故障时为低	14、15	控制信号输入端口(–，+)

2. EXB841 工作原理

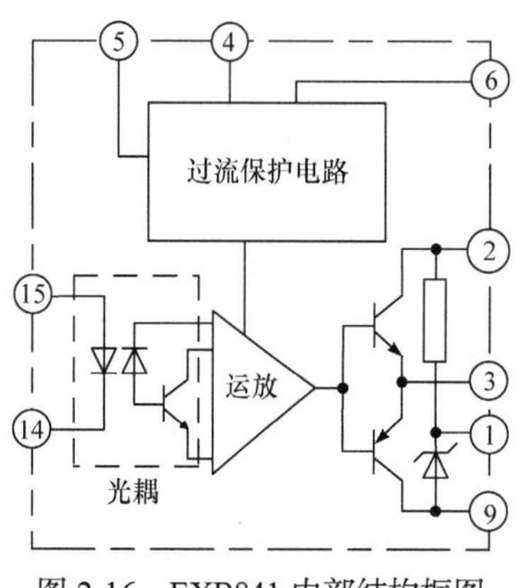

图 2-16 EXB841 内部结构框图

EXB841 驱动模块的结构框图如图 2-16 所示，驱动信号使用高速光耦合器进行隔离，放大后驱动功率模块。当通过控制信号使输入信号有效，即输入发光二极管点亮时，通过内部的 NPN 三极管，驱动输出端引脚 3 与引脚 2 连通；当控制信号输入信号无效时，通过内部的 PNP 三极管，驱动输出端引脚 3 与引脚 9 连通。驱动信号输出基准地引脚 1 与电源地引脚 9 间连接有 5.1V 稳压二极管，则当引脚 2 和引脚 9 间连接 20V 电源时，引脚 2 与引脚 1 间为 14.9V，而引脚 1 与引脚 9 间为 5.1V，即以引脚 1 为驱动信号输出基准地，驱动开通电压为 14.9V，驱动关断电压为–5.1V。

由图 2-17 可知，受导通电阻影响，IGBT 导通电压 V_{CE} 随集电极电流 I_C 增大而增大，即对集电极电压 V_{CE} 的检测是实现对短路故障检测的有效手段。EXB841 可以通过管脚 6 经快速二极管对 CE 之间的电压进行监测。当其引脚 6 与引脚 1 间的电压达到 7.9V 时，即可触发 EXB841 的内部短路保护电路，内部电路强制 3 脚电压慢慢降低，从而实现了功率管的软关断，避免大电流情况下 IGBT 关断速度过快，因连接 IGBT 的母线上存在的杂散电感引起较大的关断尖峰电压。当 EXB841 处于短路保护时，5 脚输出低电平，实现故障报警。

3. EXB841 典型应用电路

图 2-18 为 EXB841 典型应用电路。集电极电压监测引脚 6 通过快恢复二极管 VD_7(建议为 ERA34-10)连接至 IGBT 的集电极，当 VT 出现过流，导致 EXB841 的引脚 6 与引脚 1 间的电压达到 7.9V 时，即可触发 EXB841 的内部短路保护电路，进行驱动信号的功率管软关断，同时 5 脚输出低电平，故障状态信号通过 TLP521 隔离提供给外部电路进行告警。需要注意的是，不同 IGBT 的导通电压 V_{CE} 与集电极电流 I_C 对应关系不同，即不

同 IGBT 的短路保护电流对应的 V_{CE} 电压值不同，而从引脚 6 串联至 IGBT 的集电极的快恢复二极管 ERA34-10 导通压降为 1V，即应根据需要设定的短路保护电流对应的 V_{CE} 电压值确定串联的 ERA34-10 的数量。

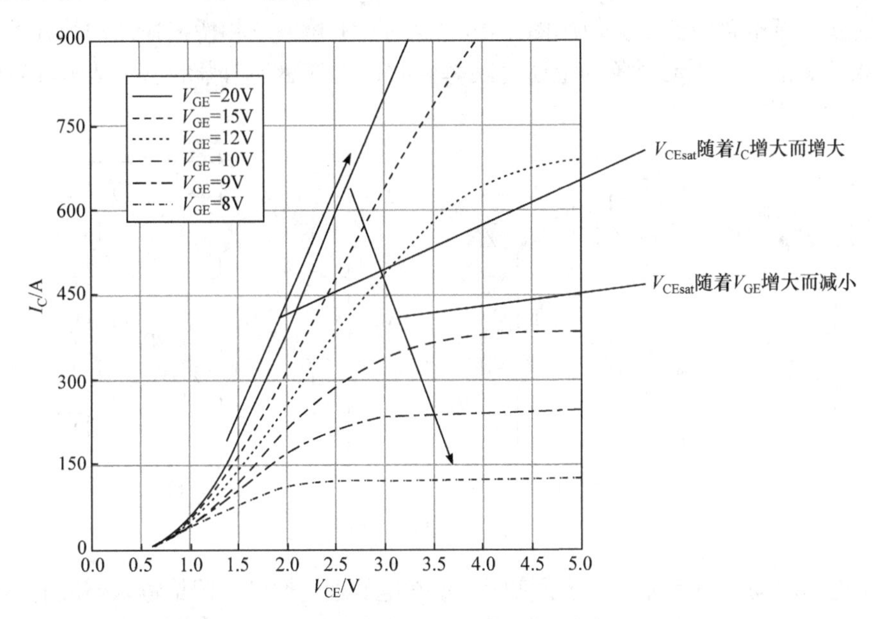

图 2-17　IGBT 模块 FF450R17ME3 的导通电压 V_{CE} 与集电极电流 I_C 对应曲线

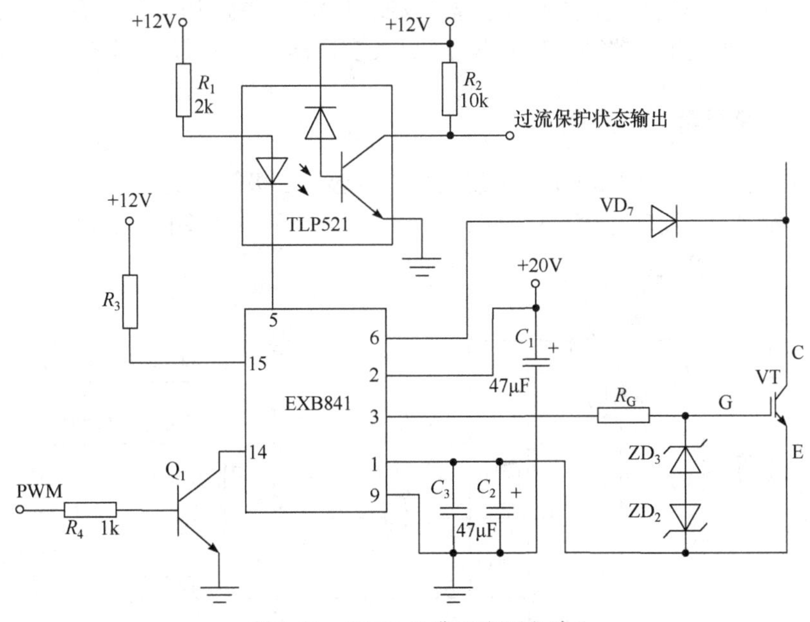

图 2-18　EXB841 典型应用电路

2.4　桥式驱动电路

在逆变电源电路中经常会使用图 2-19 所示的 H 桥或三相桥拓扑结构的开关变换电路，需要注意的是当驱动对象为上桥臂功率管时，上管驱动信号的参考地为其发射极，与下管驱动地不同。

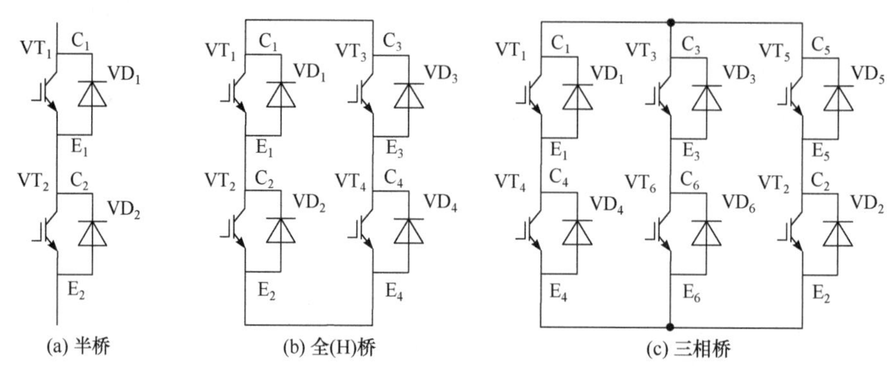

图 2-19　桥式拓扑结构

对于电压驱动型功率管，其导通实际上就是电源通过驱动电阻给输入栅极电容充电，当栅极电容电压达到阈值时，功率管开通。这个电源可以是稳压电源，也可以是充满电的电容(C_{BOOT})。因此上桥臂功率管驱动电源可以使用浮动电源栅极驱动、变压器耦合式驱动、电荷泵驱动、自举式驱动器等。对于小功率开关变换器，一般采用成本较低的自举电路。

2.4.1　电压自举电路

电压自举电路也叫升压电路，是使用自举电容和二极管等电子元件，实现电容电压和电源电压叠加，从而使电容电压升高。图 2-20 中所示的自举电路主要由二极管 D_{BOOT} 和自举电容 C_{BOOT} 组成。

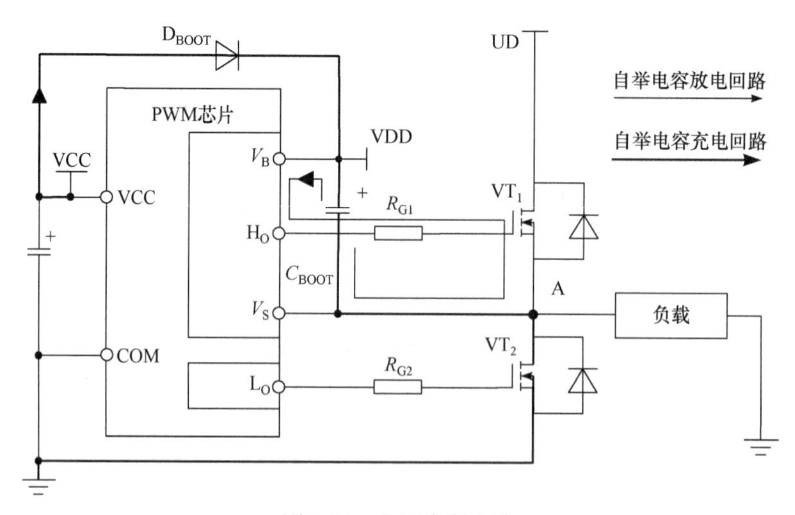

图 2-20　电压自举电路

图 2-20 中当 VT_1 关断，VT_2 导通时，V_S 脚通过 VT_2 与“地”连接，电源 VCC 通过二极管 D_{BOOT} 对自举电容 C_{BOOT} 充电。不考虑 D_{BOOT} 和 VT_2 的导通压降，电容两端的电压约为 V_{CC}。当 VT_2 关断，VT_1 导通时，V_S 点的电位被抬高，自举电容 C_{BOOT} 为上桥臂功率管开通提供能量，因 C_{BOOT} 容量远大于 Power MOSFET 的栅极等效输入电容，即使 C_{BOOT} 电压的存在微小下降仍可以满足 VT_1 的导通驱动的要求。半桥电路中上下桥臂交替导通实现了自举电容反复充放电。二极管 D_{BOOT} 反向阻断电压要高于母线电压并留有余量，常用的有 FR107。

电压自举电路简化了驱动电路设计、节省了电源，适用于小功率半桥、全桥以及三相桥的驱动电路。但由于自举电容在下桥臂功率管导通时充电，二极管 D_{BOOT} 和功率管都存在导通压降，造成自举电压值低于电源电压，即上下管驱动电压值不相等。而在中大功率场合时，此时功率器件基本为 IGBT 模块，其导通压降较大，上下管驱动电压差会造成控制效果和功率管损耗存在较大差异。同时随着功率管容量的提升，等效输入电容值也变大，就不适合使用自举电容来供电了。

2.4.2　半桥驱动电路

自举桥式驱动芯片很多,典型的有半桥驱动芯片 IR2110S 和三相桥驱动芯片 IR2310。本节以 IR2110S 为例介绍半桥功率管驱动电路的基本原理。

1. IR2110S 简介

IR2110S 采用 SOIC16 封装结构，如图 2-21 所示，其引脚图如图 2-22 所示。IR2110S 驱动芯片有两个独立的通道，输入逻辑电平兼容 TTL 和 CMOS，其引脚及其功能说明如表 2-5 所示。

图 2-21　IR2110S 实物图

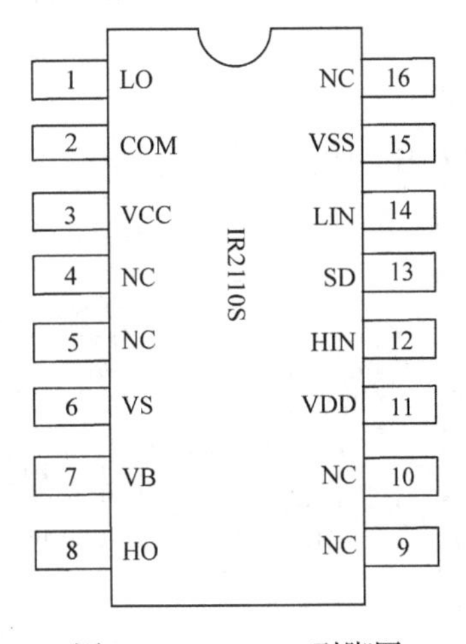

图 2-22　IR2110S 引脚图

表 2-5　IR2110S 引脚说明

引脚	功能	引脚	功能
1	LO　低端驱动信号输出	9	NC　空脚
2	COM　下桥臂驱动参考地	10	NC　空脚
3	VCC　电源	11	VDD　电源
4	NC　空脚	12	HIN　高端驱动信号输入
5	NC　空脚	13	SD　关断输出
6	VS　上桥臂驱动浮地	14	LIN　低端驱动信号输入
7	VB　高端驱动偏置电压	15	VSS　参考地
8	HO　高端驱动信号输出	16	NC　空脚

2. IR2110S 基本原理

IR2110S 内部结构框图如图 2-23 所示，主要由逻辑输入电平转换和保护电路组成。控制输入引脚 HIN(12 脚)为高电平时，内部 MOSFET 将驱动信号输出引脚 HO(8 脚)与上桥臂电源脚 VB(6 脚)连通；当输入引脚 HIN 为低电平时，内部 MOSFET 管将驱动信号输出引脚 HO 与上桥臂驱动信号参考地 VS(6 脚)连通。当输入引脚 LIN(14 脚)接高电平时，内部 MOSFET 将驱动输出引脚 LO(1 脚)与源 VCC(3 脚)连通，使 LO 输出高电压；当输入引脚 LIN 为低电平时，内部 MOSFET 管将 LO 与下桥臂驱动信号参考地 COM(2 脚)连通。驱动信号输出禁止端 SD(13 脚)为高电平时将使 HO 和 LO 输出置 0，为低电平时，输出信号有效。各信号之间的逻辑关系如表 2-6 所示。

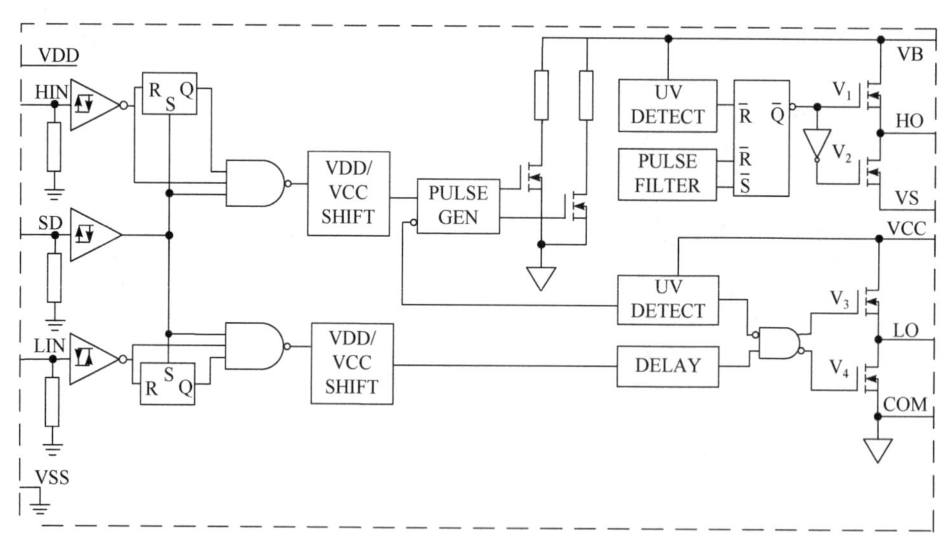

图 2-23　IR2110S 内部结构框图

表 2-6　输入/输出信号逻辑关系

INPUT			OUTPUT	
HIN	LIN	SD	HO	LO
×	×	1	0	0
×	×	1	0	0
0	1	0	0	1
1	0	0	1	0

注：×＝ 任意数，1＝ 高电平，0＝ 低电平。

3. IR2110S 典型应用电路

IR2110S 典型应用电路如图 2-24 所示，上桥臂驱动电源使用电压自举，图中 C_{BOOT}、D_{BOOT} 分别为自举电容和阻断二极管。由于 IR2110S 不能进行死区时间设置，在用于半桥电路驱动时需要在信号输入端 HIN 和 LIN 之间插入死区时间。IR2110S 没有漏-源电压检测功能，需要设计专门的过流保护电路，当发生过流时可通过拉高 SD(13 脚)电平来禁止驱动信号输出。若 SD 脚不使用，可以将其接到电源地。

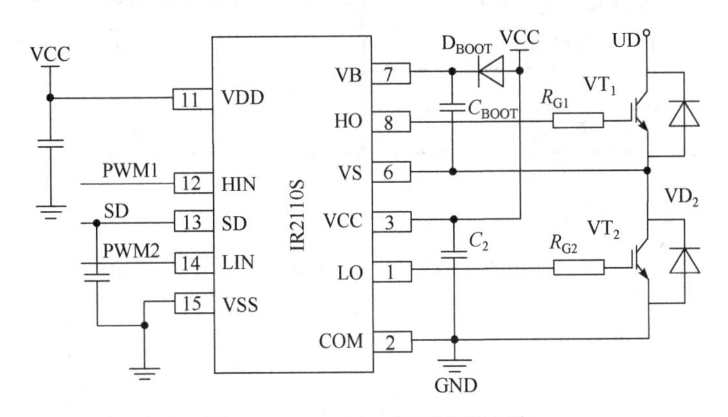

图 2-24　IR2110S 典型应用电路

2.4.3　大功率半桥驱动电路

在大功率 IGBT 模块驱动电路中，上桥臂一般不使用电压自举的方式供电，而使用带独立电源供电的驱动电路，本节以 UCC21520 为例介绍这类集成驱动芯片的使用。

1. UCC21520 简介

UCC21520 采用 SOIC16 封装结构，如图 2-25 所示，其引脚图如图 2-26 所示。UCC21520 驱动信号具有 4A 峰值拉电流和 6A 峰值灌电流，其开关频率可达 5MHz，可用于 Power MOSFET、IGBT 和 SiC MOS 管的驱动。其采用 5.7kV 增强型隔离栅进行隔离，集成了 A、B 两路驱动可用于两个下桥臂、两个上桥臂或半桥上下功率管的驱动。UCC21520 引脚及功能说明如表 2-7 所示。

图 2-25　UCC21520 实物图

引脚	名称	名称	引脚
1	INA	VDDA	16
2	INB	OUTA	15
3	VCCI	VSSA	14
4	GND	NC	13
5	DISABLE	NC	12
6	DT	VDDB	11
7	NC	OUTB	10
8	VCCI	VSSB	9

UCC21520

图 2-26　UCC21520 引脚图

表 2-7　UCC21520 引脚功能说明

引脚	功能	引脚	功能
1	INA　输入 A 通道	9	VSSB　B 通道输出参考地
2	INB　输入 B 通道	10	OUTB　B 通道驱动输出
3	VCCI　输入电源	11	VDDB　B 通道输出电源
4	GND　参考地	12	NC　空脚
5	DISABLE　输出禁止	13	NC　空脚
6	DT　死区时间设定	14	VSSA　A 通道输出参考地
7	NC　空脚	15	OUTA　A 通道输出
8	VCCI　输入电源	16	VDDA　A 通道输出电源

2. UCC21520 工作原理

UCC21520 内部结构框图如图 2-27 所示，驱动信号输入 INA、INB，经过内部电平

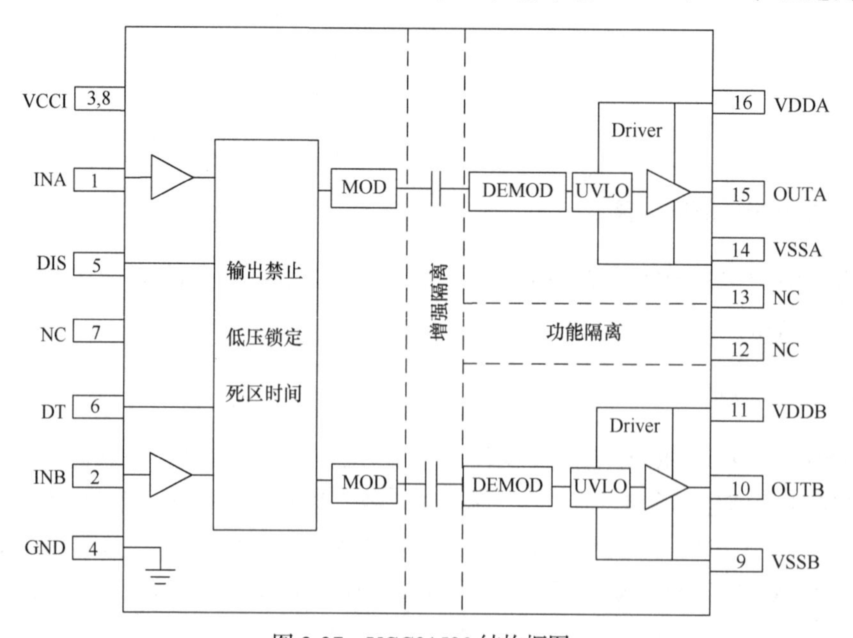

图 2-27　UCC21520 结构框图

转换与隔离分别控制驱动输出脚 OUTA 和 OUTB。当驱动信号输入信号 INA(1 脚)为高电平时内部电路将驱动输出 OUTA 与 VDDA(电源)连通；当驱动信号输入 INA 为低电平时内部电路将驱动输出 OUTA 与 VSSA(14 脚，A 通道参考地)连通。驱动信号输入 B 的控制方式与 A 通道相同，其输入输出逻辑关系如表 2-8 所示。DISABLE(5 脚)为驱动信号输出控制端，高电平有效；当 DISABLE 脚为低电平或者悬空时，驱动输出信号有效。

表 2-8　输入/ 输出信号逻辑关系

输入端		DISABLE	驱动输出		说明
INA	INB		OUTA	OUTB	
L	L	L 或悬空	L	L	死区设置功能
L	H	L 或悬空	L	H	
H	L	L 或悬空	H	L	
H	H	L 或悬空	L	L	DT 悬空或通过电阻下拉到地
H	H	L 或悬空	H	H	DT 接高电平
悬空	悬空	L 或悬空	L	L	
×	×	H	L	L	

UCC21520 用于半桥驱动电路时，在死区时间设定 DT 端(6 脚)和地之间连接电阻可以调整死区时间的大小。需要注意的是 UCC21520 死区时间的定义为驱动信号下降沿的 90%与上升沿 10%之间的时间，如图 2-28 所示。

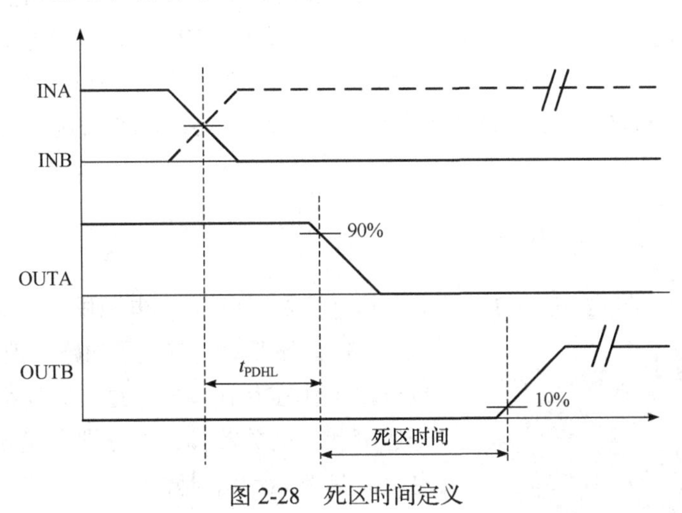

图 2-28　死区时间定义

3. UCC21520 典型应用电路

图 2-29 为 UCC21520 典型应用电路。PWM 输入端采用 *RC* 滤波电路。死区时间设定端 DT(6 脚)悬空时死区时间小于 15ns，通过电阻(R_4)下拉到“地”时，死区时间 t_D(ns)

约为 $10R_4$。如果死区时间设定电阻 R_4 的值为 30kΩ，死区时间 t_D 约为 300ns，在 R_4 两端并联一个 10nF 的电容 C_5 可以提高该端口的抗干扰能力。由于 UCC21520 不具有集电极电压检测功能，因此在功率回路过流时可通过过流保护电路将 DISABLE 置高，从而关断驱动输出信号。

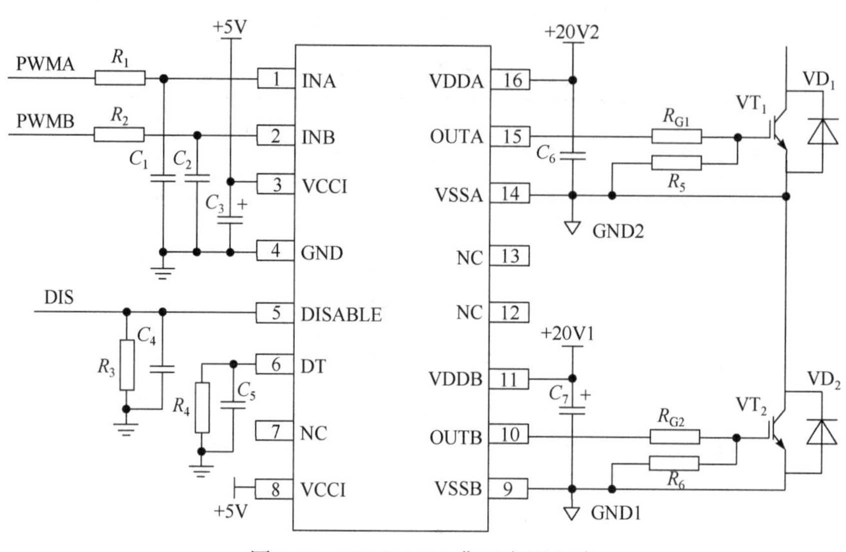

图 2-29　UCC21520 典型应用电路

2.5　专用集成驱动器

半桥驱动芯片 IR2110S 和 UCC21520 都没有短路和过流保护功能，用于大功率 IGBT 模块驱动时安全性不足。这时可以采用大功率 IGBT 模块专用驱动器，如 Power Integrations 设计的 CONCEPT 半桥驱动器。常见的型号有 1SC0450、2SC0535T、2SC0108T、2SC0635T、2SP0115T2A0 等，本节以 2SC0108T 为例介绍专用集成驱动器的使用。

1. 2SC0108T 驱动模块简介

2SC0108T 驱动器如图 2-30 所示，其电源采用+15V 单电源供电，输入信号可兼容 3.3～15V。该驱动器集成了两路驱动，可单独使用，也可以工作在互补模式，每路驱动都有独立的门极开通脚和门极关断脚，可分别设置开通电阻和关断电阻，具有驱动信号隔离、电压监控、死区设置、负压关断、软关断和短路保护等功能。

图 2-30　2SC0108T 驱动模块

2SC0108T 驱动信号使用脉冲变压器隔离，1～8 脚为原边引脚，9～22 脚为副边引脚，各引脚的功能如表 2-9 所示。

表 2-9　驱动模块引脚说明

脚位	名称	说明	脚位	名称	说明
1	GND	参考地	11	GL1	通道 1 门极关断控制
2	INA	驱动信号输入 A	12	REF1	通道 1 短路保护阈值电压设置
3	INB	驱动信号输入 B	13	VCE1	通道 1V_{CE}电压检测
4	VCC	电源电压	14、15	NC	空置脚
5	TB	设置闭锁时间	16	NC	空置脚
6	SO2	通道 2 故障状态输出	17	GH2	通道 2 驱动信号输出
7	SO1	通道 1 故障状态输出	18	VE2	通道 2 驱动信号参考地
8	MOD	模式选择/死区时间设置	19	GL2	通道 2 关断控制
9	GH1	通道 1 驱动信号输出	20	REF2	通道 2 短路保护阈值电压设置
10	VE1	通道 1 信号参考地	21	VCE2	通道 2V_{CE}电压检测

2. 2SC0108T 工作原理

2SC0108T 驱动模块的内部结构框图如图 2-31 所示，该模块采用+15V(VCC)单电源供电，经内部 DC/DC 电源变换得到+15V 和−8V 两组隔离电源，分别给两路驱动供电。当驱动模块的电源 VCC 欠压时，功率管在负压的驱动下处于关断状态，故障指示端口 SOx 被拉低，阻断时间结束后自动复位。两路驱动信号输入 INA 和 INB 使用脉冲变压器进行隔离，用于控制两路驱动信号的输出。通过设置驱动模式选择端口 MOD(8 脚)，可以使驱动器工作在直接驱动工作模式或半桥驱动工作模式。

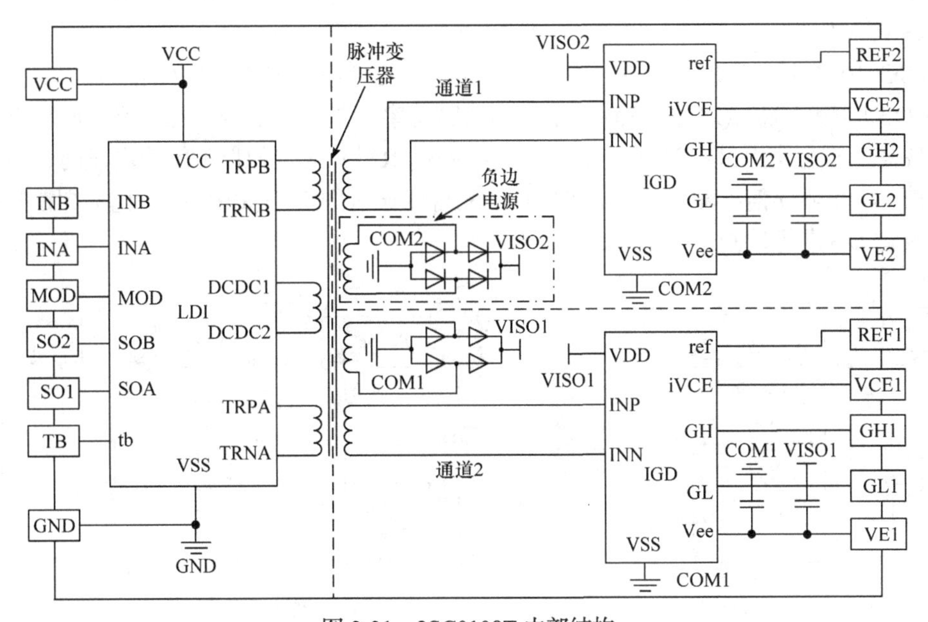

图 2-31　2SC0108T 内部结构

1) 工作模式

当模式选择端口 MOD 接到“地”时，2SC0108T 处于直接工作模式。在该模式下，两个通道可以独立工作。驱动信号输入 INA(2 脚)控制驱动信号输出 GH1(9 脚)，驱动信号输入 INB(3 脚)控制驱动信号输出 GH2(17 脚)，其信号控制逻辑如图 2-32(a)所示。

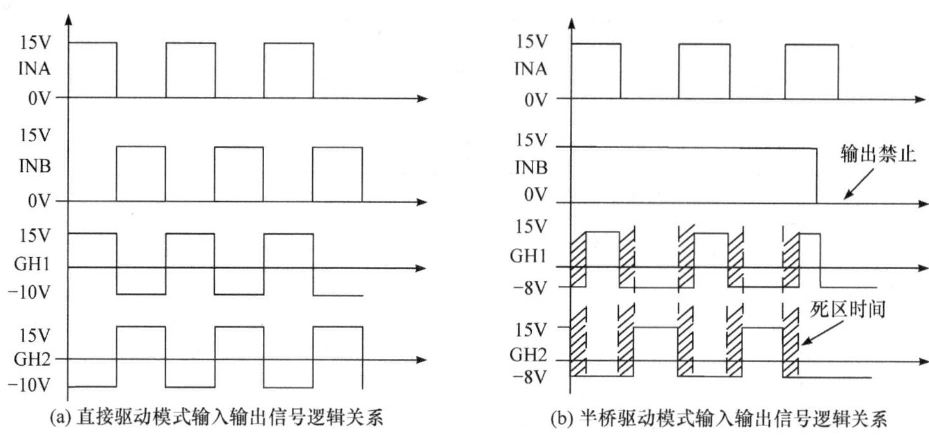

(a) 直接驱动模式输入输出信号逻辑关系　　(b) 半桥驱动模式输入输出信号逻辑关系

图 2-32　驱动信号逻辑

当 MOD 端口通过下拉电阻接到电源地时，2SC0108T 工作在半桥驱动模式，输出信号死区时间由该电阻阻值决定。该模式下，INB 为驱动信号输出使能，高电平有效；INA 为驱动信号输入端，驱动信号输出 GH1 和 GH2 处于互补工作模式。当驱动信号输入 INA 由低切换到高时，驱动信号输出端 GH2 由高电平切换到低电平，经过 1 个死区时间，驱动输出信号 GH1 由低电平换到高电平。该模式下输入信号(INA、INB)和驱动输出信号(GH1、GH2)的逻辑关系如图 2-32(b)。需要注意的是该模式下要通过 MOD 端下拉电阻调整两驱动输出信号间的死区时间。

2) 短路保护

2SC0108T 驱动模块可以通过集电极电压 V_{CE} 的检测来实现功率回路短路状态判断，VCE1(13 脚)和 VCE2(21 脚)分别用于检测两路功率管集电极电压。在功率回路出现短路时，V_{CEx} 电压急剧上升，当集电极电压 V_{CEx} 超过 REFx 设定的保护阈值电压时，触发内部保护，禁止驱动信号输出。集电极电压 V_{CE} 可以通过图 2-33(a)中电阻 R_{vce2} 或图 2-33(b)中二极管 D_{22} 进行检测。

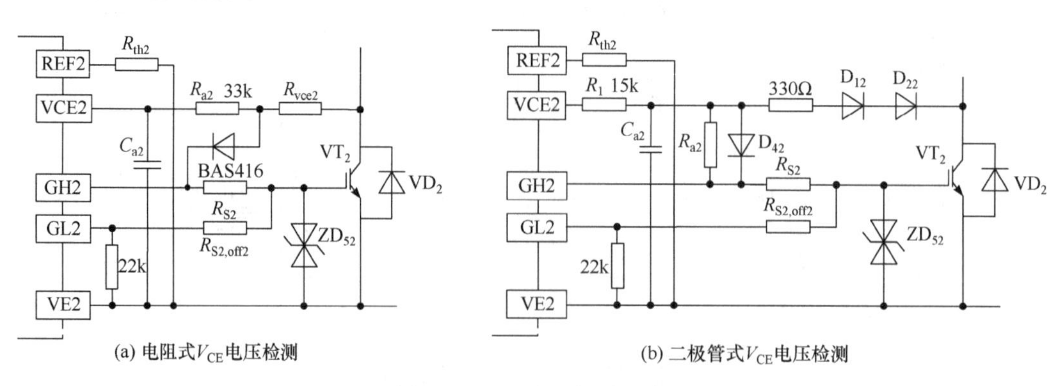

(a) 电阻式V_{CE}电压检测　　(b) 二极管式V_{CE}电压检测

图 2-33　V_{CE}电压检测电路

保护阈值电压值约为 150μA · R_{th2}，其中 150μA 是参考电流。当电阻 R_{th2} 的典型值为 68kΩ，对应的电压阈值约为 10V。

如果不使用电压 V_{CE} 进行短路保护，可在 VCE2 和 VE2 之间连接电阻 R_2(建议 33kΩ 以上)，同时将 REF2 和 VE2 间使用电阻 R_{th2}(33kΩ 以上)连接(图 2-34)或使 REF2 端口开路。

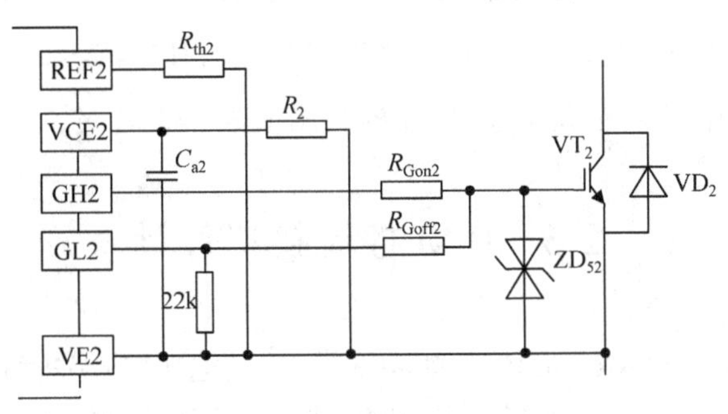

图 2-34 V_{CE} 电压检测禁用设置

3. 2SC0108T 典型应用电路

2SC0108T 用于半桥驱动时典型应用电路如图 2-35 所示。以下桥臂驱动为例，集电极电压使用电阻进行检测，引脚 11(VCE1)通过电阻 R_{vce1} 连接至 IGBT 的集电极。当 V_{CE} 电压升高，电流通过电阻 R_{vce1}、D_1(建议为 BAS316)流向 GH1，触发内部电路关断 IGBT。R_{vce1} 的阻值和母线电压有关，要使流过该电阻的电流为 0.6～1mA；当母线电压为 1200V 时，阻值范围约为 1.2～1.8MΩ。IGBT 关断瞬间集电极电压尖峰过高会损伤功率管，可以使用 TVS 管进行电压钳位，当 IGBT 集电极电压过高时，TVS 管被击穿，电流流入 IGBT

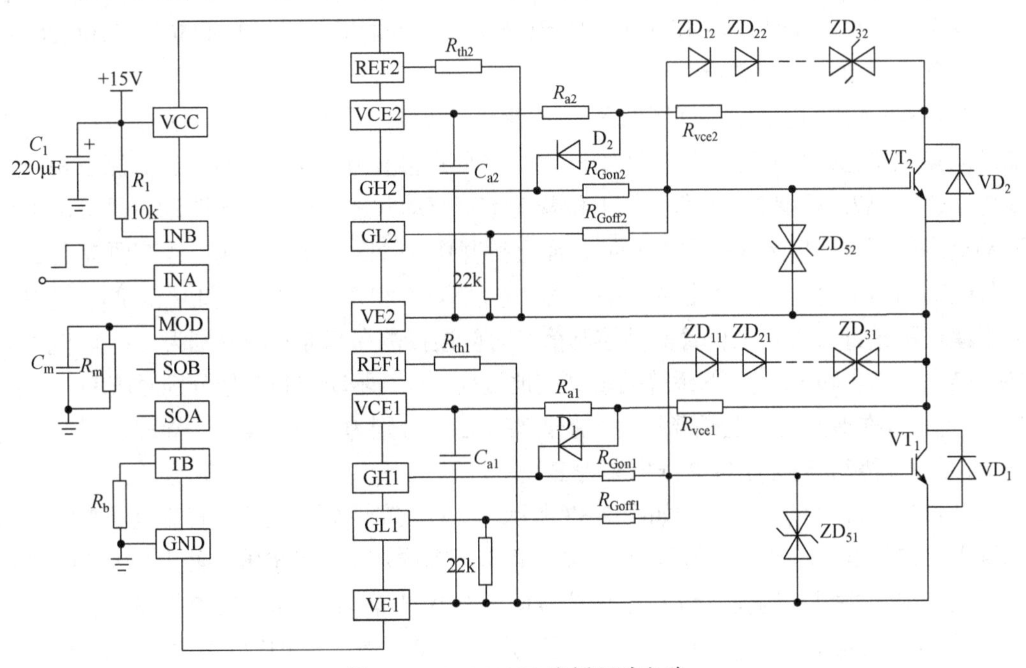

图 2-35 2SC0108T 半桥驱动电路

门极使其电位升高，实现功率管软关断，从而降低了尖峰电压。在实际中可以根据母线电压的大小采用 ZD_{11}、ZD_{21}(SMBJ130A-E3-150V)以及双向 ZD_{31}(建议为 SMBJ130CA-E3-150V)等多个 TVS 管串联。死区时间可以通过 MOD 端下拉电阻 R_m 调整，通过式(2-1)可以计算出 R_m 合理的阻值，设置需要的死区时间。通过在 R_m 两端并联电容 C_m(建议 22nF)可以消除驱动信号在上升沿和下降沿插入的死区时间抖动。

$$R_m=33\times T_d+56.4 \qquad (0.5\mu s<T_d<3.8\mu s，71k\Omega<R_m<181k\Omega) \tag{2-1}$$

式中，R_m 单位是 kΩ，T_d 单位是 μs。如当 R_b 的阻值为 100kΩ 时，死区时间约为 1.32μs。

2.6　IPM 控制接口设计

IPM(Intelligent Power Module)即智能功率模块，其把功率开关管和驱动电路集成在一起，自带过电压、过电流和过热等故障检测电路，并可将检测和故障信号送给外部电路供检测。IPM 一般使用 IGBT 作为功率开关元件，内置电流传感器，可以高效迅速地检测出过电流和短路电流，对功率芯片给予足够的保护，在实施保护的同时向外发出告警信号；由于在器件内部电源电路和驱动电路的配线设计上做到优化，因此浪涌电压、栅极振荡、噪声引起的干扰等问题能有效得到控制，且因为结构紧凑，有利于变换器系统的结构设计。因使用 IPM 时无须考虑驱动电路匹配问题，故可简化使用者的设计工作，目前 IPM 多用于可靠性要求高，对成本不敏感的场合。

很多生产功率开关管的厂家都有不同系列的 IPM，如德国 SEMIKRON(赛米控)Skiip 系列(最大容量达到 1700V/3600A，半桥结构)、日本 MITSUBISHI ELECTRIC(三菱电机)PM 系列、日本 ROHM(罗姆)BM 系列等。下面以三菱电机公司的 PM75CLA120(1200V/75A)为例介绍 IPM 的控制接口设计。

PM75CLA120 内部结构框图由图 2-36 所示，其包含了 3 相桥式主回路、各功率管的驱动电路和状态检测电路。在主回路中，P、N 分别接直流侧正、负端；交流侧三相分别对应 U、V、W。根据 2.1 节所述，下桥臂功率管驱动共地，故下桥臂驱动信号提供 1 组驱动电源即可，连接至 V_{N1} 和 V_{NC} 间，而上桥臂功率管因驱动不共地，故需要提供 3 组电气隔离的驱动电源，分别连接至 V_{UP1} 和 V_{UPC}、V_{VP1} 和 V_{VPC}、V_{WP1} 和 V_{WPC} 间，使用说明书建议不超过 20V。上桥臂驱动控制信号对应连接端和基准地端分别为 U_P 和 V_{UPC}、V_P 和 V_{VPC}、W_P 和 V_{WPC}；下桥臂驱动基准地端为 V_{NC}，驱动控制信号分别对应 U_N、V_N、W_N。由于基准地不同，上桥臂驱动控制告警输出端分别为 UF_O、VF_O、WF_O；对应基准地 V_{NC}，下桥臂驱动控制告警输出端为 F_O。

PM75CLA120 的驱动方式如图 2-37 所示。以 U 相的上桥臂为例，直流电源 VD 为驱动输入端口供电，驱动控制信号 IF 连接至高速光耦输入端，光耦输出经上拉 20kΩ 电阻连接至 U 相上桥臂控制输入口 U_P，该信号低于 0.8V 时有效，此时 OUT 将输出有效的驱动信号，对应的功率管 VT 将导通；当该信号高于 9V 时有效，对应的功率管 VT 将关断。

对应图中高速光耦的连接方式，当光耦输入侧发光二极管有电流流过时，发光二极管点亮，功率管 VT 将导通，即通过控制光耦输入侧发光二极管电流的有无就可以控制功率管 VT 导通与关断。故障告警信号 F_o 经内部电阻 R_{fo} 连接至外接光耦输入侧，当 F_O 为低电平时，表示 U 相上桥臂有故障发生。

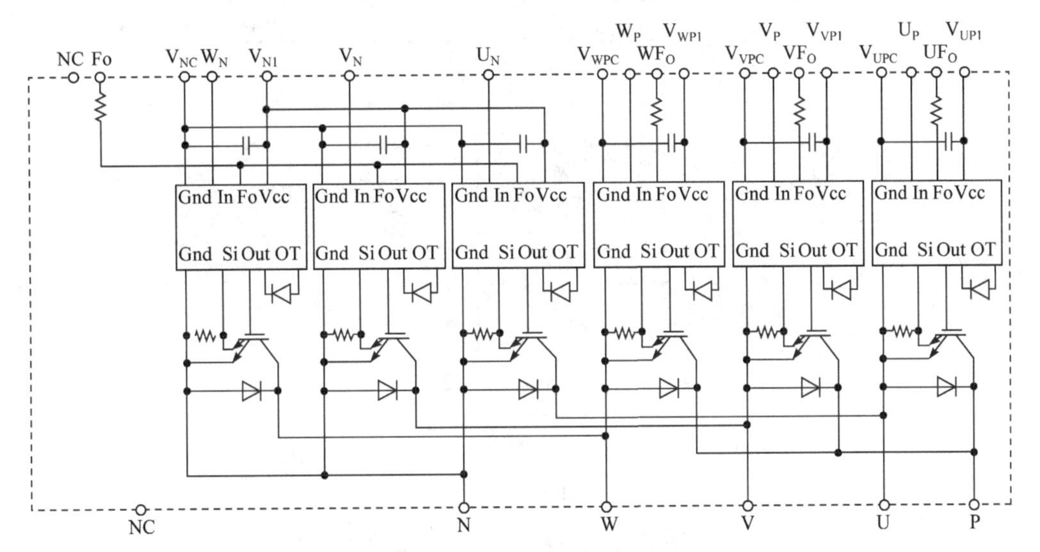

图 2-36　PM75CLA120 内部结构框图

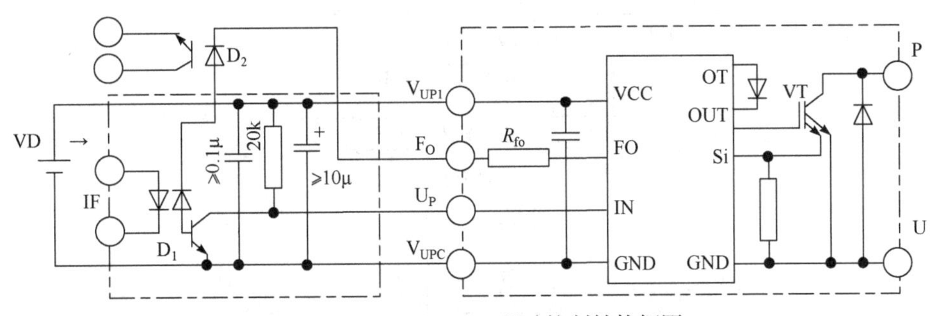

图 2-37　PM75CLA120 驱动控制结构框图

图 2-38 为 PM75CLA120 控制接口电路图，其中 6 个驱动输入控制采用 6 个高速光耦 HCPL0466(相当于图 2-37 中的 D_1，其内部 7 脚和 8 脚间内置 20kΩ 电阻)来构建隔离控制电路，输入发光二极管阳极连接至+5V，阴极通过 330Ω 连接至 PWM 信号(低电平有效)。PM75CLA120 的控制电源有 VU+15(基准地为 GNDU)、VV+15(基准地为 GNDV)、VW+15(基准地为 GNDW)和 DC+15(基准地为 GND)共 4 组电气隔离的 15V 电源供电。4 个故障输出 UF_O、VF_O、WF_O 和 F_O 分别经 4 个光耦 HCPL181(相当于图 2-37 中的 D_2)隔离后在光耦输出侧并联后经 R_7 连接到+5V 的电源地 5VGND。当 4 个故障信号均为高时，光耦 HCPL181 输出为低电平；只要有 1 个故障信号为低时，对应的光耦 HCPL181 导通，则输出被连接至+5V，实现告警信号输出。

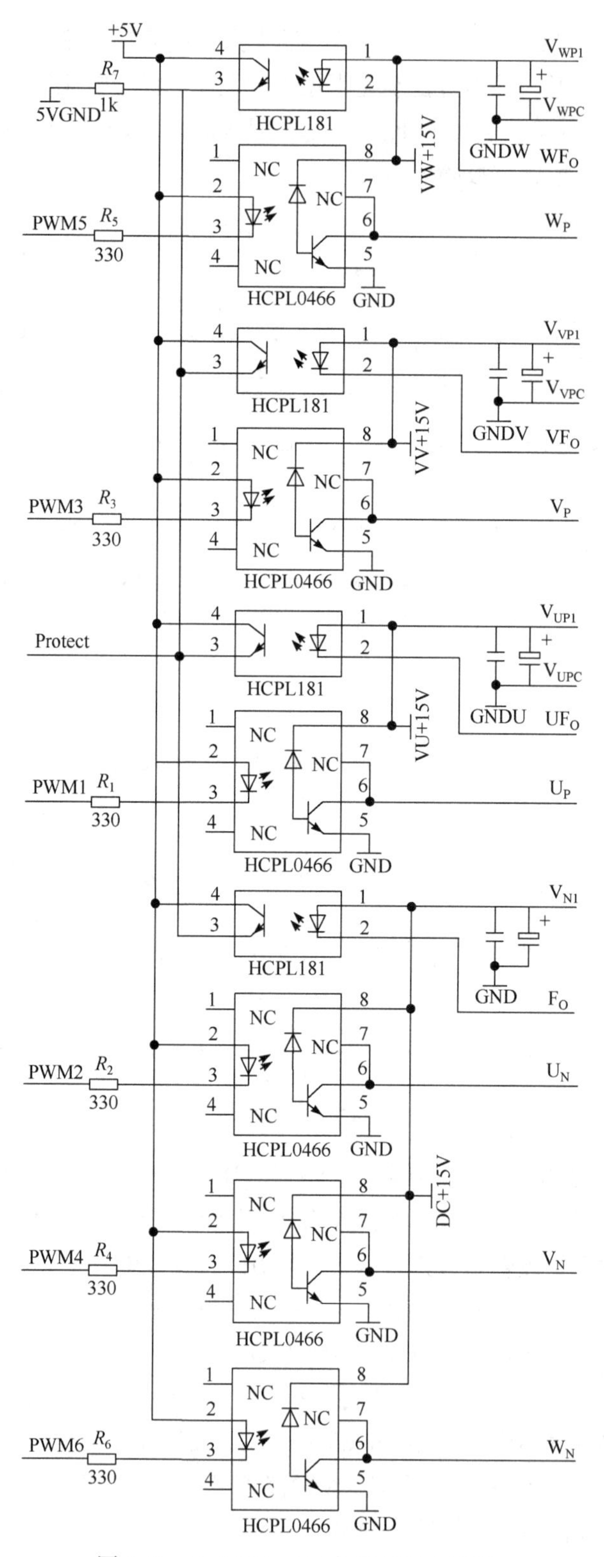

图 2-38　PM75CLA120 控制接口电路图

2.7　宽禁带功率器件碳化硅和氮化镓 MOS 管的驱动设计

作为一种新型的宽禁带半导体材料，碳化硅(SiC)材料相比于硅(Si)材料来说具有更高的击穿电场强度和更高的允许结温，突破了硅功率半导体器件的电压(数千伏)和温度(小于150℃)限制，故受到产业界的广泛关注。由于受成本、产量以及可靠性的影响，SiC 电力电子器件率先在中低压领域实现了产业化，目前的商业产品电压等级在 600～1700V。随着技术的进步，高压 SiC 器件已经问世，在逐步替代传统硅器件的道路上取得进展。

氮化镓(GaN)与碳化硅一样，与硅材料相比具有许多优良特性，但是由于它最初必须用蓝宝石或 SiC 晶片作衬底材料制备，限制了其快速发展。后来在 LED 照明应用市场的有力推动下，GaN 外延工艺技术的发展产生了质的飞跃，2012 年 GaN-on-Si 外延片问世，为 GaN 材料及器件大幅度降低成本开辟了宽广的道路，随之 GaN 电力电子器件也得到业界热捧，但受其材料结构限制，GaN 电力电子器件耐压很难超过 1kV。

与相同功率等级的 Si MOS 管相比较，SiC 和 GaN MOS 管开通需要门极电荷小，总体驱动功率低，具有更小的结电容，开通和关断速度快，开关损耗小，可以进行高频开关动作，使得滤波器用电感、电容等无源器件小型化，可显著提高系统功率密度。目前的发展趋势是 SiC MOS 管主要定位于 600V 及以上电压的高频场合，与 Si IGBT 进行竞争；而 GaN MOS 管着眼于低压超高频应用，与 600V 及以下的 Si MOS 管进行竞争。

SiC 和 GaN MOS 管均属于电压驱动型，其驱动电路结构与 Si MOS 管和 IGBT 相似，但考虑其参数差异及高频工作特性，其驱动电路的设计各有特点和注意事项。

2.7.1　SiC MOS 管驱动电路要求

(1) SiC MOS 管的栅-源电压越高，导通电阻越小。故其驱动电路应能够提供足够高的驱动电压，减小 MOS 管的导通损耗。其推荐栅-源正电压为 18V 或者 20V，高于 Si 器件。SiC MOS 管的误触发耐性稍差，驱动电路应采用栅-源负电压关断，防止误导通，增强其抗干扰能力。

(2) 为缩短 SiC MOS 管开关过程时间，驱动脉冲应有比较快的上升速度和下降速度，脉冲前沿和后沿要陡。因此驱动回路的阻抗不能太大，开通时快速对栅极电容充电，关断时栅极电容能够快速放电；驱动电路最大驱动电流要足够大，以减小栅-源电压米勒平台的持续时间，提高开关速度。

(3) 与 Si IGBT 相比，SiC MOS 管短路耐受时间偏短。Si IGBT 的承受短路的时间一般大于 10μs，在设计 Si IGBT 的短路保护电路时，建议将短路保护的检测延时和相应时间设置在 5～8μs 较为合适；而 SiC MOS 管短路承受能力小于 5μs，要求短路保护在 3μs 以内起作用，故通常不采用软件来检测电流进行保护，而是通过检测 V_{DS} 电压，经过比较器逻辑电路直接封锁驱动脉冲来实现过流保护。

(4) 通常情况下，Si IGBT 的应用开关频率小于 40kHz，而 SiC MOS 管推荐应用开关频率大于 100kHz，应用频率的提高要求其驱动器提供更低的信号延迟时间。SiC MOS 管驱动信号传输延迟需小于 200ns，传输延迟抖动小于 20ns。

2.7.2　SiC MOS 管驱动电路布局

通常 SiC MOS 管与控制和驱动回路通过 PCB 板连通，而 PCB 板覆铜并非理想导体，当电流流过铜箔，就会在铜箔周围产生磁场，其为寄生电感。同时铜箔电阻也导致电路连线两端电压不等。图 2-39 为常见的 PCB 板布局。由于寄生电感、电阻和集肤效应影响，功率地线各点电压并不一样，即分布在功率地线各处的控制电路及驱动处于不同地线电位。当这些电路输出信号时，不仅包含有效信号，同时包含了地线杂讯。

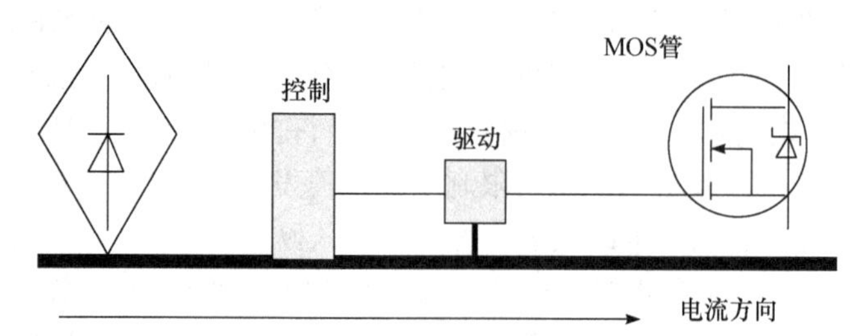

图 2-39　常用的 PCB 板布局

设图中控制电路到驱动电路、驱动电路到 MOS 管距离均为 2cm，则地线电感量分别约为 4nH。设 Si MOS 管和 SiC MOS 管分别以 30ns 和 5ns 典型开关速度工作，若此时开关电流幅值为 1A，则可得到：

(1) Si MOS 管噪音幅值为 MOS 管到驱动电路为 270mV；驱动电路到控制电路为 260mV。

(2) SiC MOS 管噪音幅值为 MOS 管到驱动电路为 1.6V；驱动电路到控制电路为 1.3V。

从这组数据可以看出，SiC MOS 管噪音幅值已经接近其开通门槛电压下限，会威胁到器件安全。经改进如图 2-40 所示的回路布线方式，MOS 管到驱动电路和驱动电路到控制电路的噪音幅值都被降低到 100mV 左右，即 SiC MOS 管的驱动和控制电路宜采用图 2-36 所示的单点地线方式。

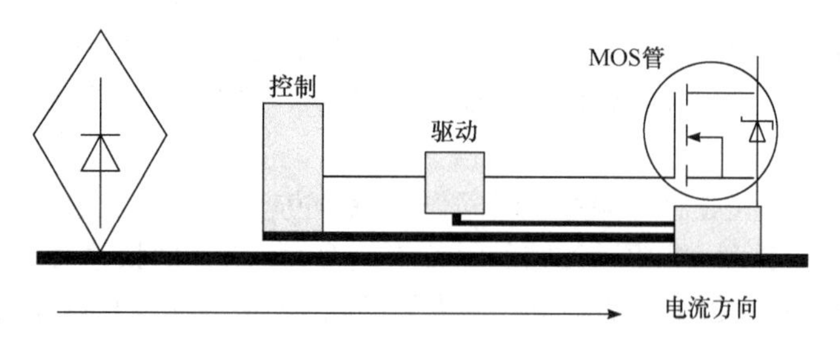

图 2-40　改进的 PCB 板布局

SiC MOSFET 是频率响应达到 10^{10}Hz 的功率器件，在这个频率上，20nH 级别的栅级寄生电感也足以引发器件工作于射频振荡状态。这种状态会使 SiC MOSFET 进入线性工作区，巨大的功耗将会迅速烧毁器件。鉴于寄生参数风险随工作频率的提高被放大，故要重视 PCB 设计技巧和布线长度，建议驱动器和栅级电阻紧邻 SiC MOS 管，且线宽控制在 0.5mm 以上。

2.7.3　SiC MOS 管驱动电阻选择

根据电力电子技术可以知道，当功率开关管关断时，由于分布电感的存在，在电流从负载电流值迅速下降到 0 的过程中会产生关断电压突波，对功率管造成电压应力威胁。而关断过程时间受制于栅极驱动电阻 R_{off}，即 Si MOS 管选型时的电压裕量和 PCB 布线分布电感决定了 SiC MOS 管的最快关断速度，而能接受的最高关断速度决定了 R_{off} 的大小。

SiC MOS 管存在等效结电容，包含栅源电容 C_{GS}、栅漏电容 C_{GD} 和漏源电容 C_{DS}，如图 2-41(a)所示，其中 R_G 为驱动电路的栅极电阻。当驱动脉冲电压到来时，其栅源电容 C_{GS} 开始充电过程，则栅极电压 u_{GS} 呈指数曲线上升，如图 2-41(b)所示。当 u_{GS} 上升到 U_{GSP} 时，Power MOSFET 的漏、源极电压 u_{DS} 开始下降，此时栅漏电容 C_{GD} 开始通过漏、源极放电，从而抑制了 C_{GS} 充电过程 u_{GS} 的增长，使 u_{GS} 出现一段平台波形，这段平台称为米勒平台。在驱动电压为阶跃方波时，栅源电压在上升和下降过程中都存在米勒平台。由图 2-41(b)可知，MOS 管真正开始开通的时间是 t_1，开通延时时间是 t_0～t_1；MOS 管真正开始关断的时刻是 t_6，关断延时时间是 t_4～t_6；关断延时明显大于开通延时。故 SiC MOS 管驱动要采用不同栅极电阻 R_{on} 和 R_{off} 来改善脉冲失真。图 2-42 为根据驱动器输出端口数而采取的 2 种栅极电阻连接方法。其中图 2-42(a)中 $R_{on}=R_1$，$R_{off}\approx R_1//R_2$；图 2-42(b)中 $R_{on}>R_{off}$。

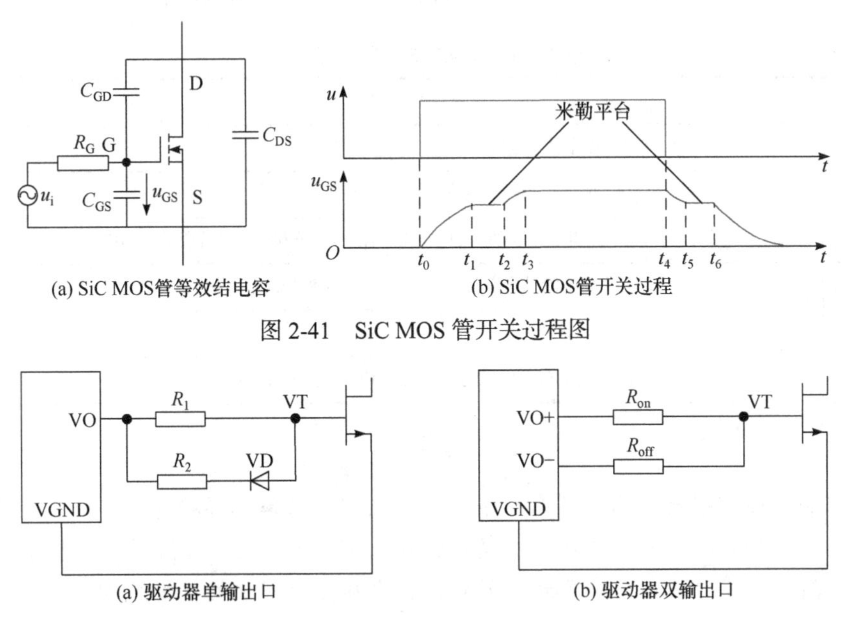

(a) SiC MOS管等效结电容　(b) SiC MOS管开关过程

图 2-41　SiC MOS 管开关过程图

(a) 驱动器单输出口　(b) 驱动器双输出口

图 2-42　SiC MOS 管驱动器连接图

2.7.4　GaN HEMT 管驱动电路要求

HEMT(High Electron Mobility Transistor)为高电子迁移率晶体管，目前 GaN HEMT 管的主要应用领域是低压高频场合，支持几兆赫～几百兆赫频率的开关变换。GaN HEMT 管的驱动与 SiC MOS 管驱动设计要求有很多相似之处，但 GaN HEMT 管驱动的难点是其驱动电压容限值偏小。一般来说，Si MOS 管驱动电压可承受范围为–20～+20V，而其全导通电压为 4～5V，即电压容限为 15V，即抗驱动噪声的能力很强。而对于 GaN HEMT 管来说，全导通电压为 4.5～5.5V 时，驱动电压可承受范围仅为–4～6V 时，即电压容限仅为 1V。故控制和尽量减少栅极驱动回路的噪声耦合是至关重要的，且在进行 PCB 布线时要重点考虑降低驱动回路和功率回路的寄生电感。为解决以上所述 GaN HEMT 管的驱动难点，美国 Navitas(纳薇半导体)公司推出了 NV 系列功率集成电路，其将 GaN HEMT 管和驱动集成在一片集成电路内，外接电源和 PWM 控制信号即可，开关频率最高可达到 2MHz。图 2-43 为 GaN 集成功率芯片 NV6115 的外形(采用 QFN 的贴片封装)、引脚和内部结构框图，表 2-10 为其引脚说明。

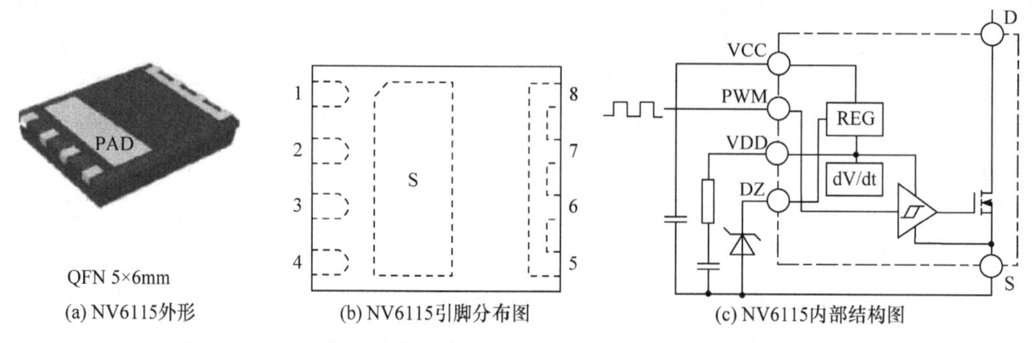

(a) NV6115外形　(b) NV6115引脚分布图　(c) NV6115内部结构图

图 2-43　GaN 集成功率芯片 NV6115 的外形、引脚和内部结构框图

表 2-10　NV6115 引脚功能说明

引脚	功能
1	VCC　芯片供电电源(10～24V)
2	PWM　驱动控制信号输入
3	VDD　内部驱动电源，通过外部连接的电阻和电容设置驱动开通电流
4	DZ　驱动电源设置引脚，外部通过 6.2V 稳压二极管接到 GND 端
5～8	DHEMT　管的漏极
PAD	S　既是 HEMT 管的源极，也是 VCC 的基准地 GND

思考与练习

2-1　如何确定驱动电路的功率？驱动电阻阻值和功率怎样确定？

2-2　简述 EXB841 驱动电路通过集电极电压 V_{CE} 检测实现过流保护的基本原理。

2-3　简述电压自举电路中各元件的作用及电压自举实现的基本原理。

2-4　UCC21520 在驱动半桥电路时，死区时间如何设置？

2-5　简述 2SC0108T 集成电路驱动功率器件时的两种工作模式及其控制逻辑。

2-6　2SC0108T 集成驱动电路过流保护电路有几种？其基本原理是什么？

2-7　简述 SiC MOS 管的驱动电路特点。

第 3 章　辅助电路设计

一个开关变换器除了主电路和前面所介绍的 PWM 控制电路、驱动电路外，若要实现绪论中所描述的 4 种电能变换的功能，还需要采样反馈电路、过流保护电路、过压缓冲电路和滤波电路等其他辅助电路。

反馈理论表明，要维持一个物理量的稳定，需要对这个物理量进行采样反馈，与给定值相比较得到一个偏差量，该偏差量被处理后(通常为 PI/PID 环节)作为控制量来控制输出。开关变换器 PWM 控制电路也正是基于这一理论，通过调节控制脉冲占空比，最终实现目标电压或电流输出。

电力电子器件的主要用途是高速开关，与普通电气开关、熔断器和接触器等电气元件相比，其过载能力不强，电力电子器件导通时的电流要严格控制在一定范围内。过电流不仅会使器件特性恶化，还会破坏器件结构，导致器件永久失效。在开关变换器中，目前常用的功率开关管为硅材料的 Power MOSFET 和 IGBT，其中 Power MOSFET 多用于低压小功率场合，而高压或大功率场合多选用 IGBT 作为功率开关管。相较于晶闸管和功率二极管具有较强的抗冲击电流能力，Power MOSFET 和 IGBT 承受电流冲击能力的幅度和时间都非常有限，故不能采用快速熔断器进行过流和短路保护，而是采用检测流过功率管的电流来切断驱动信号的过流保护电路以防止电流超过器件的极限值。本书将以 IGBT 为对象分析其过流和短路保护电路的设计，该方法同样适用于 Power MOSFET，但要根据 Power MOSFET 的具体参数进行相应的调整。

与过电流相比，电力电子器件的过电压能力更弱，为降低器件导通压降，器件的芯片总是做得尽可能薄，仅有少量的裕量，即使是 μs 级的过电压脉冲都可能造成器件永久性的损坏，通常可采用缓冲电路来降低器件的电压应力。

与线性变换器不同，开关变换器的工作原理是以 PWM 为基础的，即其主电路输出形式为等幅的脉冲组成，若要获得稳定的直流或交流输出波形，还需要通过滤波电路来实现。

3.1　采样反馈电路

3.1.1　非隔离采样反馈电路

在实际应用中，一般而言，无论是电压还是电流采样反馈，均是将待采样信号转换成电压信号进行反馈。在非隔离采样反馈电路设计时，对于输出电压采样反馈，通常采用如图 3-1 所示的电阻分压采样方式。

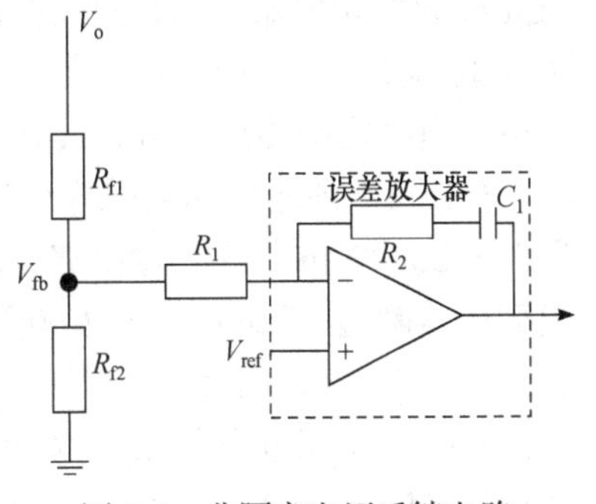

图 3-1　非隔离电压反馈电路

开关变换器输出电压 V_o 经采样电阻 R_{f1} 和 R_{f2} 分压后得到反馈电压 V_{fb}，该信号送至误差放大器反向输入端。在稳态时，V_o 与参考电压 V_{ref} 的关系为

$$V_o = \left(1 + \frac{R_{f1}}{R_{f2}}\right) V_{ref} \tag{3-1}$$

对于电流的采样，通常选用小阻值采样电阻串联在电路中，通过采样电阻端电压来得到电流信息。图 3-2 所示为常用的电流采样电路。对于图 3-2(a)所示的方式一，由于采样电阻 R_s 两端对地均为悬浮，因而还需要采用后级差分放大电路处理。而对于图 3-2(b)所示的方式二，由于采样电阻 R_s 一端接地，因而可以不需要后级处理，将另一端电压信号直接反馈即可，实现较为简单，成本低廉，因而在实际中应用较广。需要注意的是，为避免 R_s 产生较大的功耗，通常 R_s 电阻值很低，多为毫欧级的高精度功率电阻，则采样电压数值也很低，故通常后级要添加放大电路。

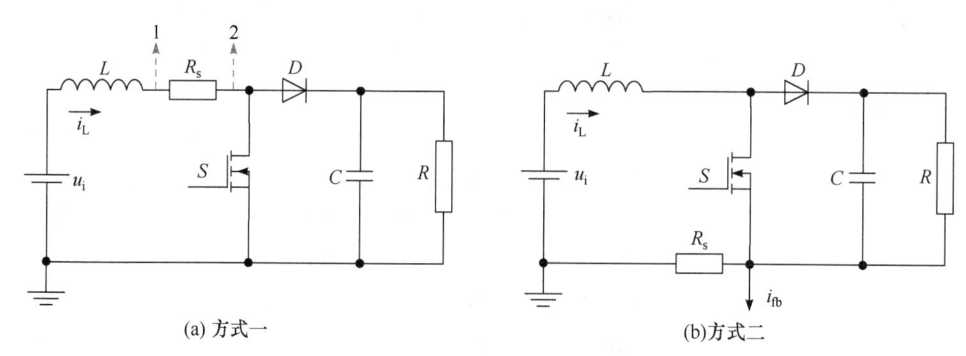

图 3-2　非隔离电流采样电路

3.1.2　隔离采样反馈电路

在某些实际应用场合，尤其是中、大功率变换器，为避免主电路开关动作干扰控制电路，要求控制和主电路实现电气隔离，即对主电路的采样信号要加以电气隔离，通常通过采用电压、电流互/传感器和光电耦合器等方式来实现。采用电压、电流互/传感器的隔离采样反馈方式，在实现上较为简单，但成本较高、体积较大，在小功率开关电源场合中鲜有应用，其通常应用在 AC/DC、DC/AC 和 AC/AC 等大功率变换场合。

1. 光耦隔离采样反馈电路

光电耦合器是以光为媒介传输电信号的一种电-光-电转换器件，它由发光源和受光器两部分组成。把发光源和受光器组装在同一密闭的壳体内，彼此间用透明绝缘体隔离。发光源的引脚为输入端，受光器的引脚为输出端，常见的发光源为发光二极管，受光器为光敏二极管、光敏三极管等。在小功率开关变换器设计中，光电耦合器用于在不同直流电压电平之间传输信号，具有良好的电气隔离特性。

如图 3-3 所示，隔离采样反馈电路采用三端稳压器 TL431 和光耦 PC817 相配合，控制器 UC3842 和 PC817 输出部分位于隔离变压器原边，TL431 和 PC817 输入部分位于隔离变压器副边。TL431 阴极 C 端到阳极 A 端电流受基准 R 端的电压控制，在 R 端电压非常接近 2.5V 时，阴极到阳极的电流 I_{CA} 是稳定的非饱和电流(1～100mA 之间，典型值为 20mA)；当 R 端电压在 2.5V 附近的微小范围内增加时，该电流也将增加。为便于理解，可以把 TL431 理解成工作在线性放大区的 NPN 三极管，其中 C、A 和 R 端分别对应集电极，发射极和基极。PC817 输出侧三极管工作于线性放大区，其集电极电流 I_C 受控于输入侧发光二极管的电流 I_F，根据 PC817 电流传输比(定义为 I_C/I_F)与 I_F 曲线，一般将 I_F 设计为 3mA。

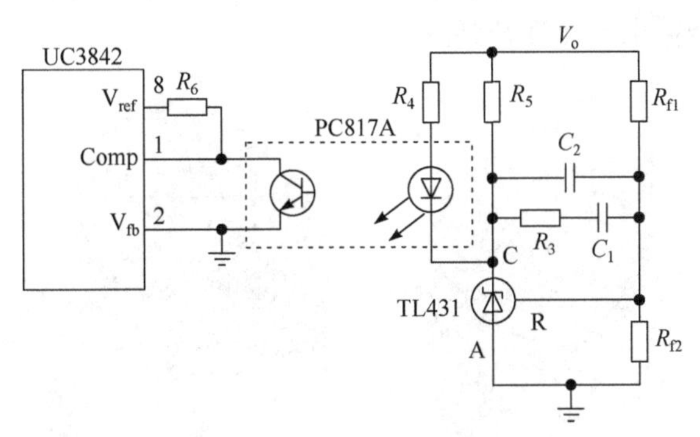

图 3-3　基于 TL431 和 PC817 的隔离采样反馈方式

当输出电压受扰动有所增加时，TL431 基准电压端电压也将相应增加，从而使得 PC817 输入侧发光二极管电流增加，其输出侧三极管基极电流也将增加，集射极间电压减小，也即 UC3842 误差信号减小，最终使 6 脚输出脉冲的占空比减小，由此降低输出电压；同样地，若输出电压受扰动有所降低时，最终将使 UC3842 输出的脉冲占空比增加，从而提升输出电压，即系统总是可以通过电压闭环负反馈维持稳定运行。对于图 3-3 所示电路，并没有使用到 UC3842 内部的误差放大器，而是直接控制其补偿端的电压，这样做的好处是减小了控制环路延时，提高了动态响应速度，而且还简化了 1 脚和 2 脚间的 PI 补偿网络设计。值得注意的是，UC3842 内部的误差放大器不同于常用的运算放大器，其输出只能吸入电流而不能输出，2 脚接地后，尽管误差放大器处于开环形式，但其输出等效于开路，对后级电路不起作用，因而可直接控制 1 脚电压。

在图 3-3 中，R_3、C_1 和 C_2 为补偿网络，其值选取需要根据系统的传递函数来进行确定，以使系统具有足够的增益和相位裕量，从而增强系统稳定性。在实际应用中，为了避免烦琐的理论推导，通常根据经验来确定 R_3、C_1 和 C_2 的值。R_{f1} 和 R_{f2} 为分压电阻，输出电压经 R_{f1} 和 R_{f2} 分压后期望获得 2.5V 反馈电压。R_4 为 PC817 输入侧发光二极管限流电阻，由于 TL431 阴极电压范围为 2.5～36V，因此 R_4 的选取应满足：

$$\frac{V_o-36-V_F}{I_F}<R_4<\frac{V_o-2.5-V_F}{I_F} \tag{3-2}$$

式中，V_o 为变换器输出电压，V_F 为 PC817 发光二极管正向导通压降，其典型值为 1.2V，I_F 取 3mA。若要采用图 3-3 所示隔离采样反馈电路，V_o 必须大于 2.5V。

由于 I_F 相比于 I_{CA} 较小，因此需引入 R_5 为 TL431 提供稳定的工作电流。其中 I_{CA} 取 20mA。

$$R_5=\frac{V_F+I_FR_4}{I_{CA}-I_F} \tag{3-3}$$

2. 基于互感器的隔离采样电路

互感器又称为仪用变压器，是电流互感器和电压互感器的统称，它们只能应用于交流应用场合，可以将高电压变为低电压、大电流变为小电流输出，常用于测量或保护系统。电压、电流互感器通常为无源形式，图 3-4 给出了电压互感器 PT107 和电流互感器 CT102 的实物图，表 3-1 为它们的关键参数。在使用时应注意，电压互感器输出不允许短路，而电流互感器输出不允许开路。

(a) 电压互感器PT107

(b) 电流互感器CT102

图 3-4　电压互感器 PT107 和电流互感器 CT102 实物图

表 3-1　关键参数

参数	电压互感器 PT107	电流互感器 CT102
额定输入电流	2mA	5A
额定输出电流	2mA	2.5mA
变比	1000:1000	2000:1
相位差	≤45′(输入为 2mA，采样电阻为 50Ω)	≤20′(输入为 1A，采样电阻为 100Ω)
线性范围	0～1000V；0～10mA (采样电阻为 50Ω)	0～20A (采样电阻为 100Ω)
线性度	0.2%(20%～120%)	0.1%(5%～120%)
允许误差	±0.6%(输入为 2mA，采样电阻为 50Ω)	±0.2%(输入为 1A，采样电阻为 100Ω)

基于电压互感器隔离采样的典型应用电路如图 3-5 所示。交流电压 V_{ac} 经功率电阻 R_1 限流后送至电压互感器输入侧，电压互感器输出侧也可直接通过并联电阻采样，该方式简单方便，但容易导致相角偏移，因而通常采用图 3-5 中所示的结合运算放大器的有源方式。通过第一级运算放大器处理后，获得了与 V_{ac} 同频同相的低压交流信号 V_{in}。需要注意的是，很多 A/D 转换器和 DSP 内置 A/D 均只能检测正向的电压，故此时需要将交流信号进行电平提升后再输入给 A/D 转换器。若电压互感器额定输入输出电流变比为 1，则低压交流信号 $V_{in}=V_{ac}R_2/R_1$，最终进入到 A/D 转换器的电压 $V_{out}=(V_{in}+3.3)/2$，只要保证 $3.3\text{V}\geqslant V_{in}\geqslant -3.3\text{V}$，就可以保证 V_{out} 在 0～3.3V 以内。二极管 D_1 和 D_2 可将送入 ADC 的电压进行钳位，起到保护作用。

3. 基于传感器的隔离采样电路

传感器与互感器基于的原理不同，常用的为利用霍尔效应来感知电压或电流信号，其内置有运算放大器，为有源形式，它不仅可以测量交流信号，还能测量直流信号。LV25-P 和 LA55-P 是常用的霍尔电压和电流传感器，它们的实物图和引用含义如图 3-6 所示。

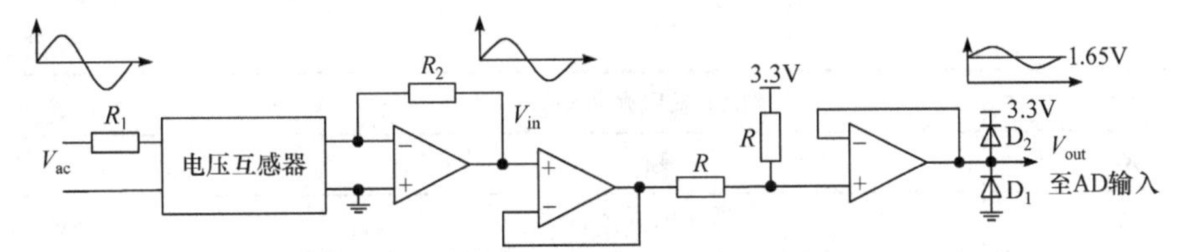

图 3-5　电压互感器采样典型应用电路

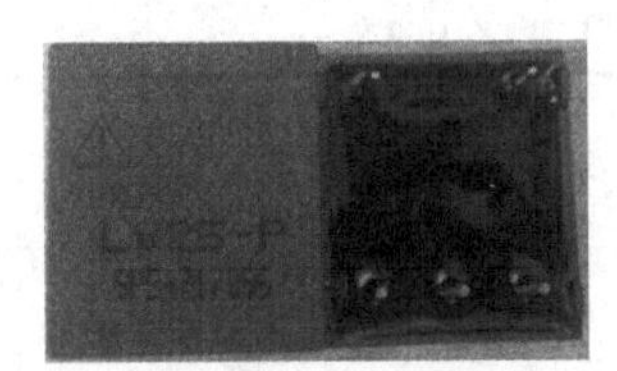
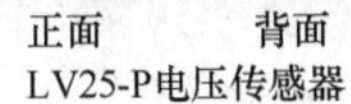

正面　　背面

LV25-P电压传感器

LA55-P电流传感器

引脚编号	LV25-P	LA55-P
+	正电源(+12~+15V)	正电源(+12~+15V)
−	负电源(−15~−12V)	负电源(−15~−12V)
M	测量端	测量端
+HT	被测电压正端	/
−HT	被测电压负端	/

图 3-6　LV25-P 和 LA55-P 实物图和引脚含义

表 3-2 给出了 LV25-P 型霍尔电压传感器的关键电气参数。对于 LV25-P，其原边额定电流为 10mA，范围为±14mA。LV25-P 的典型应用电路如图 3-7 所示。在测量交流或直流电压时，应在原边回路中串入限流电阻 R_1，使原边电流符合要求。LV25-P 的测量端 M 和双极性供电电源的地之间接测量电阻 R_M 以获得采样电压，R_M 值的选取可参考表 3-2。若利用 LV25-P 检测直流电压，R_M 获得的采样电压经跟随电路后可直接送至 AD 输入；若利用 LV25-P 检测交流电压，为了满足单极性 AD 输入要求，同样需要将交流采样电压进行提升，如图 3-7 所示中虚线部分所示。对于 LA55-P 电流传感器的应用，其输出侧电路与图 3-7 基本一致，这里不再重复。

表 3-2　LV25-P 电压传感器的关键电气参数

I_{PN}	原边额定电流有效值	10mA	
I_P	原边电流测量范围	0～±14mA	
R_M	测量电阻	$R_{M\ min}$	$R_{M\ max}$
	±12V　@±10mA max	30Ω	190Ω
	@±14mA max	30Ω	100Ω
	±15V　@±10mA max	100Ω	350Ω
	@±14mA max	100Ω	190Ω

续表

I_{SN}	副边额定电流有效值	25mA
K_N	变比	2500:1000
V_C	供电电压(±5%)	±12V～±15V
I_C	电流消耗	10(@±15V)+ I_S mA
V_d	交流绝缘电压有效值 50Hz, 1mn	2.5kV

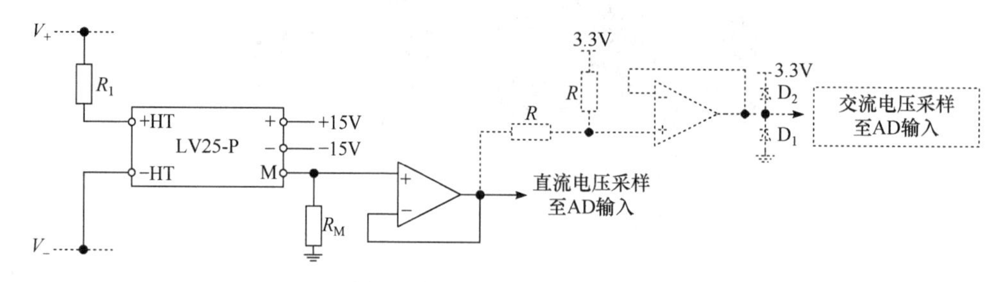

图 3-7　LV25-P 典型应用电路

在实际应用中，需要对逆变器交流电压或电流输出进行采样并参与反馈控制，而互感器无法检测逆变器输出电压或电流中可能存在的直流分量，故要使用传感器作为采样反馈元件。

3.2　缓冲电路设计

图 3-8(a)为以 IGBT 作为功率管的基本功率变换电路，通过控制功率管 VT 的开通和关断可调整负载 R_L 上的平均功率。图 3-8(b)为对应的功率管 VT 的开通和关断过程中流过功率管的电流 i_c 和功率管集射极两端承受电压 u_{ce} 的变化情况。图中直流侧电压为 E，且有大容量滤波电容 C 存在，故在功率管 VT 关断时，理论上 u_{ce} 应为 E，但实际情况如图 3-8(b)所示，会出现一个电压尖峰。若关断电压尖峰高于功率管 VT 的耐压值，则会造成 VT 过压击穿。

在实际工程中滤波电容到功率管 VT 之间距离不可能为零。尤其是在大容量系统中滤波电容多采用螺栓式连接，电容与功率管之间是靠母排和电缆连接，即便是通过 PCB 板上的走线连接，也不可避免会存在分布电感。若将分布电感集中等效化，则实际电路拓扑如图 3-8(c)所示。

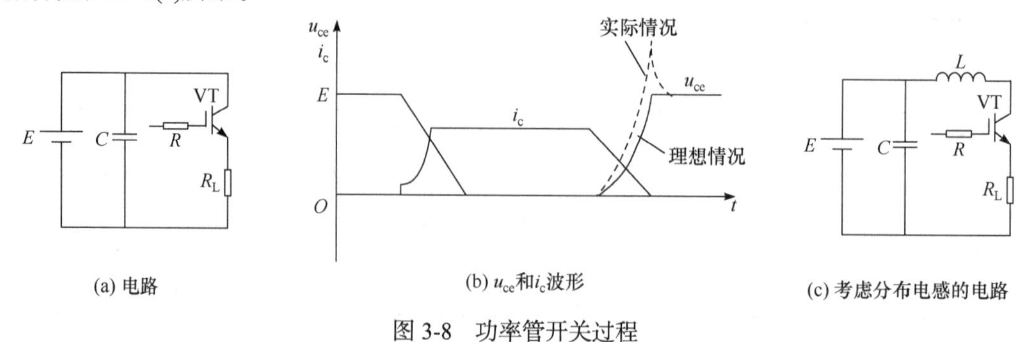

(a) 电路　　(b) u_{ce}和i_c波形　　(c) 考虑分布电感的电路

图 3-8　功率管开关过程

如图 3-8(c)所示，设 VT 导通时导通电流为 i_C，则 VT 关断时，VT 承受的电压为

$$u_{VT} = L\frac{di_C}{dt} + E \tag{3-4}$$

功率管 VT 在关断时，流过 VT 的电流迅速降到 0，会产生很大的 di/dt，导致功率管关断时产生如图 3-8(b)中所示的过电压。

在实际工程中直流侧可以通过采用叠层母排或双绞线的方法来降低分布电感 L。如图 3-9 所示，由于线路设计时基本遵循对称原理，则图 3-8(c)所示的考虑分布电感的电路可以用图 3-9 所示电路来等效，其中两图的电感量关系为 $L_+=L_-=L/2$，式中，L_+为正母线的等效分布电感，而 L_-为负母线的等效分布电感。由于功率管 VT 导通时，L_+和 L_-均流过电流 i_C，且电流方向相反，则会产生相对于自感 L 而言为负的互感 M，即 VT 关断时，VT 承受的电压为 $u_{VT} = (L-M)di_C/dt + E$ 。

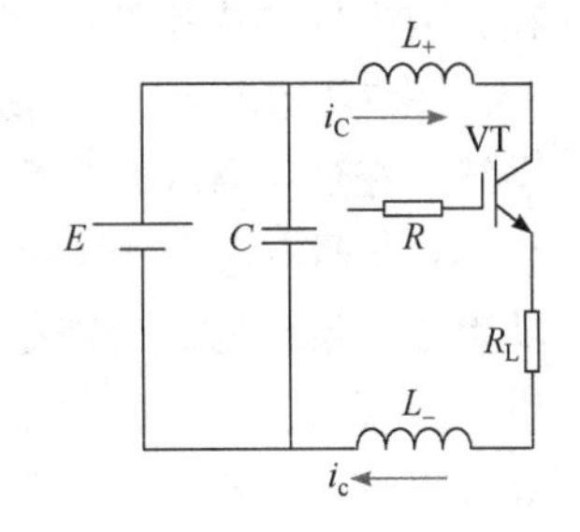

图 3-9　叠层母排降低线路分布电感原理分析

显然提高互感 M 可以有效降低线路中的分布电感，进而降低功率管关断时的电压尖峰。提高互感 M 的有效方法就是在保证绝缘的前提下尽量减小正、负母线的空间距离，而叠层母排由两层金属母排和中间薄薄的绝缘层压制而成，其实物如图 3-10(a)所示，安装方法如图 3-10(b)所示。考虑到要根据具体工程来定制叠层母排，需要花费较大的成本，故叠层母排多用于大功率开关变换器。对于中小功率或需要控制成本的开关变换器，也可以用双绞线来替代叠层母排，其基本原理也是通过减小正、负母线间距来提高互感进而降低线路中的分布电感。

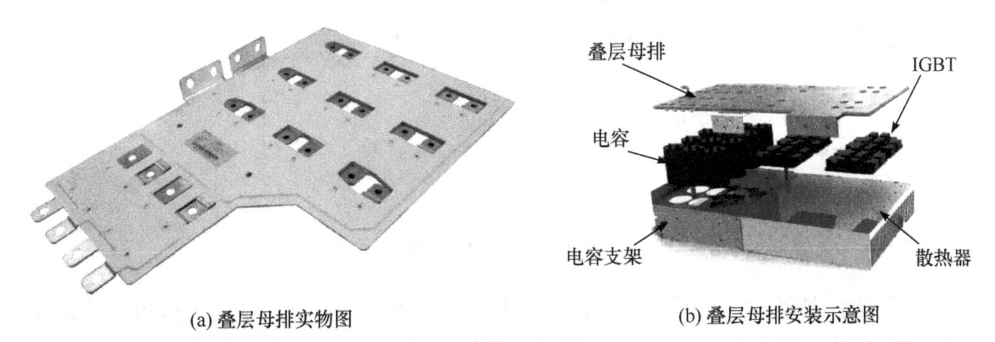

(a) 叠层母排实物图　　(b) 叠层母排安装示意图

图 3-10　叠层母排使用方法

由式(3-4)可知，降低 di_C/dt，也可以降低功率管的关断电压尖峰。考虑到在功率管关断过程中 di_C 由负载决定，故可以通过加大关断时的驱动电阻 R_{off} 来延长 dt。当然这会带来关断时间的延长，造成开关损耗增加，故通常把加大 R_{off} 作为降低功率管关断电压尖峰的最后手段。

在条件许可时，尤其是中小功率系统，添加电压缓冲电路也是工程上切实有效的方法。并联电容能有效抑制功率管 VT 关断时两端电压尖峰，如图 3-11(a)所示，其本质是为分布电感提供了一个功率管关断时的续流通道，即分布电感的能量会转移到电容 C_s 上。其能量关系为

$$1/2(Li_{\mathrm{C}}^{2})=1/2(u_{\mathrm{VT}}^{2}-E^{2})C_{\mathrm{s}} \tag{3-5}$$

即只要 C_s 足够大，就可以对 u_{VT} 进行幅值限制，确保其幅值不超过功率管 VT 的额定电压。功率管 VT 关断时电容 C_s 储存的能量约为 $C_sE^2/2$(u_{VT} 成尖峰状，在功率管开通前通常电压会降到 E)，在 VT 导通时要全部释放掉，而此时 C_s 与 VT 之间没有任何限流元件，即 C_s 相当于被短路，则会产生瞬时较大的冲击电流。在 VT 开关频率较大的情况下，VT 要承受频繁的冲击电流，极易损害功率管。有效的抑制电容瞬时大电流放电的方法就是在其放电回路中串联限流电阻 R_s，如图 3-11(b)所示。

图 3-11(b)所示 RC 吸收电路本身在实际工程中也得到了广泛应用，但多用于小容量系统。在功率管 VT 关断电容 C_s 充电时，限流电阻 R_s 消耗的能量约为 $C_sE^2/2$。而在功率管 VT 导通电容 C_s 放电时，限流电阻 R_s 消耗的能量同样为 $C_sE^2/2$。而实际上在对电阻的功率进行选型时，为避免电阻工作温度过高，都要根据计算的功率值留数倍以上的裕量。设功率管 VT 的开关频率为 f，则限流电阻 R_s 消耗的功率为 C_sE^2f。当功率电路频率 f 较高或直流侧电压 E 较大时，限流电阻 R_s 功率会很大，导致电阻体积庞大而影响实际应用。如前所述，R_s 的作用是限制 C_s 的放电电流，避免对功率管 VT 造成电流冲击，而在 C_s 充电时则没有必要进行限流，即充电时可将 R_s 旁路，故顺向并联二极管 VD_s，这样限流电阻 R_s 消耗的功率就可降为

$$P_{\mathrm{RS}}=C_sE^2f/2 \tag{3-6}$$

由此可得到完整的 RCD 电压缓冲电路，如图 3-11(c)所示。

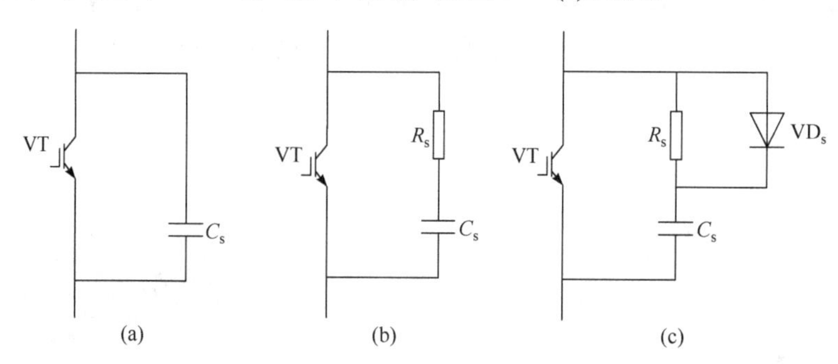

图 3-11　RCD 缓冲电路推导过程

在器件选型方面，VD_s 要选用快恢复二极管，考虑流过 VD_s 的为呈指数下降的电流，且功率二极管具备很强的抗冲击电流能力，根据经验，其额定电流通常不小于功率管 VT 额定电流的 1/10 即可。理论上根据式(3-5)，可以通过线路的分布电感和期望的 u_{VT} 数值来计算满足要求的 C_s。但在实际工程中几乎不太可能对线路的分布电感进行准确计算和测量，故从式(3-5)和式(3-6)可以得知，C_s 越大，缓冲电路对功率管关断电压尖峰的吸收效果越好，但电阻 R_s 的功率就会越大，给 R_s 的选型和安装造成困难，故该容量应综合考虑。

R_s 的最小值可从限制功率管 VT 导通时电容 C_s 的最大放电电流来决定。忽略 VT 的导通压降，则 VT 导通初期 C_s 的最大放电电流为 $i_{\mathrm{R}}=E/R_s$，故可根据功率管 VT 的额定电流设定 i_{R}，然后倒推出 R_s 的最小值。若要 RCD 缓冲电路能在功率管 VT 关断时起到良好的吸收关断电压尖峰的作用，应该尽量在功率管 VT 导通时让电容 C_s 储存的能量释放完毕。而功率管 VT 导通时 C_s 的放电过程为典型的 RC 放电曲线，即 C_s 需要(3～5)R_sC_s 的

时间才能基本放电完毕，故应根据功率管 VT 典型导通时间确定 R_sC_s。同时根据式(3-6)综合考虑 R_s 的额定功率对 C_s 和 R_s 进行选取。

C_s 和 R_s 的取值可通过经验公式选取，但最终要通过实验观测缓冲电路效果来确定对应的参数。需要注意的是，为尽量减小线路电感，在成本可控范围内，尽量选用内部电感小的吸收电容和电阻，如无感电容和无感电阻。

图 3-12 为实际电路中 RCD 缓冲电路效果比较，图中为 Power MOSFET 的 DS 两端电压波形。图 3-12(a)为未使用 RCD 缓冲电路，Power MOSFET 关断时其 DS 两端电压尖峰高达 260V，而尖峰过后 DS 实际承受的主电路电压仅为 64V 左右。当采用 RCD 缓冲电路后，功率管关断时 DS 两端电压尖峰下降到 168V，如图 3-12(b)所示。对 RCD 缓冲电路进行优化，电容 C_s 并联后容量翻倍，同时电阻 R_s 并联后阻值降到原来的 1/2，且电阻功率翻倍，功率管关断时 DS 两端电压尖峰下降到 140V，如图 3-12(c)所示。

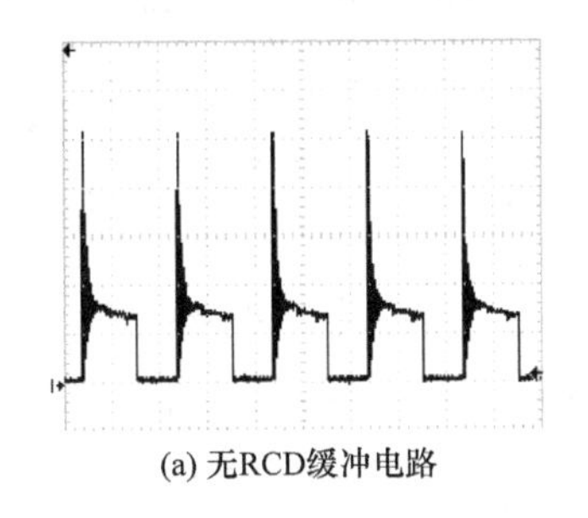
(a) 无RCD缓冲电路

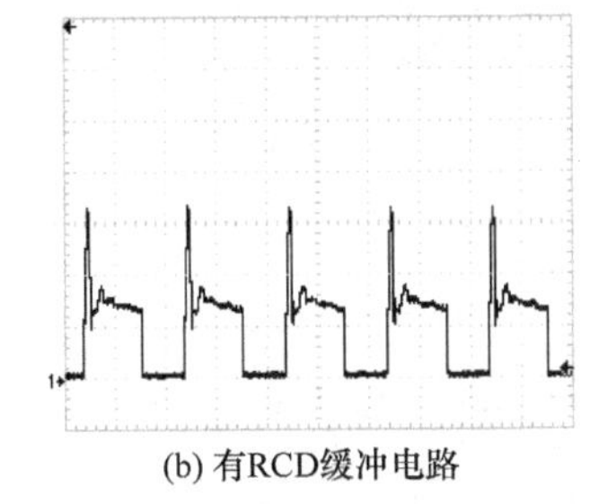
(b) 有RCD缓冲电路

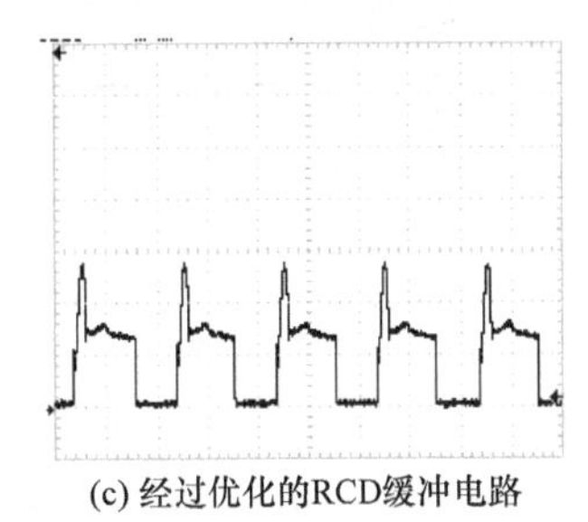
(c) 经过优化的RCD缓冲电路

图 3-12　RCD 缓冲电路效果比较

3.3　IGBT 过电流保护设计

IGBT 广泛应用于中大功率电力电子能量转换装置中，是目前具有广阔应用前景的功率半导体开关器件之一。在大功率电力电子变流系统中，IGBT 经常工作在高压、大电流的条件下。桥臂直通的硬短路、负载侧短路的软短路以及过大的集电极电流所造成的擎住效应失效均可导致 IGBT 故障。如果不能及时、准确检测故障并进行保护，极易导致 IGBT 永久性损坏。

3.3.1　IGBT 承受短时过载电流能力分析

表 3-3 为 IGBT 模块 FF450R17ME3 的电流参数。考虑到额定电流和额定电压是功率管的最重要参数，故往往从功率管的名称上即可以看到其额定电流和额定电压数值，如 FF450R17ME3 的额定电流为 450A，额定电压为 1700V。需要注意的是，功率管的额定电流定义要与一定的环境温度 T_c 相匹配，而不同厂家的功率管额定电流对应的环境温度 T_c 并不相同，FF450R17ME3 的额定电流对应的环境温度是 80℃(通常是外置散热器允许的最高温度)。由图 3-14 可以看出，IGBT 承受电流能力具备明显的反时限特性，即时间越短，所能承受的冲击电流幅值越高。在 1ms 内该 IGBT 可以承受 2 倍的额定电流，而在 10μs 内该 IGBT 可以承受 4 倍的额定电流，通常把该数值定义为短路电流。该 IGBT 模块的短路电流反时限曲线如图 3-13 所示，“V_{CC}=720V”表示此时直流母线电压为 720V。

表 3-3　IGBT 模块 FF450R17ME3 的电流参数

	参数	符号	数值
额定电流	T_c=80℃	I_{cnom}	450A
	T_c=25℃	I_c	605A
脉冲电流	持续时间 1ms	I_{cRM}	900A
短路电流	持续时间 10μs	I_{sc}	1800A

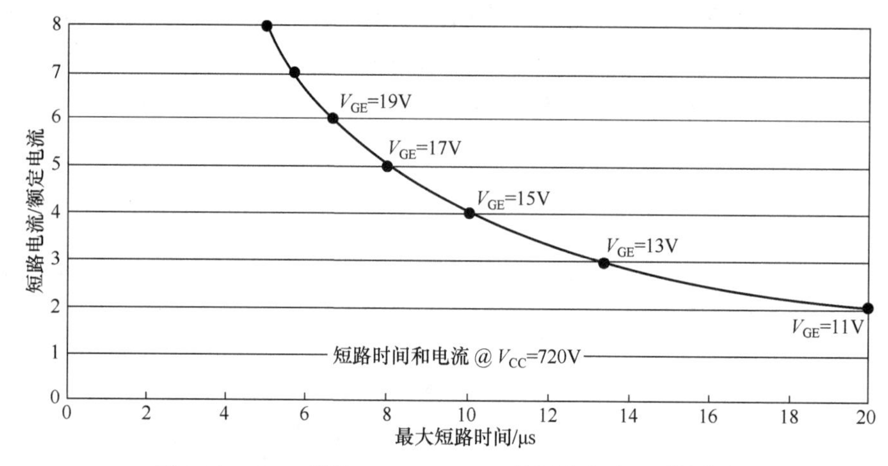

图 3-13　IGBT 模块 FF450R17ME3 的短路电流反时限曲线

3.3.2　IGBT 过流保护方案分析

由表 3-2 可知，一般 IGBT 功率模块能承受 10μs 的短路故障，若在 10μs 内能快速检测出故障并采取相应的保护措施，则可避免故障发生或扩大。因此，IGBT 短路故障的有效检测识别对变流器的可靠保护和安全运行非常重要。由前面章节内容可知，对集电极电压 V_{CE} 的检测是实现对短路故障检测的有效手段。

允许 IGBT 持续过流甚至短路的时间很短，这就要求相关的控制电路在故障发生时有可靠的判断，并及时撤除驱动信号，关断 IGBT。图 3-14 是数字控制变流器中过流控制通用的方案框图。过流保护分为 3 级，分别是软件保护(1 级)、硬件保护 1(2 级)和硬件保护 2(3 级)。

软件保护是 1 级保护，负载电流经过电流检测单元后，转化为电压信号，经电平变换后，送到 A/D 转换器转换成数字量，再被送入微处理器(MCU)的内部寄存器，通过执行有关的程序，微处理器根据 PID 运算输出 PWM 信号，经传输电路和驱动电路控制 IGBT 的导通和关断。如果出现电流过大，微处理器控制输出的脉宽变窄，降低负载电流幅值。如果出现危险电流，微处理器则立即关闭 PWM 输出，迫使 IGBT 关断。

在 1.3PWM 数字控制中，当在程序运行中检测到电流超过预设值时，将对应的 PWM 输出信号设为无效值即可以封锁其 PWM 输出，待检测到电流下降到一定数值时，可重新使能 PWM 信号，恢复对功率管的驱动控制，并对该过流事件进行记录。若在一定事

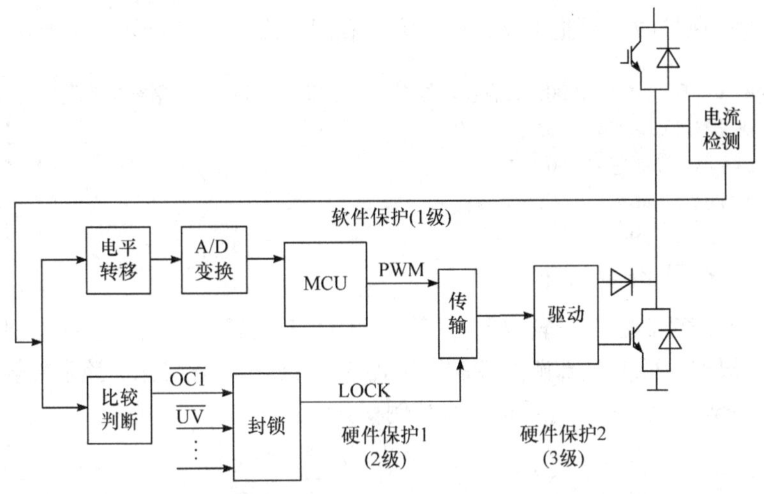

图 3-14　数字控制变流器中过流控制通用的方案框图

件内过流事件高频率重复发生，则可以彻底封锁 PWM 输出，系统停机并报警。针对 1.3.1 节标准 51 单片机 PWM 控制，该过流保护只要将 PWM 清 0 即可。而针对 1.3.2 节 TMS320F2812 的 PWM 控制，其过流保护可通过对比较控制寄存器 COMCONA 和 COMCONB 相应位进行清 0 来封锁其对应的 PWM 输出，如下面例程所示：

```
EvaRegs.COMCONA.bit.FCOMPOE=0;
EvbRegs.COMCONB.bit.FCOMPOE=0;
```

比较控制 A 寄存器 COMCONA 为 16 位寄存器，其第 9 位 FCOMPOE 为完全比较器输出使能位。该位为 0 时，PWM1～PWM6 处于高阻状态，故在电路设计时要考虑当 PWM 口为高阻时对应的驱动信号为无效状态；该位为 1 时，PWM1～PWM6 由相应的比较器逻辑控制。比较控制 B 寄存器 COMCONB 为 16 位寄存器，其第 9 位 FCOMPOE 为完全比较器输出使能位。该位为 0 时，PWM7～PWM12 处于高阻状态；该位为 1 时，PWM7～PWM12 由相应的比较器逻辑控制。故需要释放过流保护时，将该位置 1 即可，如下面例程所示：

```
EvaRegs.COMCONA.bit.FCOMPOE=1;
EvbRegs.COMCONB.bit.FCOMPOE=1;
```

针对 1.3.3 节 TMS320F28335 的 PWM 控制，其过流保护是通过故障捕获子模块寄存器来实现的。外部触发控制寄存器 TZCTL 为 16 位寄存器，功能定义如表 3-4 所示。

表 3-4　寄存器 TZCTL 各位功能描述

位	取值及功能描述
15～4	保留
3～2	当外部触发事件发生时，定义 ePWMxB 所采取的动作。 00　高阻状态；01　强制为高电平；10　强制为低点平；11　无动作
1～0	当外部触发事件发生时，定义 ePWMxA 所采取的动作。 00　高阻状态；01　强制为高电平；10　强制为低点平；11　无动作

在发生过流保护时，要把 PWM 口设置为高阻状态，故进行如下初始化：

```
EPwm1Regs.TZCTL.all=0x0000;  //发生单次错误事件时，Epwm 引脚被强制高阻状态
EPwm2Regs.TZCTL.all=0x0000;
EPwm3Regs.TZCTL.all=0x0000;
EPwm4Regs.TZCTL.all=0x0000;
EPwm5Regs.TZCTL.all=0x0000;
EPwm6Regs.TZCTL.all=0x0000;
```

TZFRC 为外部触发强制寄存器，其第 2 位 OST 被置 1 时表示软件强制产生一次单次触发事件。根据前面的外部触发控制寄存器 TZCTL 初始化结果，该事件被触发时，对应的 Epwm 引脚将被强制为高阻状态。其例程如下：

```
void ClosePwm(void)//关波
{
EALLOW;
EPwm1Regs.TZFRC.bit.OST=1;    // 强制生成 OST 事件(单次错误事件)
EPwm2Regs.TZFRC.bit.OST=1;
EPwm3Regs.TZFRC.bit.OST=1;
EPwm4Regs.TZFRC.bit.OST=1;
EPwm5Regs.TZFRC.bit.OST=1;
EPwm6Regs.TZFRC.bit.OST=1;
EDIS;
}
```

若需要恢复 PWM 控制，则将外部触发清零寄存器 TZCLR 的第 2 位 OST(清除单次触发事件标志位)置 1 即可，例程如下：

```
void OpenPwm(void)//发波
{
EALLOW;
EPwm1Regs.TZCLR.bit.OST=1;    // 解除错误状态
EPwm2Regs.TZCLR.bit.OST=1;
EPwm3Regs.TZCLR.bit.OST=1;
EPwm4Regs.TZCLR.bit.OST=1;
EPwm5Regs.TZCLR.bit.OST=1;
EPwm6Regs.TZCLR.bit.OST=1;
EDIS;
}
```

硬件保护 1 的基本原理如下：来自电流检测单元的模拟信号被送入电压比较器进行比较判断，如果此时的模拟信号超过允许值，比较器输出封锁信号，PWM 信号传输关闭，IGBT 因失去驱动信号而关断。硬件保护 1 动作阈值高于软件保护值，前者作为后者的后备保护。

硬件保护 2 则是利用 IGBT 驱动器自带的短路保护触发器实现对 IGBT 的自主保护，基本原理是检测 IGBT 的通态压降 V_{CE}，如果通态压降超过设定的阈值，则自动关闭驱动

器的输出。硬件保护 2 的保护阈值明显高于硬件保护 1，主要用于 IGBT 的短路保护。3 级保护的动作阈值各不相同，相互配合，共同构成 IGBT 的过流保护。

检测到 IGBT 过流后，应关断处于非正常高电流电平状态的 IGBT。正常工作条件下，栅极驱动器设计为能够尽可能快速地关闭 IGBT，以便最大程度降低开关损耗。这是通过较低的驱动器阻抗和栅极驱动电阻来实现的。如果针对过流条件施加同样的栅极关断速率，则集电极—发射极的 $\mathrm{d}i/\mathrm{d}t$ 将会大很多，因为在较短的时间内电流变化较大。由于连接 IGBT 模块的母线存在杂散电感，如果 IGBT 关断速度过快，会产生较大的关断尖峰电压，该尖峰电压会损坏 IGBT 模块。对于大功率的 IGBT 模块，实际使用时较少采用缓冲电路，一般采用 TVS 钳位电路限制 IGBT 关断时的电压尖峰。为了保护处于短路状态的 IGBT 模块，可以采用慢降栅极电压的软关断策略。其核心思想是缓慢降低 IGBT 短路时的门极电压。在检测到 IGBT 发生短路后，缓慢地减小 IGBT 的门极电压，则 IGBT 集射极电压被迫上升的速率会比直接关断 IGBT 的小得多且能够保证只会小幅度超过母线电压，最后稳定在母线电压值。随着门极电压的缓慢减小，IGBT 短路电流也会缓慢地减小，杂散电感上感应的电压会非常小。如果能将门极电压缓慢地减小到 IGBT 开通阈值电压之下，IGBT 的电流会缓慢减小到 0，IGBT 完全关断。

3.4　直流滤波电路设计

常用的直流开关变换器有 AC/DC 和 DC/DC 两种，基本都是带高频变压器隔离的类型，即在高频变压器副边都是先整流后滤波的拓扑结构。其中采用功率较小的变换器，如单端反激式变换器，可以只采用电容滤波，而功率较大的变换器采用 LC 滤波居多，可以根据输出电压纹波(直流电源的基本指标之一)的要求来设计电感和电容数值。

输出电压纹波$\Delta U=(I_\mathrm{o}+\Delta I)/(C^*f)$，式中，$I_\mathrm{o}$为输出额定电流，$\Delta I$为纹波电流值，$C$为输出滤波电容值，$f$为开关频率。可以看出，加大电容 C 和减小纹波电流ΔI，均能降低电压纹波ΔU。可根据设定的额输出电压纹波ΔU计算出对应的滤波电容 C 的容量。

增加电感可以降低纹波电流，但一味增大电感不但造成装置体积过大，也会造成成本增加，通常要求纹波电流为输出额定电流 I_o 的 2%～5%为宜，则可按以下步骤来计算滤波电感的电感量 L。变换器输出额定电压为 U，则最高电压 U_max 为 $U+\Delta U$；变压器副边整流二极管压降为 U_f，忽略电感内阻上的压降，设定功率管最大占空比为 D，则变压器副边最高电压 U_T 为$(U_\mathrm{max}+U_\mathrm{f})/D$；设定功率管开通时电感电流上升，功率管最大开通时间 T_on 为 D/f，则 $L=(U_\mathrm{T}-U_\mathrm{max}-U_\mathrm{f})^*T_\mathrm{on}/\Delta I$。

滤波电容通常选用电解电容，但电解电容在抑制高频噪声方面效果一般，故通常会在它旁边并联一个陶瓷电容，来弥补电解电容的不足。而大电流滤波电感通常无现成产品，要根据开关频率选择合适的高频磁材绕制而成，关于这方面的设计将在第 5 章中进行介绍。

3.5　逆变器滤波电路设计

通过对电力电子技术学习，可知采用 SPWM 调制技术的逆变器输出交流谐波呈如下特点：

(1) 谐波分量以角频率($n\omega_c \pm k\omega_1$)分组分布在输出交流频谱中，其中 ω_c 为载波角频率，ω_1 为调制波角频率，n 和 k 为谐波系数；

(2) 每组谐波以载波角频率 $n\omega_c$ 为中心，边频为 $k\omega_1$ 分布其两侧，其幅度两侧对称衰减。

为获得高品质的交流输出，需要在逆变器输出端串联滤波电路。目前常用的滤波器类型有 L 型、LC 型和 LCL 型。其中 L 型滤波器结构简单，易于实现，但其滤波效果较差，特别是高频时衰减速度慢，对高次谐波的抑制能力较差。LC 型滤波器较 L 型滤波器在高次谐波的抑制上有所改善，但是存在高频谐振问题，谐振电流会对电网质量造成影响。LCL 是三阶无阻尼系统，该系统对高次谐波的抑制效果非常明显，但是需要注意的是，如果不加入阻尼环节，该滤波器也有高频谐振问题。其中 LC 型滤波器多用于离网逆变器，而 L 型和 LCL 型多用于并网逆变器。

3.5.1 并网逆变器 L 型滤波电感设计

对于三相并网逆变器系统，滤波电感 L 的选取直接制约着三相逆变器的输出功率、直流侧电压，以及整个控制系统的动静态性能。L 的设计主要用来抑制开关管高频动作所带来的高次电流谐波和传递交流侧电能，故从满足逆变器输出功率和交流电流波形品质指标这两个方面来讨论 L 的具体设计要求。

稳态条件下，若忽略逆变器交流侧电阻 R，且只讨论基波正弦电量，并网逆变器交流侧矢量关系如图 3-15 所示。

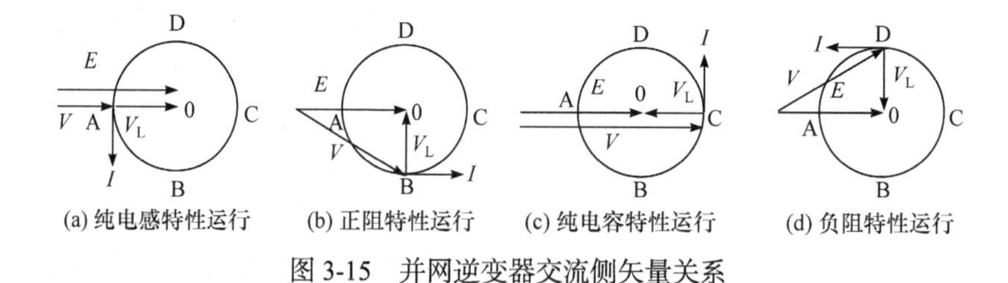

图 3-15　并网逆变器交流侧矢量关系

由图看出：当$|\dot{E}|$不变，且$|\dot{I}|$一定条件下，通过控制逆变器桥侧电压 $\dot{V}$ 的幅值、相角，即可实现逆变器四象限运行，且矢量 V 端点轨迹是以$|\dot{V}_L|$为半径的圆，$|\dot{V}_L| = \omega L|\dot{I}|$。当逆变器直流侧电压 V_{dc} 确定后，逆变器交流侧电压最大峰值也得以确定，即

$$|\dot{V}|_{\max} = MV_{dc} \tag{3-7}$$

式中，M 为 PWM 相电压最大利用率，对于三相逆变器，若采用三角载波的 SPWM 调制方式，则 $M \leqslant 1/2$。即直流侧电压应大于交流相电压峰值的 2 倍。而采用 SVPWM 调制方式时，$M \leqslant \sqrt{3}/3$。为满足矢量方程，必须限制交流侧电感，使$|\dot{V}_L|$在一定的范围之内。通过图 3-16 的矢量关系，得到电感表达式(3-8)：

$$L \leqslant \frac{E_m \sin\varphi + \sqrt{E_m^2 \sin^2\varphi + V_m^2 - E_m^2}}{\omega I_m} \tag{3-8}$$

式中，E_m 为电网相电动势峰值，I_m 为交流侧基波相电流峰值，V_m 为逆变器桥侧基波相电

压峰值，φ 为功率因数角。由式(3-7)可知，采用 SPWM 调制方式时

$$V_{\mathrm{m}} \leqslant MV_{\mathrm{dc}} = \frac{1}{2}V_{\mathrm{dc}} \tag{3-9}$$

考虑逆变器运行于单位功率因数整流状态，此时 $\varphi=0$，将式(3-9)代入式(3-8)，可得满足功率指标时的电感上限值为

$$L \leqslant \frac{\sqrt{V_{\mathrm{dc}}^2 - 4E_{\mathrm{m}}^2}}{2I_{\mathrm{m}}\omega} \tag{3-10}$$

设计交流侧滤波电感时，要考虑满足三相并网逆变器的动态和静态电流响应要求，既要能快速跟踪交流侧电流指令，又要能有效抑制电流谐波。当交流电流过零时电流变化最快，此时电感应该足够小，以便使交流侧电流能快速跟踪电流指令，而在正弦波电流峰值时电流谐波含量最大，此时又要求电感 L 要足够大，以有效抑制电流谐波。

对三相并网逆变器，为获得最大电流变化率，经过推导，可得

$$L \leqslant \frac{2V_{\mathrm{dc}}}{3I_{\mathrm{m}}\omega} \tag{3-11}$$

在交流电流峰值附近主要考虑电感抑制电流谐波的要求，考察电流峰值附近一个开关周期 T_{s} 内的瞬时电流跟踪过程。经过推导，可得

$$L \geqslant \frac{(2V_{\mathrm{dc}} - 3E_{\mathrm{m}})E_{\mathrm{m}}T_{\mathrm{s}}}{2V_{\mathrm{dc}}\Delta i_{\max}} \tag{3-12}$$

式中，$\Delta i_{\max}$ 为允许的最大电流谐波脉动量。

综上所述，满足电流瞬态跟踪要求时，三相并网逆变器电感 L 取值范围为

$$\frac{(2V_{\mathrm{dc}} - 3E_{\mathrm{m}})E_{\mathrm{m}}T_{\mathrm{s}}}{2V_{\mathrm{dc}}\Delta i_{\max}} \leqslant L \leqslant \frac{2V_{\mathrm{dc}}}{3I_{\mathrm{m}}\omega} \tag{3-13}$$

综合考虑式(3-10)和式(3-13)，可得到电感的取值范围。

3.5.2　离网逆变器 LC 型滤波电路设计

目前主流的并网逆变器都是电流控制型，即控制目标是并网电流，故一般不选择 LC 型滤波器。而离网逆变器的控制目标为输出正弦电压，故通常采用 LC 型滤波器。交流三相 LC 型滤波器的基本结构主要有星形结构和三角形结构 2 种，其基本结构如图 3-16 所示。图 3-16(a)为星形结构的交流三相 LC 型滤波器，主要用于三相交流接地系统中；图 3-16(b)为三角形结构的交流三相 LC 型滤波器，主要用于三相交流不接地系统中。

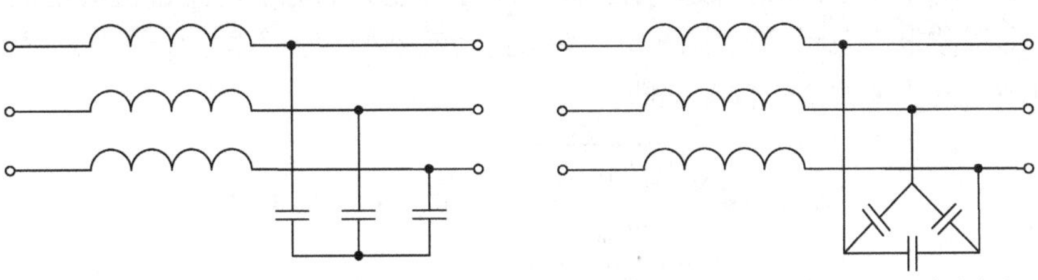

(a) 星形结构的交流三相LC型滤波电路　　(b) 三角形结构的交流三相LC型滤波电路

图 3-16　三相 LC 型滤波电路基本结构

电感 L 对高频谐波信号的阻抗很大，而电容 C 对高频谐波分量的分流很大，即 LC 型滤波器可有效阻碍高频谐波信号通过。但 LC 属于二阶电路，存在谐振问题，谐振频率为 $f_{res}=1/(2\pi\sqrt{LC})$。为了使输出端电压更接近正弦，同时又不会引起谐振问题，谐振频率必须要远小于 PWM 电压中所含有的最低次谐波频率，同时又要远大于基波频率。若将 f_{res} 设计的太小，谐振会出现在低频段，影响系统的控制性能；而 f_{res} 设计的太大，会导致传递函数在高频段的增益过大，降低滤波性能。将谐振频率设计在 10 倍的基波频率 f_n 和 0.5 倍的开关频率 f_{sw} 之间为通用的做法，即 $10f_n \leqslant f_{res} \leqslant 0.5f_{sw}$。

还需要考虑稳态时通过电感的电压压降不能太大，否则会造成相同条件下所需要的直流电压增大。通常要求稳态时电感上的压降小于输出电压有效值的 10%，而滤波电容上损耗的电流应该小于额定电流的 5%，故

$$L \leqslant \frac{0.1U_N}{\omega I}, \quad C \leqslant \frac{0.05I}{\omega U_N} \tag{3-14}$$

式中，U_N 和 I 分别为输出相电压和相电流的有效值。

3.5.3 并网逆变器 LCL 型滤波电路设计

相对于 L 型滤波器，LCL 型滤波器具有成本低、体积小、整流器动态响应快等优点，目前已成为并网逆变器的主流滤波器结构，其结构如图 3-17 所示。

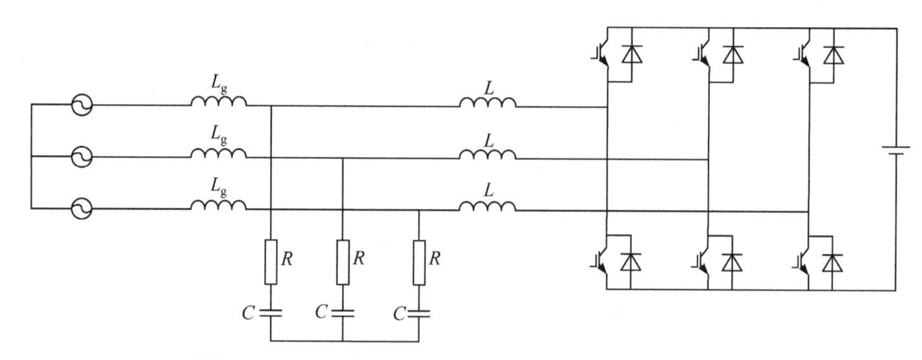

图 3-17　三相并网逆变器 LCL 型滤波电路的基本结构

1. 电感值的确定

由于电容支路对于低频段有着较高的阻抗，对于基波成分来说，可以将电容支路视为开路。即系统工作在稳态时，LCL 型滤波器可以等效为电感值是 L_g+L 的单电感滤波器。对于单电感滤波器，电感值越小，系统会具有更好地电流的跟踪能力且获得更快的响应速度；然而，为了滤除高频谐波，则往往要求尽可能大的滤波电感，但会增加电感体积和造价，即滤波电感总量需折中选取。考虑到变流器的四种不同运行工况，电感总量的上限值要满足最恶劣的工作情况，即

$$\begin{cases} L_g + L \leqslant \dfrac{\sqrt{V_{dc}^2/3 - E_m^2}}{\omega I_m} & \text{(采用SVPWM控制)} \\ L_g + L \leqslant \dfrac{\sqrt{V_{dc}^2/4 - E_m^2}}{\omega I_m} & \text{(采用SPWM控制)} \end{cases} \tag{3-15}$$

式中，L_g+L 为网侧电感和桥侧电感的串联值，V_{dc} 为直流母线电压，ω 为工频角频率，E_m 和 I_m 分别为电网相电压和相电流的峰值。

还需要考虑稳态时通过电感的电压压降不能太大，否则会造成相同电网条件下所需要的直流电压增大。通常要求稳态时电感上的压降小于电网电压有效值的 10%，故

$$L_g + L \leqslant \frac{0.1U_N}{\omega I} \tag{3-16}$$

式中，U_N 和 I 分别为电网相电压和相电流的有效值。

式(3-15)和式(3-16)中得出的值取较小值作为网侧电感和桥侧电感的串联值的上限。

按照逆变侧电流所限定的纹波要求，可以得出网侧电感和桥侧电感的串联值的下限值为

$$L_g + L \geqslant \frac{V_{dc}}{4\sqrt{3}\Delta I_{max} f_{sw}} \tag{3-17}$$

式中，f_{sw} 为开关频率，ΔI_{max} 为逆变器允许的最大电流纹波幅值，其数值通常为额定值的 10%～20%。

设桥侧电感 $L=r(L_g+L)$，$L_g=(1-r)(L_g+L)$。考虑电感比对谐振频率的影响，在 LC 一定的条件下，调节电感比 r，可以在很大的范围内调节谐振频率的大小。电感比 r 在[0,1]区间内取值太大或太小，谐振频率对 r 的变化都将非常敏感，这将严重影响到实际系统运行的鲁棒性，故电感比 r 的取值应控制在[0.1,0.9]范围内。考虑电感比 r 对换流器电流谐波的影响，取 $r\leqslant 0.2$ 时，谐波电流对 r 的变化也将非常敏感，严重影响到系统的鲁棒性。并且在 $r\leqslant 0.5$ 时，电压源中器件尤其是 IGBT，会因过电流而受到影响。因此，电感比的取值应控制在[0.5,1]，并且取值越大，电感比的变化对换流器谐波电流影响越小，器件工作更稳定。考虑到电感比对网侧电流谐波的影响，根据分析，电感比 r 的取值应控制在[0.1,0.9]范围内满足控制要求，但是 $r=0.9$ 时，会对谐波电流的稳定性造成较大的影响。并且当 r 过大时，桥侧电感偏大，对系统的功耗也会造成一定的影响。综合考虑电感比的上述三种影响，电感比 r 的取值范围是[0.5,0.8]。当电感比 $r=0.8$ 时，桥侧电感 L 与网侧电感 L_g 的分配比例为 4：1。

2. 电容值的确定

网侧电感 L_g 和电容 C 组成一个二阶滤波器对桥侧输出电流谐波有滤波效果，减少并入电网的电流纹波含量。电容 C 为高频谐波提供通道，电容值越大，吸收的高频谐波效果越好，但电容 C 越大产生的无功功率也越大，会影响逆变器输出有功功率的能力。为了避免网侧功率因数偏低，一般电容 C 吸收的基波无功功率不能大于系统额定有功功率 P_N 的 5%，即

$$C \leqslant \frac{0.05P_N}{3\omega U_N^2} \tag{3-18}$$

考虑到 LCL 型滤波器的固有谐振点为

$$f_{res} = \frac{1}{2\pi}\sqrt{\frac{L_g + L}{L_g LC}} \tag{3-19}$$

与 LC 型滤波电路类似，为避免谐振峰的影响。通常将谐振频率设计在 10 倍的基波频率 f_n 和 0.5 倍的开关频率 f_{sw} 之间，即 $10f_n \leqslant f_{res} \leqslant 0.5f_{sw}$。若设计的电感和电容参数不满足该频率限制，则应重新设计。

3. 阻尼电阻的确定

为抑制谐振峰，可采用有源阻尼和对电容 C 串联电阻 R 的无源阻尼设计方法。R 越大，谐振峰的抑制效果越好，系统越稳定，但同时更大的 R 会导致电阻上的损耗增加。在实际的 LCL 型滤波器参数设计过程中，通常阻尼电阻 R 取值为谐振角频率 ω_{res} 处滤波电容 C 容抗的 1/3，即

$$R \leqslant \frac{1}{3\omega_{res}C} \tag{3-20}$$

思考与练习

3-1　隔离采样有哪几种方式？

3-2　简述 RCD 缓冲电路中各元器件的作用和选取方法。

3-3　如何实现 IGBT 的过流保护？

3-4　简述离网逆变器中 LC 型滤波参数的选取原则。

第4章 热 设 计

前述章节分别介绍了开关变换器中控制、驱动、保护等电路的设计，它们均属于电路设计领域。除此之外，在实际的电源设计中，温升也是至关重要的设计指标之一。通过开关变换器的热设计，可以使装置工作在预设的温度区间，以避免元器件失效，提高装置可靠性。本章将从开关变换器热设计基本原理开始，进而介绍几种典型的电力电子拓扑器件温度计算，最后介绍常用的散热方式。

4.1 热设计基本原理

4.1.1 基本传热机理

传热是指发生于存在温度差的两个物体之间的能量传递。传热有三种不同的方式：传导、对流和辐射。

1. 热传导

热量在有温差的不同物体间传递，并且不引起任何形式的流体运动，称为热传导。例如，热量从芯片传递至基板或者封装外壳、热量从表贴器件传递到印刷电路板等。不同材料导热性能的好坏通过热导率来评价，其指在物体内部垂直于导热方向取两个相距1m、面积为$1m^2$的平行平面，若两个平面的温度相差1K，则在1s内从一个平面传导至另一个平面的热量定义为热导率，单位为W/(m · K)。表4-1给出了一些常见材料的热导率。

表 4-1 一些常见材料的热导率

材料	热导率/(W/(m · K))
25℃空气	0.0261
25℃饱和水	0.613
环氧	0.19
焊料(95Pb5Sn)	35.5
氧化铝	15～33
氮化铝	82～320
硅	124～148
铝	210～237
铜	380～403
钻石	2000～2300

2. 热对流

一个物体与其相邻的运动流体(液体或者气体)之间的传热称为对流换热，其有两种方式。一种方式是自然对流换热，流体运动由冷、热流体的密度差引起，比如笔记本适配器电源中元器件的散热。另一种方式是强制对流换热，流体的运动是由风机、泵或者自然风的作用引起的，常见的有台式机机箱内供电电源通过风扇或者水冷系统进行散热。

不同流体的对流换热能力可以用对流换热系数来衡量，其指的是当物体和与其相邻的流体温度相差 1℃时，单位时间单位面积上，物体通过热对流与流体交换的热量，其单位为 $W/(m^2 \cdot ℃)$。对流换热系数不是材料的固有属性，其取决于流体的性质、物体表面特性及流体区域特性。通常来说，液体对流换热系数比气体大几个数量级；流速高的液体换热系数较大；物体表面与流体之间的温度差越大，自然对流换流系数则越大。

3. 热辐射

存在温度差的物体之间通过电磁波或者光子进行热量传递称为热辐射，此时物体之间可以是介质或者真空。太阳对地球大气层的传热，以及热量从太空飞船的表面传递到深冷的太空都是热辐射的例子。不同物体通过热辐射导热能力可以用辐射换热系数表征，其与辐射物体的表面发射率、辐射物体与周围环境的绝对温度等有关。对于电力电子装置，通过热辐射传递的热量相对较少。

4.1.2　热阻网络

1. 热阻的概念

如图 4-1 所示的一个电阻，如果这个电阻两端有电势差，那么将会有电流通过该电阻，且电流的方向是从高电势的一端流向低电势的一端，电流的大小由欧姆定律给出

$$I = \frac{V_1 - V_2}{R} \tag{4-1}$$

现有厚度为 L、表面积为 A、导热率为 k 的平壁，如图 4-2 所示。

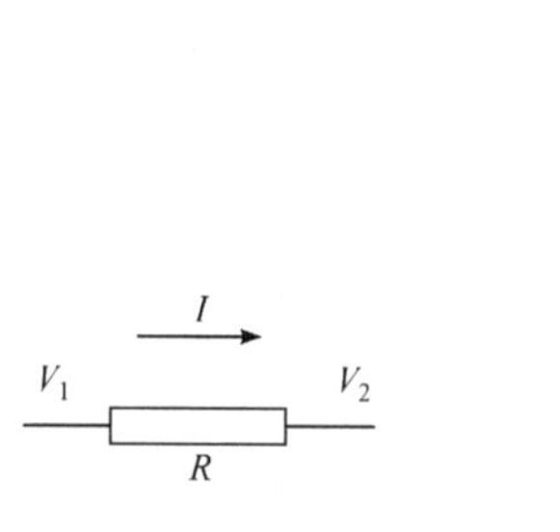

图 4-1　电阻两端电势差产生电流

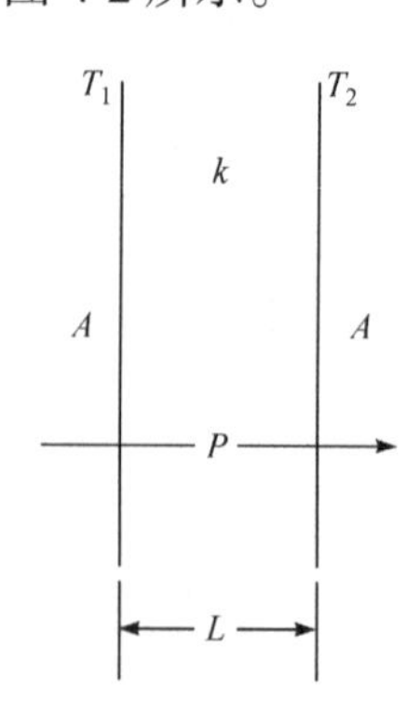

图 4-2　无限长平壁两侧温度差产生热传导

如果平壁两侧有温差(即 $T_1 \neq T_2$，单位为 K)，那么热量将会从高温侧向低温侧传递，产生热量的功率损耗 P(单位为 W)与温度的关系为

$$P = \frac{T_1 - T_2}{L / (kA)} \tag{4-2}$$

式(4-2)和欧姆定律有 3 点相似之处：①平壁两侧的温差产生导热热流类似于电阻两端的电势差产生电流；②热流从平壁高温侧向低温侧传递类似于电流从电阻的高电势端流向低电势端；③式(4-2)分母中的 $L/(kA)$类似于公式(4-1)中的 R。由于这些相似点，方程(4-2)也可以写成欧姆定律的形式：

$$P = \frac{T_1 - T_2}{R_{\text{cond}}} \tag{4-3}$$

式中

$$R_{\text{cond}} = \frac{L}{kA} \tag{4-4}$$

R_{cond}为导热热阻，单位为 K/W。式(4-4)表明，导热热量的传递是由平壁两侧的温差来驱动的。导热热阻与平壁的厚度成正比，与平壁的导热系数和表面积成反比，起着阻碍热量传递的作用。图 4-2 所示的平壁的等效热阻如图 4-3 所示。

上述以热传导为例引出了热阻的概念并推导出了其公式，类似地，热对流和热辐射方式下也有对应的热阻概念，其两端的温度和流过的热量如图 4-3 所示，满足式(4-3)，这里不再展开介绍。下面介绍的热阻串并联均以传导方式为例展开。

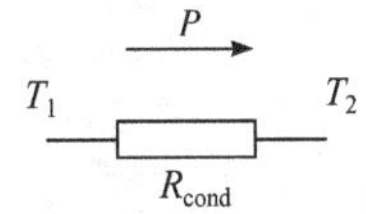

图 4-3 平壁导热的等效热阻

2. 热阻串并联

电力电子装置散热结构常出现图 4-2 所示平壁的组合，以串联或并联形式展现，此类结构整体等效热阻可以通过所组成的平壁热阻串并联构成。

图 4-4 所示复合平壁由不同厚度、不同热导率的 3 层平壁以串联形式组成。假设平壁左侧表面温度恒定为 T_1，右侧表面温度恒定为 T_4，且 $T_1>T_4$，则热量将会从左侧传递至右侧。T_2和 T_3分别代表两个固-固交界面上的均匀温度。如果平壁的顶部和底部绝热，无内热源，则有

$$R_{\text{cond1}} = \frac{L_1}{k_1 A}, \qquad R_{\text{cond2}} = \frac{L_2}{k_2 A}, \qquad R_{\text{cond3}} = \frac{L_3}{k_3 A} \tag{4-5}$$

式中，R_{cond1}、R_{cond2}、R_{cond3} 分别为 3 个平壁的热阻。此复合平壁左侧平面至右侧平面的总热阻 $R_{\text{total}} = R_{\text{cond1}} + R_{\text{cond2}} + R_{\text{cond3}}$，为三个平壁热阻串联而成，如图 4-5 所示。

图 4-6 所示双层复合平壁由上下两层以并联构成。上层平壁的表面积、厚度和热导率分别为 A_1、L 和 k_1，下层的则分别为 A_2、L 和 k_2。假设平壁左侧和右侧温度均匀，分别为 T_1和 T_2，顶部和底部绝热，且无内热源。如果 $T_1>T_2$，那么上下两层都会有热量的传递。则复合平壁结构总热阻 R_{total} 为

$$\frac{1}{R_{\text{total}}}=\frac{1}{R_1}+\frac{1}{R_2} \tag{4-6}$$

式中，$R_1=L/(k_1A_1)$和$R_2=L/(k_2A_2)$分别为上下两层的导热热阻。式(4-6)表明复合平壁结构总热阻为上下两平壁对应热阻的并联，如图 4-7 所示。

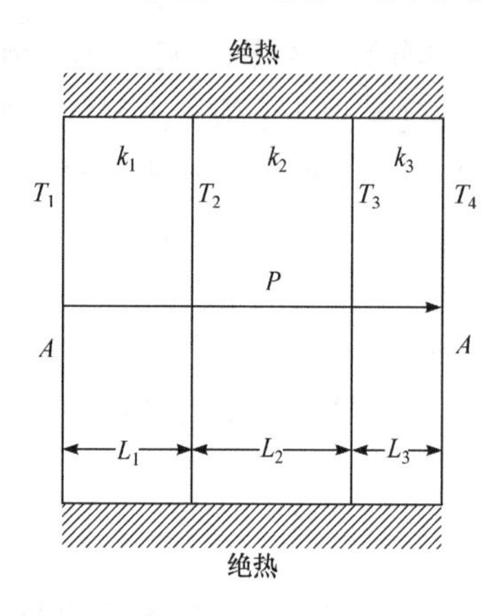

图 4-4　热量穿过串联式复合平壁

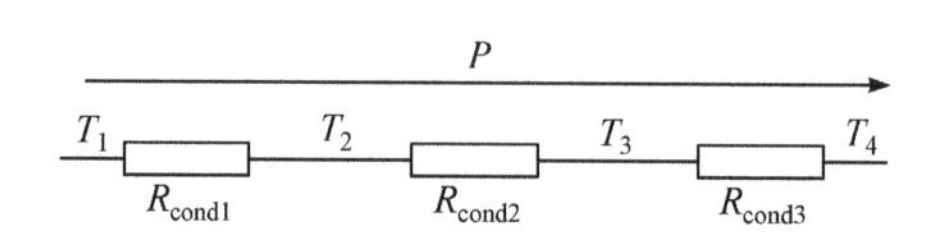

图 4-5　串联式复合平壁等效热阻网络

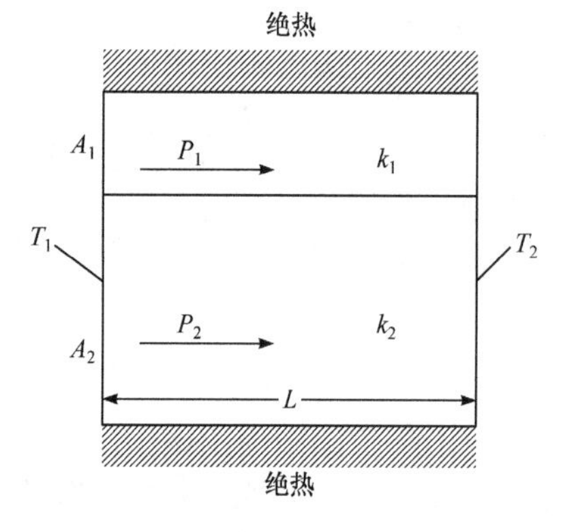

图 4-6　热量穿过并联式复合平壁

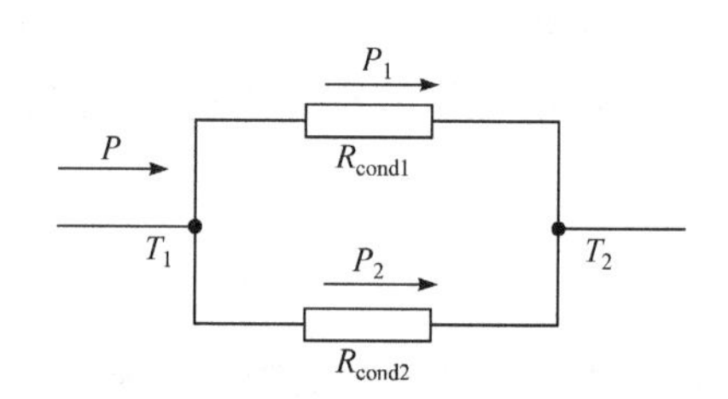

图 4-7　并联式复合平壁热阻网络

对于一些更为复杂的复合平壁，可以通过将它们划分成串联层和并联层来得到等效热阻网络。

4.1.3　器件温度计算案例

图 4-8 所示为典型功率半导体开关器件(简称功率器件)内部散热结构及其等效热阻模型。器件散热结构由三部分构成：芯片、芯片载体及导热底板、散热器。这里，芯片可以是 Power MOSFET、IGBT、二极管等器件的管芯，下面以 IGBT 器件为例介绍。

图 4-8 展示了典型的 IGBT 器件内部结构及散热器。当 IGBT 器件工作时，芯片为整个结构的热源。假设芯片内部温度分布均匀，则其下表面温度 T_j 可代表芯片温度。芯片载体及导热基板下表面温度称为管壳温度 T_c，IGBT 器件通常使用导热硅脂与散热器连接，散热器上表面温度定为 T_h，环境温度用 T_a 表示。该结构的热阻模型如图 4-8(b)所示。

其中 P 为 IGBT 芯片的功率损耗，R_{thJC} 为芯片载体及导热底板(即芯片与管壳之间)的热阻(Thermal Resistance Between Junction And Case)，R_{thCH} 为导热硅胶热阻(即管壳与散热器之间)(Thermal Resistance Between Case And Heatsink)，R_{thHA} 为散热器热阻(Thermal Resistance Between Heatsink And Ambient)。R_{thCH} 与 R_{thHA} 之和可用 R_{thCA} 表示，为管壳到环境的总热阻，如图 4-8 所示。热阻 R_{thJC} 与器件结构有关，IGBT 厂商数据手册通常会提供数据。对于热阻 R_{thCH}，部分功率器件厂商也会提供建议适用的标准硅胶及其对应热阻。而热阻 R_{thHA} 与用户选择的散热器类别和型号有关，功率器件厂商用户手册通常不提供数据，部分散热器厂商会提供其热阻参数。

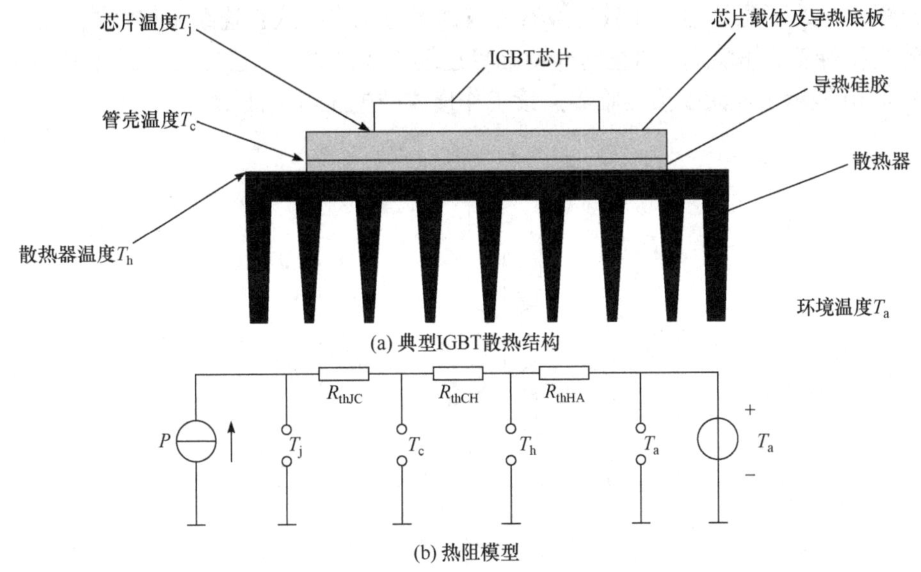

图 4-8　典型 IGBT 散热结构及其热阻模型

要计算 IGBT 芯片温度，需计算 IGBT 芯片功率损耗 P，其分为导通损耗 P_{on} 和开关损耗 P_{sw}。功率损耗的准确计算需要结合电路拓扑，通过对 IGBT 器件选型，结合器件外特性和电路工作方式具体计算，4.2 节将详细介绍。此处，考虑某款 IGBT 模块，假设其功率损耗 P=790W，IGBT 管壳温度 T_c=80℃，由表 4-2 可知其结壳热阻 R_{thJC}=0.055k/W，则由图 4-8 可以简单算出，该 IGBT 芯片温度为 145.57℃，低于基于 Si 材料 IGBT 芯片的最大允许结温 175℃，可正常工作。

表 4-2　某款 IGBT 数据手册中的热阻参数

结壳热阻	R_{thJC}	0.055K/W
壳散热器热阻	R_{thCH}	0.028K/W

4.2　典型电路的功率器件热设计

功率器件热设计一般流程是：首先，根据电路设计规格(如输入电压、输出电压、输出功率等)和基本工作原理，计算得到功率器件的关断耐压和通态电流，据此在现有产品中初步选择满足要求的器件具体型号；其次计算器件稳态工作的损耗功率；最后根据器件安装环境温度或者散热器温度，结合具体型号器件的热阻，计算器件结温。对于目前商用功率器件，只要结温小于半导体芯片长期可靠工作的结温上限，则功率器件热设计成功。根据目前的商用芯片和封装技术，一般来说长期可靠工作结温极限是 175℃。为了确保可靠性，实际设计中将结温上限进行降额处理，下面案例中设置为 140℃。

以下将结合典型的DC/DC和DC/AC拓扑来具体介绍常用的功率器件热设计方法和过程。

4.2.1　反激变换器中功率器件热设计

反激变换器的拓扑如图 4-9 所示，其基本工作原理在很多电力电子技术教材中都有详细介绍，此处不再赘述。反激变换器有三种稳态工作模式：连续工作模式、临界连续工作模式和断续工作模式。这里将介绍临界连续工作模式下，全控功率器件 VT 的设计。

图 4-10 展示了反激变换器临界连续工作模式的电压电流波形。

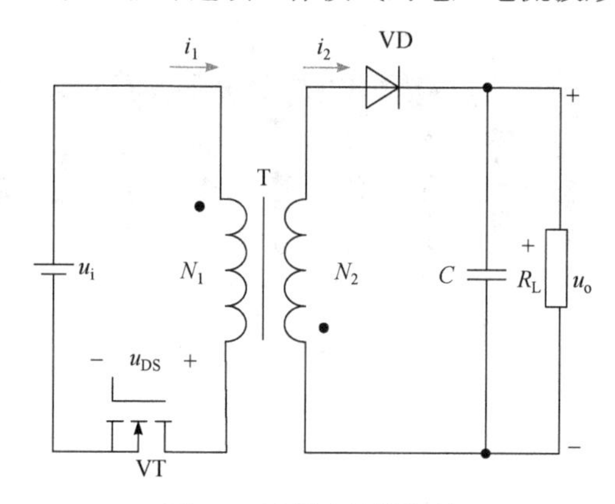

图 4-9　反激变换器拓扑

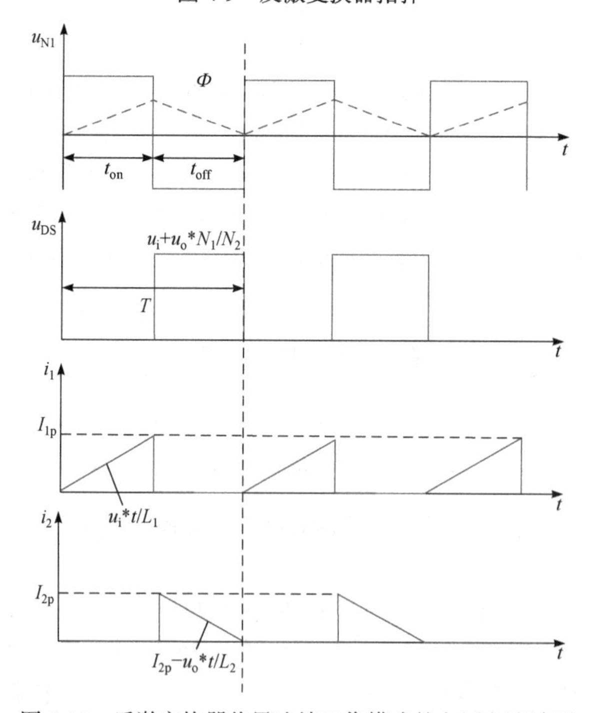

图 4-10　反激变换器临界连续工作模式的电压电流波形

器件 VT 关断时两端最大电压 $V_{\mathrm{DS\_max}}$ 为

$$V_{\mathrm{DS\_max}} = u_{\mathrm{i}} + \frac{N_1}{N_2} u_{\mathrm{o}} \tag{4-7}$$

式中，u_{i} 和 u_{o} 分别为变换器输入和输出电压，N_1 和 N_2 分别为变压器原边和副边绕组匝数。考虑变换器原边电流 i_1 为三角波，通过计算，可得流过器件 VT 的电流有效值 I_1 为

$$I_1 = I_{1\mathrm{p}} \sqrt{\frac{D}{3}} \tag{4-8}$$

式中，D 为 VT 开关占空比，$I_{1\mathrm{p}}$ 为流过 VT 的电流峰值，该值为

$$I_{1\mathrm{p}} = \frac{u_{\mathrm{i}} T_{\mathrm{s}}}{L_1} D \tag{4-9}$$

式中，T_{s} 为器件开关周期，L_1 为反激变换器中变压器原边电感值(当副边开路时)。

在特定的电路设计中，根据器件 VT 关断时的最大耐压和流过的电流有效值，可以进行初步器件选型。然后计算所选器件的损耗，进而计算结温。下面结合一个具体的实例来进行介绍。

电路设计要求：输入电压为 20V，输出电压为 10V，功率为 100W。

通过设计，可取 L_1=5mH，电路开关频率 f_{s} 为 100kHz，占空比 D=0.5，变压器原、副边匝比 $N_1:N_2$=2：1。

由式(4-7)～式(4-9)可计算出，VT 关断时两端最大电压为 40V，电流有效值为 8.2A。对于器件耐压 600V 以下，电流有效值在几安到几十安这个范围，首先考虑选用 Power MOSFET。由于器件实际工作会出现过电压，考虑 1.3 倍电压裕量，则器件 VT 选型时耐压选择为 52V。

若考虑英飞凌公司的 Power MOSFET 产品，在其官网可以找到 12～300V 的 N 沟道 Power MOSFET 系列产品，比 52V 大的电压等级为 55V。再根据电路所需有效值，选择一款通态电流接近的产品。这里根据厂商实际规格，选择了型号为 IRFIZ24NPbF 的 Power MOSFET。厂商提供的数据手册(Datasheet)可以从公司官网下载，图 4-11 展示了该器件的型号、耐压、通态电流、导通电阻和封装形式。

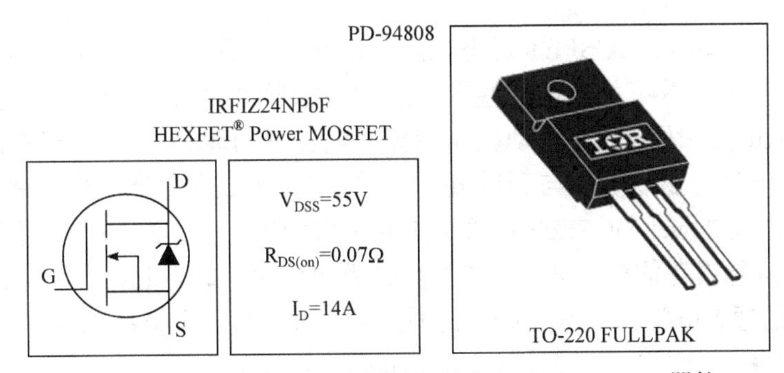

图 4-11 反激变换器设计案例中所选 Power MOSFET 器件

在电路与器件参数都确定后，需要进行器件损耗及结温计算来评估选型的合理性。从理论上说，所选的器件电流值越大，越可能满足设计需求，但同时成本也越高。因此

实际应选择成本最低且能满足热设计要求的器件。

为得到功率器件总损耗，首先计算通态损耗。通态损耗是功率器件稳定导通之后，由于存在导通电阻或导通压降所带来的损耗。通常对于 Power MOSFET，厂商给出通态电阻，因此在此例中，通态损耗 P_{on} 可由下式计算：

$$P_{on} = I_1^2 R_{dson} \tag{4-10}$$

式中，流过功率器件的电流有效值 I_1 可由式(4-8)计算，器件通态电阻 R_{dson} 可通过查询用户手册获取。值得注意的是，Power MOSFET 通态电阻具有正温度特性，数据手册一般会给出通态电阻与结温的曲线。图 4-12 展示了所选 Power MOSFET 的对应曲线，纵坐标是通态电阻标幺值，20℃下的通态电阻定义为单位值，横坐标为 Power MOSFET 结温。

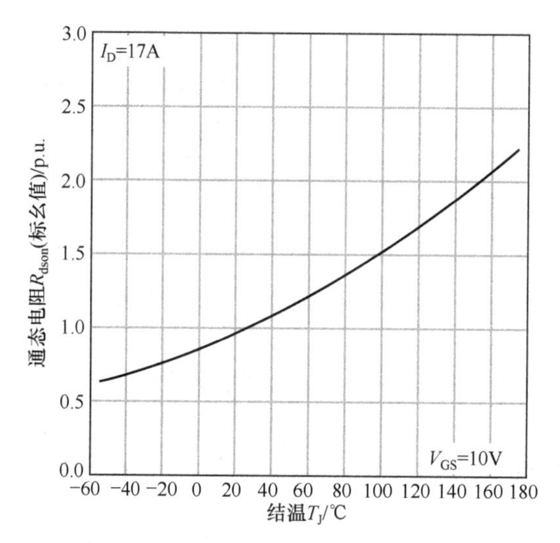

图 4-12　Power MOSFET 通态电阻 R_{dson}(标幺值)随结温变化曲线

由于实际的结温受损耗影响，而损耗又受到结温影响。因此，要得到精确的通态电阻值和结温需要进行迭代求解。实际设计中可以选择设计结温上限对应的通态电阻进行损耗快速估算，此时通态电阻最大，在这种情况下计算出来的温度如果不超过结温上限，则设计成功。

实际工作中，Power MOSFET 通态电阻阻值除了与温度有关，还与 Power MOSFET 导通电流、驱动电压等有关。但这些因素影响不如温度对通态电阻改变显著，器件数据手册一般给出某一固定测试驱动电压及导通电流下的通态电阻与温度曲线。虽然实际工况中通态电流与驱动电压与测试值不一样，但可用数据手册给出的曲线进行估算。由图 4-12 可知，该 Power MOSFET 结温为 140℃时对应的 R_{dson} 为 20℃下通态电阻的 1.85 倍。可用比值进行损耗估算。进一步查询数据手册可知，20℃下通态电阻为 0.07Ω，因此 140℃对应的通态电阻 R_{dson}=0.13Ω。此时，可以计算得通态损耗 P_{on}：

$$P_{on} = I_1^2 R_{dson} = 8.2^2 \times 0.13 = 8.7(\text{W}) \tag{4-11}$$

对于 Power MOSFET 开关损耗，需要对开关过程的电压和电流乘积进行积分运算。典型硬开关过程的电压电流波形如图 4-13 所示，其中，u_{GS} 为驱动电压，i_D 为漏极电流，u_{DS} 为漏源电压。

开通损耗 P_{swon} 计算公式如下：

$$P_{swon} = f_s \cdot \int_0^{t_{d(on)}+t_r} u_{DS}(t) \cdot i_D(t) dt = \frac{u_{DM} i_{DM} (t_{d(on)} + t_r) f_s}{2} \tag{4-12}$$

式中，u_{DM} 为 Power MOSFET 关断时的漏源电压，i_{DM} 为 Power MOSFET 导通时的电流，$t_{d(on)}$为开通延迟时间，t_r 为开通时间。式(4-12)简化了 Power MOSFET 漏极电流 i_D 和漏源电压 u_{DS} 实际工作的非线性变化，仅考虑为线性变化。另外，实际开通时间与驱动电阻、器件工作电压电流、电路布局寄生参数等多种因素有关，不容易提前获知。数据手册里面的 $t_{d(on)}$和 t_r 是在特定驱动和测试电路下得到的，与实际工况会有区别，但可以用来进行估算。

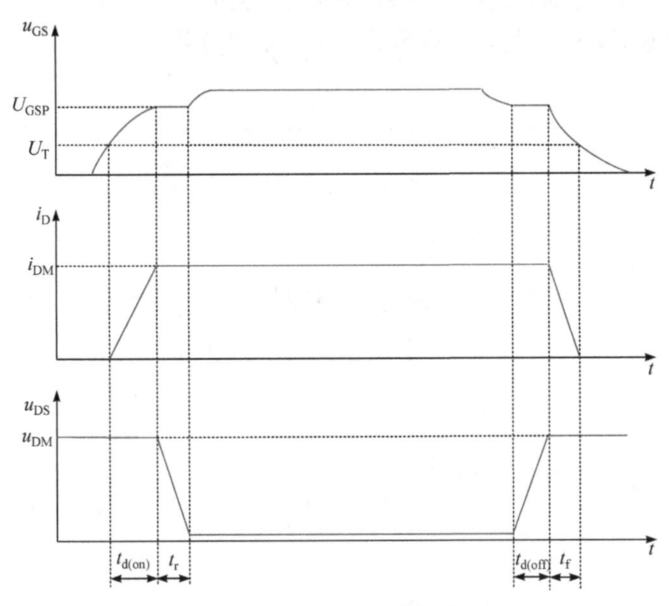

图 4-13　典型 MOSFET 硬开关过程

同理，可得关断损耗 P_{swoff}：

$$P_{swoff} = f_s \cdot \int_0^{t_{d(off)}+t_f} u_{DS}(t) \cdot i_D(t) dt = \frac{i_{DM} u_{DM} (t_{d(off)} + t_f) f_s}{2} \tag{4-13}$$

式中，$t_{d(off)}$为关断延迟时间，t_f 为关断时间。

在此例中，反激电路工作在临界工作模式下，VT 开通时电流为 0。考虑 VT 开通过程时间很短，电流在开关过程中变化很小，近似始终为 0，则可忽略其开通损耗。VT 关断时导通电流为 I_{1p}，如图 4-10 所示，由式(4-9)可以算出 I_{1p}=20A。由所选器件数据手册可查到 $t_{d(off)}$=19ns，t_f=27ns。因此按式(4-13)可以算出关断损耗 P_{swoff}=1.84W。

器件 VT 总损耗为通态损耗与关断损耗之和，等于 10.54W。

进一步计算结温时，假设环境温度为 40℃。散热器和导热硅胶常由工程师自行设计，其热阻差异很大。一般来说，可以先假定通过某种散热设计，使得器件 VT 外壳表面温度为 80℃。为计算功率管结温，需要获知器件的结壳热阻 R_{JC}，通过查找数据手册，此

器件结壳热阻 R_{JC}=5.2℃/W。

此时,可通过式(4-14)计算出功率管结温为 134.8℃,小于设计要求的最高结温 140℃,因此选型成功。

$$T_j = T_c + P \times R_{thJC} = 80 + 10.54 \times 5.2 = 134.8(℃) \tag{4-14}$$

4.2.2　单相全桥逆变电路中功率器件热设计

单相全桥逆变器拓扑如图 4-14 所示，其包括两个上桥臂器件(VT_1、VD_1；VT_3、VD_3)和两个下桥臂器件(VT_2、VD_2；VT_4、VD_4)。由于逆变器常用于中大功率场合，这里开关管考虑采用 IGBT 器件。通常，实际 IGBT 器件内部包括 IGBT 芯片和反并联二极管芯片，因此无须另外单独并联二极管。这里负载 Z 考虑阻感负载。

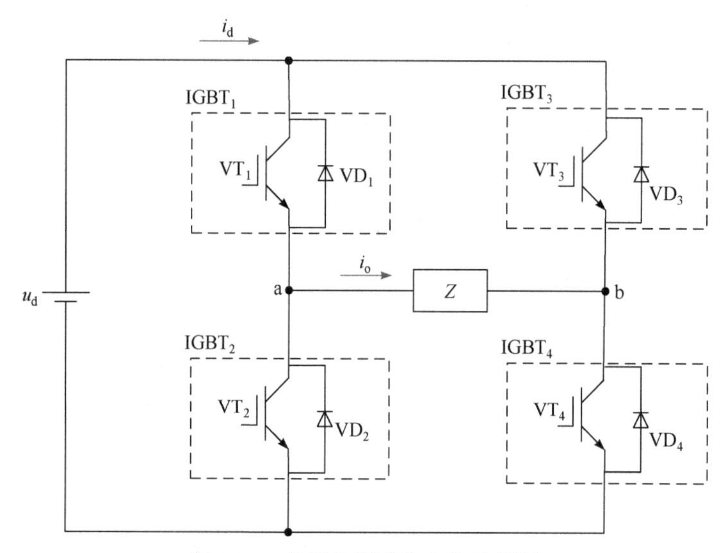

图 4-14　单相全桥逆变电路示意图

电路采用双极性 SPWM 调制方法，其基本工作波形如图 4-15 所示。

由电路基本原理可知，逆变器中 4 个 IGBT 器件关断时两端承受的电压均为直流侧输入电压 u_d。

为得到 IGBT 器件电流有效值，首先需要计算负载电流 i_o。负载电压 u_{ab} 为 PWM 波，其基波为

$$u_{ab(1)} = Mu_d \sin\omega t \tag{4-15}$$

式中，M 为调制度，$M=U_{sm}/U_{cm}$，U_{sm} 和 U_{cm} 分别为调制波和载波的峰值，ω 为输出电压基波角频率，等于调制波角频率。

由此可得负载电流基波 $i_{o(1)}$:

$$i_{o(1)} = \frac{Mu_d}{|Z|}\sin(\omega t - \varphi) \tag{4-16}$$

式中，$|Z|$为负载 Z 的幅值，φ 为负载的相位角。

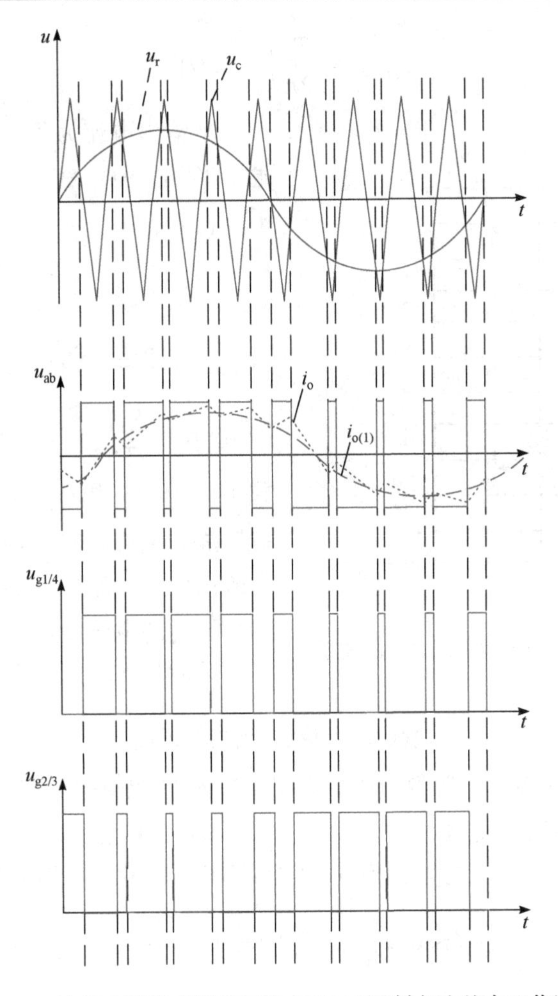

图 4-15 单相全桥逆变器双极性 SPWM 调制方法基本工作波形

为了简化计算，忽略一个载波周期内的电流波动对 IGBT 损耗的影响，即忽略电流高次谐波对损耗的影响。在一个调制波周期内，由于 4 个 IGBT 器件工作具有对称性，因此仅以器件 $IGBT_1$ 为例进行损耗分析。

器件 $IGBT_1$ 内部包括 IGBT 芯片和二极管芯片，这两种芯片损耗和热阻不一样，需要分别计算。不同于反激电路器件的恒定占空比，逆变器一个调制波周期内，不同载波周期内的器件占空比不同，按调制波规律变化。若采用规则采样法，则不同载波周期内，输出 PWM 波的占空比为

$$D = \frac{1}{2}(1 + M\sin\omega t) \tag{4-17}$$

式中，时间 t 理论上应该取载波三角波的中点对应的时间，若考虑载波周期非常短，则 t 可以取周期内的任意时刻进行简化计算。

由前所述，当输出 PWM 波为高电平时，器件 $IGBT_1$ 导通。若输出电流为正，则 IGBT 芯片 VT_1 导通，因此 VT_1 在一个调制波周期 T_s 内的导通时间 $T_{on\_VT_1}$ 为

$$T_{\text{on\_VT}_1}=\frac{T_\text{s}}{2\pi}\int_{\varphi}^{\pi+\varphi}D(t)\text{d}\omega t \tag{4-18}$$

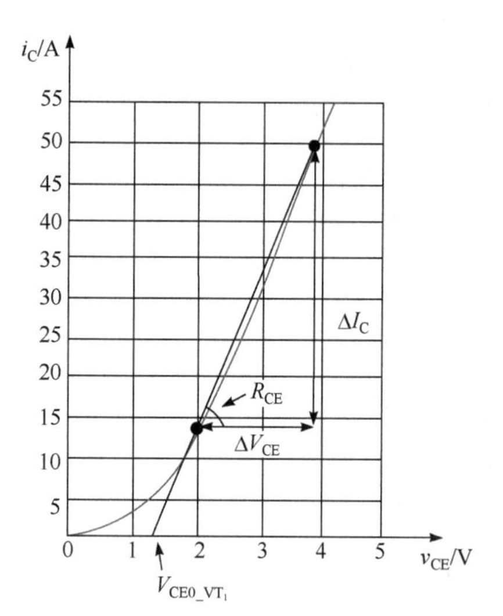

图 4-16　IGBT 导通压降与导通电流之间的关系

若输出电流为负，则二极管芯片 VD_1 导通，因此 VD_1 在一个周期内的导通时间 $T_{\text{on\_VD}_1}$ 为

$$T_{\text{on\_VD}_1}=\frac{T_\text{s}}{2\pi}\int_{\pi+\varphi}^{2\pi+\varphi}D(t)\text{d}\omega t \tag{4-19}$$

VT_1 导通损耗 $P_{\text{on\_VT}_1}$ 为

$$P_{\text{on\_VT}_1}=\frac{1}{2\pi}\int_{\varphi}^{\pi+\varphi}v_{\text{CE\_VT}_1}i_{\text{VT}_1}(t)D(t)\text{d}\omega t \tag{4-20}$$

式中，$v_{\text{CE\_VT}_1}$ 和 $i_{\text{VT}_1}(t)$ 分别为 IGBT 管芯导通压降和电流。当 IGBT 导通时，其电流即为输出电流。通常，IGBT 芯片实际导通压降随着流过的电流增加而上升，如图 4-16 所示。

因此，$v_{\text{CE\_VT}_1}$ 可以表示为

$$v_{\text{CE\_VT}_1}=V_{\text{CE0\_VT}_1}+R_\text{CE}i_{\text{VT}_1} \tag{4-21}$$

式中，R_CE 为通过曲线拟合的等效电阻，为图 4-16 中曲线斜率的倒数，$V_{\text{CE0\_VT}_1}$ 为该拟合曲线电流为 0 时的初始电压值。

由式(4-16)、式(4-17)、式(4-20)和式(4-21)可得 VT_1 的通态损耗为

$$\begin{aligned}P_{\text{on\_VT}_1}&=\frac{1}{2\pi}\int_{\varphi}^{\pi+\varphi}\frac{1}{2}(1+M\sin\omega t)\left[R_\text{CE}I_\text{m}^2\sin^2(\omega t-\varphi)+V_{\text{CE0\_VT}_1}I_\text{m}\sin(\omega t-\varphi)\right]\text{d}\omega t\\&=\left(\frac{1}{2\pi}+\frac{M\cos\varphi}{8}\right)V_{\text{CE0\_VT}_1}I_\text{m}+\left(\frac{1}{8}+\frac{M\cos\varphi}{3\pi}\right)R_\text{CE}I_\text{m}^2\end{aligned} \tag{4-22}$$

式中，I_m 为输出电流的幅值，等于 $u_\text{d}M/|Z|$。

对于反并联二极管 VD_1，其在输出电流为负时导通，其导通损耗计算类似 VT_1。对于反并联二极管，其导通压降与电流也呈现出与 IGBT 芯片类似关系，如图 4-17 所示。

因此，二极管导通压降 $V_{\text{F\_VD}_1}$ 可以表示为

$$V_{\text{F\_VD}_1}=V_{\text{F0\_VD}_1}+R_\text{F}\cdot i_{\text{VD}_1} \tag{4-23}$$

式中，R_F 为通过二极管输出特性曲线拟合的等效电阻，为图 4-17 中曲线斜率的倒数，$V_{\text{F0\_VD}_1}$ 为该拟合曲线电流为 0 时的初始电压值，$i_{\text{F\_VD}_1}$ 为反并联二极管导通电流。

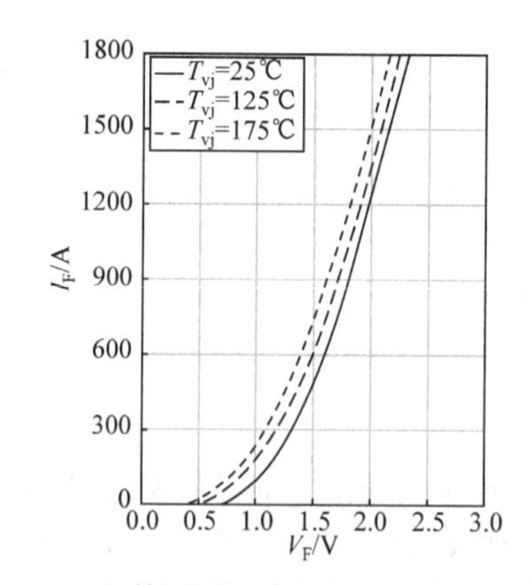

图 4-17　二极管导通压降与导通电流之间的关系

由式(4-16)、式(4-17)和式(4-23)可得二极管 VD_1 的通态损耗为

$$\begin{aligned}P_{\text{on\_VD}_1} &= \frac{1}{2\pi}\int_{\pi+\varphi}^{2\pi+\varphi} V_{\text{F\_VD}_1}(t) i_{\text{F\_VD}_1}(t)\mathrm{d}\omega t \\ &= \frac{1}{2\pi}\int_{\pi+\varphi}^{2\pi+\varphi} \frac{1}{2}(1+M\sin\omega t)\left[R_{\text{F\_VD}_1} I_{\text{m}}^2 \sin^2(\omega t-\varphi) + V_{\text{F\_VD}_1} I_{\text{m}} \sin(\omega t-\varphi)\right]\mathrm{d}\omega t \\ &= \left(-\frac{1}{2\pi}+\frac{M\cos\varphi}{8}\right)V_{\text{F0\_VD}_1} I_{\text{m}} + \left(\frac{1}{8}-\frac{M\cos\varphi}{3\pi}\right) R_{\text{F\_VD}_1} I_{\text{m}}^2\end{aligned} \tag{4-24}$$

进一步，IGBT 芯片 VT_1 在一个开关周期内开关过程消耗的能量可表示为

$$E_{\text{sw\_VT}_1}(v,i) = E_{\text{swon\_VT}_1}(v,i) + E_{\text{swoff\_VT}_1}(v,i) \tag{4-25}$$

式中，$E_{\text{swon\_VT}_1}(v,i)$、$E_{\text{swoff\_VT}_1}(v,i)$ 分别为 IGBT VT_1 一次开通、关断过程消耗的能量，其可通过式(4-26)计算：

$$\begin{cases} E_{\text{swon\_VT}_1}(v,i) = E_{\text{swon\_nom}} \cdot \dfrac{i_{\text{C\_VT}_1}}{I_{\text{nom}}} \cdot \dfrac{v_{\text{CE\_VT}_1}}{V_{\text{nom}}} \\ E_{\text{swoff\_VT}_1}(v,i) = E_{\text{swoff\_nom}} \cdot \dfrac{i_{\text{C\_VT}_1}}{I_{\text{nom}}} \cdot \dfrac{v_{\text{CE\_VT}_1}}{V_{\text{nom}}} \end{cases} \tag{4-26}$$

式中，$E_{\text{swon\_nom}}$ 和 $E_{\text{swoff\_nom}}$ 为器件数据手册中 IGBT 芯片在标准测试条件下给出的一次开通及关断消耗能量，I_{nom} 和 V_{nom} 分别为标准测试条件下 IGBT 芯片流过的电流和关断电压，$i_{\text{C\_VT}_1}$ 为 IGBT 芯片实际工作时的导通电流，$v_{\text{CE\_VT}_1}$ 为实际工作时的关断电压。

由上可知，VT_1 开关损耗可表示为

$$\begin{aligned}P_{\text{sw\_VT}_1} &= \frac{1}{2\pi}\int_{\varphi}^{\pi+\varphi} f_{\text{sw}} E_{\text{sw\_VT}_1}(v,i)\mathrm{d}\omega t \\ &= \frac{1}{2\pi}\frac{I_{\text{m}} u_{\text{d}}}{I_{\text{nom}} V_{\text{nom}}}(E_{\text{swon\_nom}} + E_{\text{swoff\_nom}}) f_{\text{sw}} \int_{\varphi}^{\pi+\varphi} \sin(\omega t-\varphi)\mathrm{d}\omega t \\ &= \frac{1}{\pi}\frac{I_{\text{m}} u_{\text{d}}}{I_{\text{nom}} V_{\text{nom}}}(E_{\text{swon\_nom}} + E_{\text{swoff\_nom}}) f_{\text{sw}}\end{aligned} \tag{4-27}$$

式中，f_{sw} 为 IGBT 开关频率。

对于二极管 VD_1，其开通过程中反向阻断电压降到 0 之后才会有电流导通，所以开通过程此阶段几乎没有损耗。当阻断电压到 0 之后，会有正向恢复过程，带来一定的开通损耗。但实际中多选用快恢复二极管，所以此部分损耗很小，往往可以忽略。类似地，对于关断过程，当导通电流下降到 0 之前，其两端一直维持较低的导通压降，此阶段损耗很低，可以忽略。之后，二极管进入反向恢复阶段，这部分损耗较大，需要考虑。不少器件厂商数据手册中会给出 IGBT 反并联二极管在标准测试条件下的一次反向恢复的消耗能量 $E_{\text{REC\_nom}}$，实际工况下二极管的反向恢复损耗可描述为

$$E_{\text{REC\_VD}}(v,i) = E_{\text{REC\_nom}} \cdot \frac{i_{\text{F\_VD}_1}}{I_{\text{nom}}} \cdot \frac{v_{\text{R\_VD}_1}}{V_{\text{nom}}} \tag{4-28}$$

式中，$i_{\text{F\_VD}_1}$ 为二极管芯片 VD_1 实际工况中的导通电流，$v_{\text{R\_VD}_1}$ 为实际工况中 VD_1 承受的反向电压，I_{nom} 和 V_{nom} 分别为标准测试条件下二极管流过的电流和关断电压。

进一步，VD_1 开关损耗可由式(4-29)计算：

$$
\begin{aligned}
P_{\mathrm{sw\_VD_1}} &= \frac{1}{2\pi}\int_{\pi+\varphi}^{2\pi+\varphi} f_{\mathrm{sw}} E_{\mathrm{REC\_VD_1}}(v,i)\mathrm{d}\omega t \\
&= \frac{1}{2\pi}\frac{I_{\mathrm{m}}u_{\mathrm{d}}}{I_{\mathrm{nom}}V_{\mathrm{nom}}} E_{\mathrm{REC\_VD_1}} f_{\mathrm{sw}} \int_{\pi+\varphi}^{2\pi+\varphi} \sin(\omega t-\varphi)\mathrm{d}\omega t \\
&= \frac{1}{\pi}\frac{I_{\mathrm{m}}u_{\mathrm{d}}}{I_{\mathrm{nom}}V_{\mathrm{nom}}} E_{\mathrm{REC\_VD_1}} f_{\mathrm{sw}}
\end{aligned}
\tag{4-29}
$$

接下来以一个具体例子来说明单相全桥功率器件的热设计。电路直流侧输入电压 u_{d}=400V，输出为 50Hz 正弦电压，峰值为 360V，阻感负载，电阻为 1.414Ω，电感为 4.5mH。

采用双极性 SPWM 调制策略，由式(4-17)可知，调制度 M=360/400=0.9。负载相位角 φ 为

$$
\varphi = \arctan\left(\frac{\omega L}{R}\right) = \frac{\pi}{4} \tag{4-30}
$$

负载阻抗幅值$|Z|$=2。因此，负载电流基波分量 $i_{\mathrm{o(1)}} = 180\sin(\omega t - \pi/4)$ 。所以，I_{m} =180A，电流有效值为 127A，关断耐压为 400V，考虑一定裕量，最终选择一款 600V/150A 的半桥 IGBT 模块 BSM150GB60DLC，其电气结构如图 4-18 所示。该半桥模块由两个相同的单元串联构成。每个单元均由 IGBT 芯片和其反并联二极管芯片构成，IGBT 和二极管芯片的损耗需要分别计算。

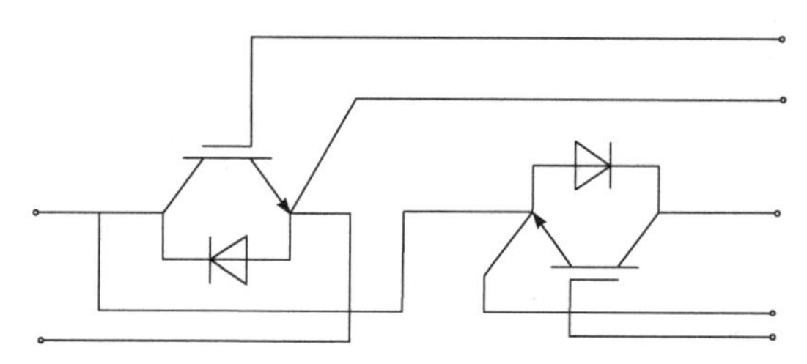

图 4-18　英飞凌半桥 IGBT 模块 BSM150GB60DLC 内部电气连接图

对于模块中的 IGBT 芯片，数据手册给出了其导通压降与导通电流之间的关系，如图 4-19 所示。当芯片结温为 125℃时，选取电流 100～150A 的曲线范围，通过曲线拟合，可得等效电阻 $R_{\mathrm{CE\_VT_1}} = 8\mathrm{m}\Omega$ ，$V_{\mathrm{CE0\_VT_1}}$ =1V。因此，由式(4-22)可以算出，$\mathrm{VT_1}$ 的通态损耗为 93W。对于开关损耗，通过查找数据手册可知，E_{swon}=2.3mJ，E_{swoff}=4.6mJ，I_{nom}=150A，V_{nom}=300V。假设开关频率为 10kHz，根据式(4-27)，可以算出 $\mathrm{VT_1}$ 开关损耗为 35.2W。因此，IGBT 芯片总损耗为 128.2W。通过数据手册，可以查到结壳热阻 R_{JC}=0.2℃/W。因此，若假设模块壳温为 80℃/W，则 IGBT 芯片结温为 80+128.2×0.2=105.6℃。

图 4-20 给出了模块中的二极管的导通特性。当结温为 125℃时，选取电流 100～150A 的曲线范围，可得等效电阻 $R_{\mathrm{F\_VD_1}}$=2.8mΩ。$V_{\mathrm{F0\_VD_1}}$ 取 0.7V，由式(4-24)可知，$\mathrm{VD_1}$ 的通态损耗为 7.5W。由数据手册可知，反并联二极管一次反向恢复消耗能量 $E_{\mathrm{REC\_VD_1}} = 4.7\mathrm{mJ}$ ，考虑开关频率为 10kHz，标准测试环境下 I_{nom}=150A，V_{nom}=300V，则由式(4-29)可以算出

二极管的开关损耗为 23.9W。因此，二极管芯片总损耗为 31.4W。二极管芯片结壳热阻 R_{JC}=0.4℃/W。因此，若假设模块壳温为 80℃，则二极管芯片结温为 80+31.4×0.4=92.6℃，符合设计要求。

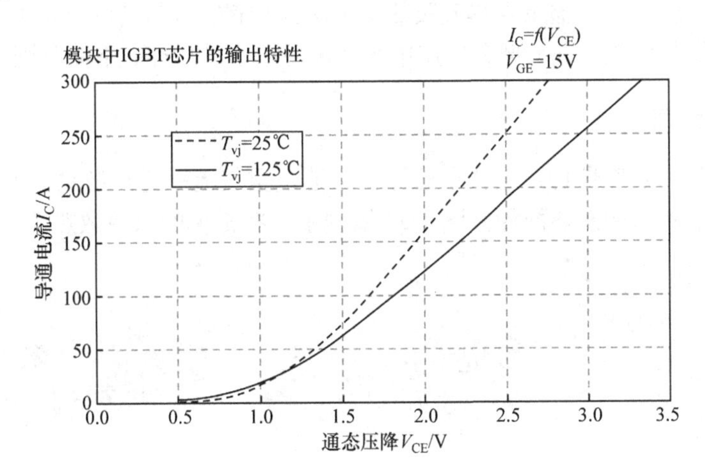

图 4-19 半桥模块 BSM150GB60DLC 中 IGBT 的导通电流与通态压降曲线图

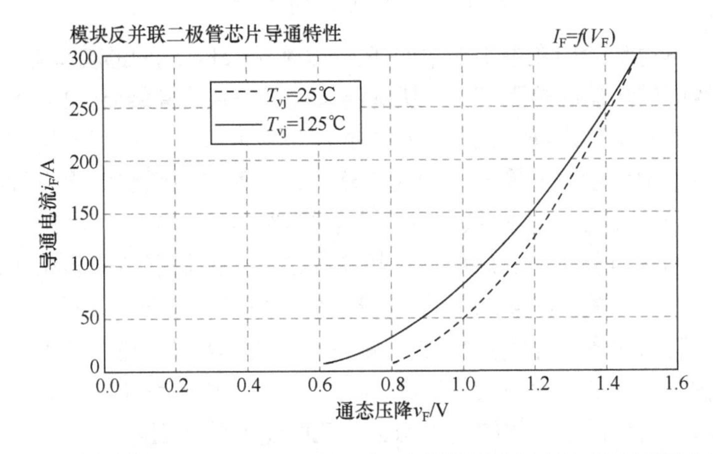

图 4-20 半桥模块 BSM150GB60DLC 中二极管的导通电流与通态压降曲线图

4.3 散热器选型

散热器选型对电力电子装置至关重要，本节介绍散热器选型方法。热阻包括功率器件内部封装热阻、导热硅胶热阻及散热器本身热阻。散热器选型，实际上就是选择具有适当热阻的散热器，通过维持器件外壳表面温度在某一设定值，最终控制管芯温度低于限值。

举例来说，在 4.2.2 节中计算结温时，假设了器件外壳温度维持在 80℃。对于 4.2 节中 IGBT 器件，不论是器件内的 IGBT 芯片还是二极管芯片，最终产生的热量都会通过器件基板汇聚到散热器。因此，在计算散热器热阻时，需要考虑器件内部各芯片的总损耗。在上例中，若只考虑上桥臂 IGBT 器件，其总损耗为 128.2+23.9=152.1(W)。考虑到室温为 25℃，因此，导热硅胶及散热器总热阻可由式(4-31)决定：

$$R_{\mathrm{thCA}} < \frac{\Delta T}{P} \tag{4-31}$$

式中，$R_{\mathrm{thCA}}=R_{\mathrm{thCH}}+R_{\mathrm{thHA}}$，$\Delta T$=55℃。

此例中只要所选散热器及导热硅胶热阻 R_{thCA}<0.36℃/W，则设计就可以满足要求。

对于功率器件散热，绝大部分应用中采用风冷或水冷散热，下面分别对其进行介绍。

4.3.1 风冷散热器

风冷散热是将功率器件贴装在散热器上，通过空气流动进行散热的方式，通常分自然对流散热和强制风冷散热两种。图 4-21 展现了一些常见的风冷散热器结构。

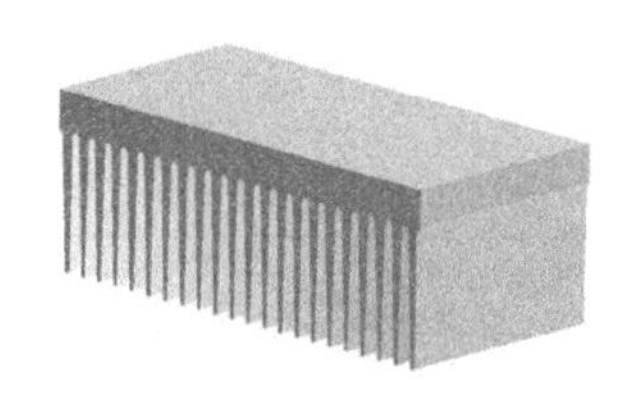
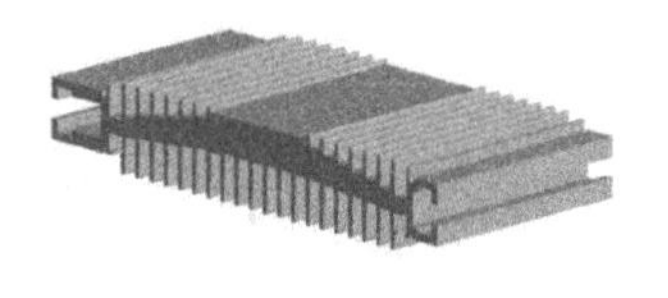

图 4-21　一些常见风冷散热器结构

自然对流散热通常运用在中小功率变换器(百瓦级及以下)中的功率器件散热中，但通常自然对流散热中散热器的热阻较大，从室温(如 25℃)到器件结温(如 150℃)的温差大部分落在散热器表面和空气之间，因此器件外壳温度一般较高，不利于具有较大功率损耗的器件散热。对于中大功率变换器中的功率器件，一般采用强制风冷进行散热，即采用风扇吹动空气流通。对于同样的散热器，强制风冷可以使得自然对流下的热阻降低到1/5～1/15。具体的热阻跟风速、风扇与散热器的位置、散热器结构和尺寸、器件个数与摆放位置等多种因素有关。图 4-22 展示了赛米控公司 P16 型号风冷散热器热阻，其中 n 为散热器表面贴装的功率器件的个数，b 为散热器长度，可以清楚看到不同个数的功率器件和散热器长度对散热器的热阻均有影响。同时，此参数还是在特定的风扇、风速、风扇位置下给出的，其中任意参数的变化均会改变散热器的热阻。

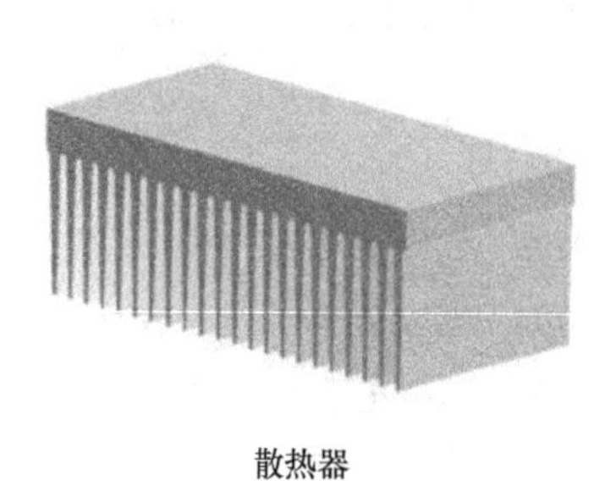

长度	n	b/mm	R_{thHA}/(K/W)
P16/170	3	20	0.05
P16/200	3	20	0.046
	6	20	0.039
	3	34	0.038
	2	50	0.04
	3	50	0.033
P16/300	6	34	0.036
	6	50	0.024

图 4-22　赛米控公司 P16 型号风冷散热器

强制风冷散热离不开风机，图 4-23 展示了两种常见的风机种类，分别是轴流式风机和径流式风机，它们区别在于空气流动方向与风机叶片转动方向的关系。轴流式风机空气流动方向与风机叶片转动轴向平行，而径流式风机空气流动方向与风机叶片转动径向平行。相比于轴流式风机，径流式风机散热效果更佳。

(a) 轴流式风机及其应用

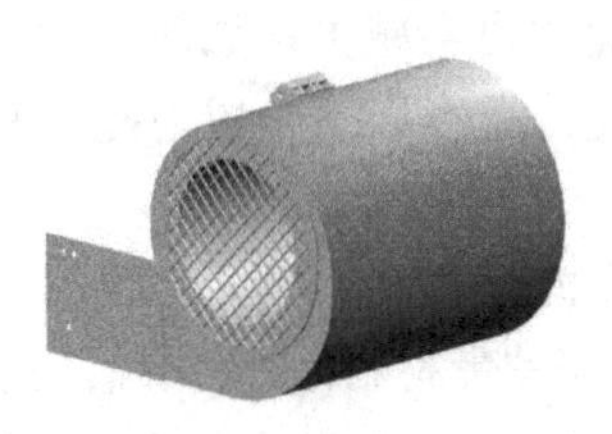

(b) 径流式风机及其应用

图 4-23 常见风机种类

4.3.2 水冷散热器

水冷散热是通过水的流动来实现功率器件对流散热的一种方式。图 4-24 (a)展示了赛米控公司一款集成水冷散热器的功率模块。水冷散热器比风冷散热器有更低的热阻，在同样的损耗功率下，可以实现更低的温升，或者在同样的温升下，可以传导更大的损耗功率，因此水冷散热器常用于大功率变换器中(百千瓦或以上)，或者自带冷却水循环的中功率系统中(如电动车驱动器)。水冷散热器的基本工作原理是通过泵将温度较低的水从入口打入，在散热器腔体内与功率器件充分交换热量后，将升温后的水从出口排出。图 4-24 (b)展示了目前流行的 Pin Fin 结构水冷散热器的基本工作原理。

影响水冷散热器热阻的因素很多，如冷却水与散热器的接触面积、冷却水的流速或压力、冷却水的化学成分及热储藏能力、冷却水湍流、散热器金属材料、冷却水温度等。比如，增大冷却水与散热器接触面积可以有效降低热阻，图 4-24(b)展示的 Pin Fin 结构就是通过在散热器腔体内加入很多柱状凸起来增大散热器与冷却水接触面积，有效降低了热阻。同时，这种结构还能带来湍流，减小了冷却水与散热器接触面形成液体薄膜的可能性，进一步降低热阻。一般来说，接触面积越大、水的流速或压力越大、水温越低，则相应水冷散热器热阻越低，散热效果越好。

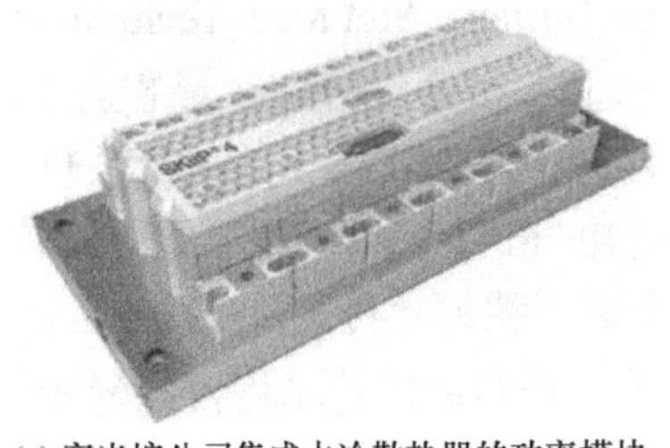

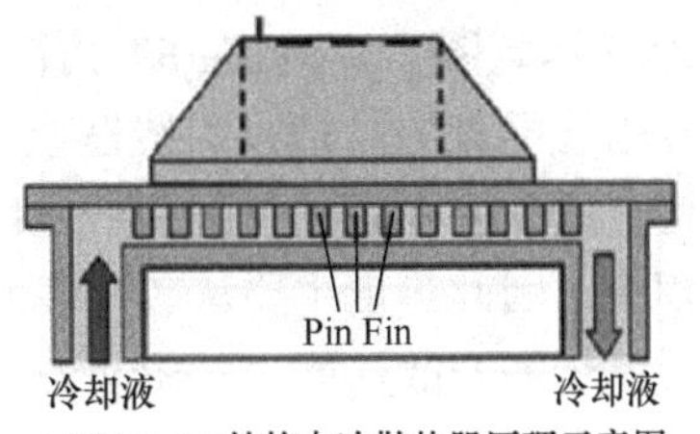

(a) 赛米控公司集成水冷散热器的功率模块　(b) Pin Fin结构水冷散热器原理示意图

图 4-24 水冷散热器示意图

4.4 开关变换器系统热管理

由前可知，温度限制是功率半导体器件设计中一个重要的约束，且功率密度提升一直是开关变换器设计的重要目标之一，其往往通过提升功率器件开关频率以减少无源器件，如电感、电容，存储的电磁能量，进而减小无源器件体积来实现。然而，功率密度提升的同时，开关变换器可供散热的体积和表面积也会减少。如何通过对开关变换器进行有效的系统热管理，使各元器件工作在最高允许温度以下，成为提升其功率密度及寿命的关键设计因素。

开关变换器中元器件主要包括有源器件和无源元件两大类。有源器件主要指功率器件。硅基功率器件的最高工作温度约为 175℃。宽禁带材料(如碳化硅，氮化镓)可将其构成的功率器件管芯工作温度推到更高的水平，达到 450℃甚至更高。无源元件的最高工作温度取决于磁性材料、介电材料和封装材料的性能。常用的磁性材料，如铁氧体的热极限是由材料的居里温度决定的，若超过此温度，铁氧体将快速失去磁性。大多数铁氧体的居里温度约为 200℃，但对于 EMI 滤波器中常使用的一些铁氧体，居里温度相对较低，约为 100℃～125℃。对于电容和封装中常用的介电材料，其介电强度随着温度上升快速下降，其正常允许的工作温度在 120℃左右。

开关变换器系统热管理通常可划分为三个层次：

(1) 元器件级热管理。如何管理热量从元器件内部发热区域，如芯片，传递到元器件封装表面。

(2) 变换器级热管理。如何管理热量从元器件表面传递到变换器表面，如外壳，散热器等。

(3) 系统级热管理。如何管理热量从变换器表面传递到环境中。

4.4.1 元器件级热管理

元器件级传热方式以热传导为主，如功率器件芯片产生的热量通过焊料层、基板传导到器件外壳，电感绕组产生的热量通过绝缘材料传递到外表面等。元器件表面的热量会进一步通过变换器级传递方式传到变换器外表面。

1. 功率器件

图 4-25(a)给出了一个典型的封装形式为 SMT(Surface Mounted Technology)的 Power MOSFET 结构示意图。以 MOSFET 为例，其源极和漏极通常分别在管芯上下表面，漏极直接焊接在引线框架上，通过引线框架与外电路进行电气连接，并进行散热。而源极往往通过铝键合线或者铜带连接到引线框架上进行电气连接，由于键合线或铜带与引线框架接触面积小，因此热量主要从芯片底面通过金属引线框架传递到 MOSFET 外壳。

为了进一步提升散热能力，图 4-25(b)展示了一种双面散热结构，其采用了一种铜垫片将与 MOSFET 管芯上表面源极连接的铜带引出到器件封装上表面，进而器件上下表面可以分别贴装在不同的 PCB 焊盘上，为芯片提供两个散热通道，提升散热效率。与单面

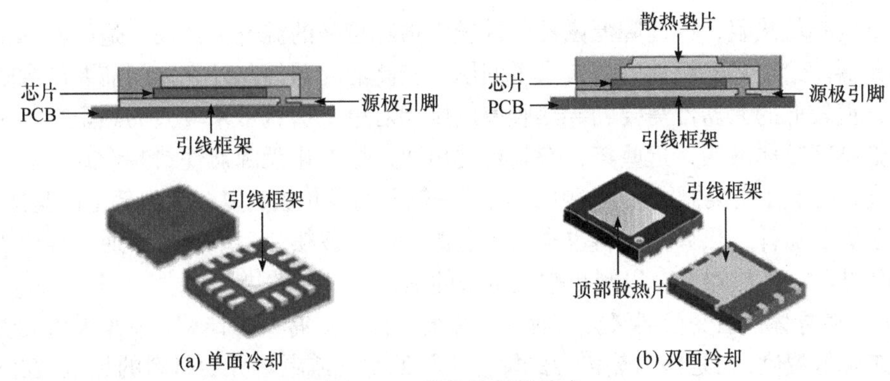

(a) 单面冷却 (b) 双面冷却

图 4-25 半导体封装技术

散热技术比起来，双面散热可以提高最高 50%的散热效率。

2. 无源元件

磁性元件和电容是典型功率损耗较大的无源元件。通常磁性材料和电介质的热导率都不高。正因如此，无源元件通常工作温度都比较高，即使有时候自身损耗并不大。一种常见的方法便是将高导热率的材料，如金属或陶瓷，集成到无源器件中。

图 4-26(a)中，电感磁芯和绕组被散热器包裹，这样磁芯和绕组产生的热量通过导热硅脂传递到散热器上，进而通过散热器表面向周边散热，增大了电感自身的散热面积。为了防止金属散热器自身在电磁环境中产生额外涡流损耗，可以采用电磁不敏感材料，如氮化铝(AlN)陶瓷，其热导率高达 170W/(m · K)。图 4-26(b)展示了一种将 AlN 陶瓷嵌入磁芯之间以增强散热效果的磁集成元件。通过此方法，既增加了无源器件的导热率，又不会带来新的额外损耗。

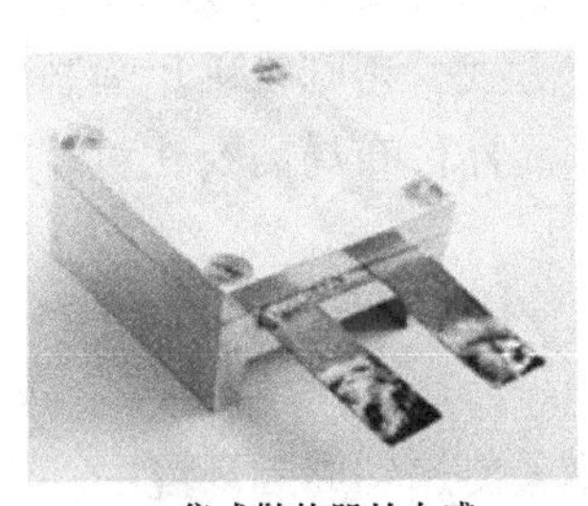
(a) 集成散热器的电感

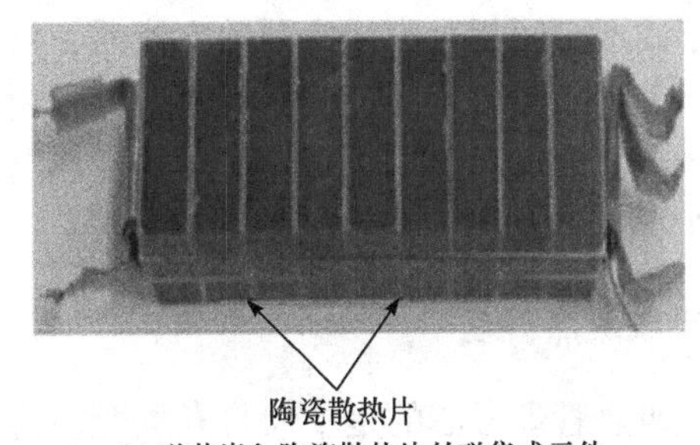

(b) 磁芯嵌入陶瓷散热片的磁集成元件

图 4-26 导热增强型无源元件

4.4.2 变换器级热管理

变换器级热管理常采用传导和对流散热方式，辐射散热方式在变换器级热管理中效果一般，一般仅存在于商用元器件表面，如电解电容。

传导仍是最主要变换器级热传递方式，尤其是对于内部空间布局非常紧凑、空气区域很少的高功率密度开关电源。开关变换器级热传导主要可以通过两种手段来实现。

(1) 热界面材料。热界面材料通常用来替代空气，加强元器件与热管理组件之间的热传导。比如，如图 4-27 所示的笔记本适配器，在电源外壳与内部磁性元件中填充导热胶，以替代空气降低热阻，进而降低磁性元件较大损耗带来的温升。然而，适配器内部不同高度的元器件给变换器级热管理带来了问题，较高的元器件与外壳之间需要的导热胶厚度较薄，而较低的元器件需要的导热胶厚度则相对厚，这就带来较大的热阻，不利于变换器内部空间整体散热。近些年，有学者提出通过标准化无源器件封装形式，统一无源器件高度，便于在变换器级热管理中采用统一较薄的导热胶，以改善内部空间整体散热。不仅对于无源器件，热界面材料也常用于有源器件的散热，功率器件常通过导热胶或者导热垫片粘贴在散热器上，以减小空气带来的热阻，改善散热。

(2) 金属导体。在变换器级热管理中，金属导体常见有两个作用，一是增大元器件散热面积来降低温度；二是作为热传导的媒介来降低空气或者热界面材料的热阻。在图 4-27 中的笔记本适配器中，大面积的铝散热片一方面可以将功率管产生的热量分散到较大的面积上，另一方面又可以将温度传递到整个适配器的外壳。

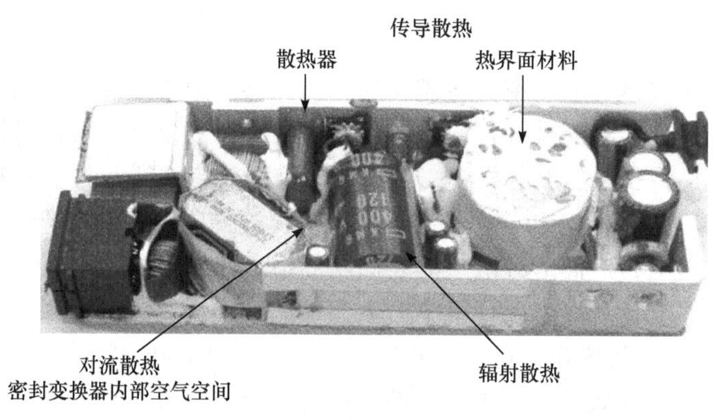

图 4-27　以笔记本适配器为例展示变换器级热传递方法

对于内部空间相对宽裕的开关变换器，对流散热也是经常采用的变换器级热管理手段之一。若变换器效率很高，损耗小，则可用自然对流方式，否则常采用强制风冷进行变换器级热管理。对于采用对流散热的变换器，其内部元器件布局需要相对疏松，以确保空气的有效流动。

4.4.3　系统级热管理

系统级热管理考虑的是如何将开关变换器表面的热量传递到周围环境中。通常根据变换器功率等级可以采用不同的措施。对于几百瓦的运用场合，常采用自然风冷方式，比如笔记本适配器、高压气体放电灯(HID)驱动。在这种运用场合里，一般开关变换器外壳通过自然风冷散热同时也会采用特殊材料来提高辐射散热。图 4-28(a)展示了 150W 的 HID 驱动，其外壳由导热材料构成，可增大散热面积，提高自然冷却效率。另外，外壳上涂有一层很薄的具有高热辐射系数的材料，提高热辐射散热率。自然风冷方式也可以用于几千瓦的开关变换器，但一般需要较大的散热器来实现有效自然风冷散热。

对于几百瓦到几千瓦的开关变换器，强制风冷是另一种常见的系统级热管理方式，如台式机电源、工业电机驱动、通信基站电源等。图 4-28(b)展示的 2.2kW 的电机驱动中，系统大部分的功率器件产生的热量传递到散热器后，由风扇强制风冷散热。

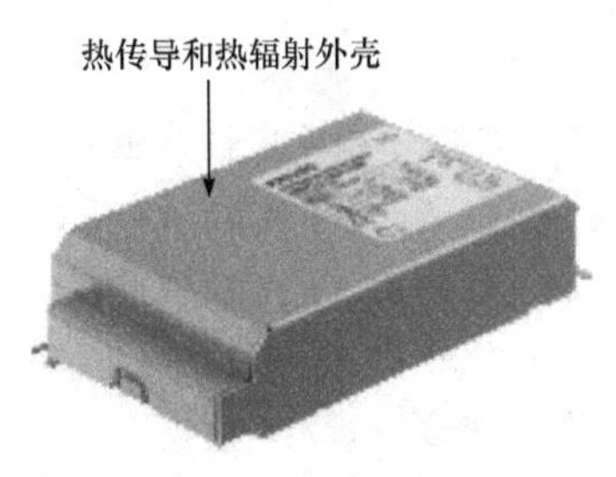

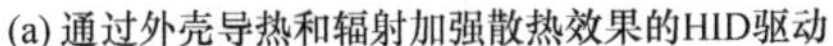
(a) 通过外壳导热和辐射加强散热效果的HID驱动　　(b) 通过散热器强制风冷的电机驱动

图 4-28　系统级热管理

对几十千瓦甚至更高的开关变换器，由于系统中元器件产生热量很大，传递到电源外壳/散热器后，需要通过水冷散热，才能有效地降低温度。在电动汽车、数据中心、国防军工、医疗器件等功率较大的系统中，水冷是最常见的系统级散热方式。

系统级热管理通常受元器件级和变换器级热管理影响较大。不少电源中，由于缺乏对元器件级和变换器级有效的热管理，系统级热管理措施必须经过设计，以保证有效的散热。比如图 4-28(a)所示的 HID 整流器中，传统的布局方式导致整流器元器件所产生的热量，大部分直接传递到外壳底部，进而通过系统级散热方式进行热管理，对于图 4-28(b)所示的电机驱动也是如此。在这些应用中，系统只是单面散热，为了控制温度，必须要采用较大的散热面积。如果系统内部元器件封装和布局使得元器件产生的热量可以进行 3D 热传递，进而均匀传递到系统外壳，则可以减轻系统级热管理负担。

4.4.4　集成热管理

为了进一步提升开关电源功率密度，需要更有效的管理热量，有学者提出集成热管理的概念，其核心是复用某一个散热组件，其可分为 2 类。

(1) 用同一个散热组件同时在不同级别散热。图 4-29(a)中，一个金属散热组件被设计插入磁性元件的磁芯和绕组中，其可以有效地将磁性元件内部热量传递到外部空间，此时其实现了元器件级散热的功能。与此同时，此金属散热组件又连接到变换器系统级散热器上，实现了变换器级热管理功能。

(2) 同一个散热组件用于不同元器件共同散热。图 4-29(b)中，通过特殊结构的导热母排设计，其不仅可以给磁性元件散热，也同时可以给表贴功率器件散热，实现了散热组件的复用，提高了散热效率。

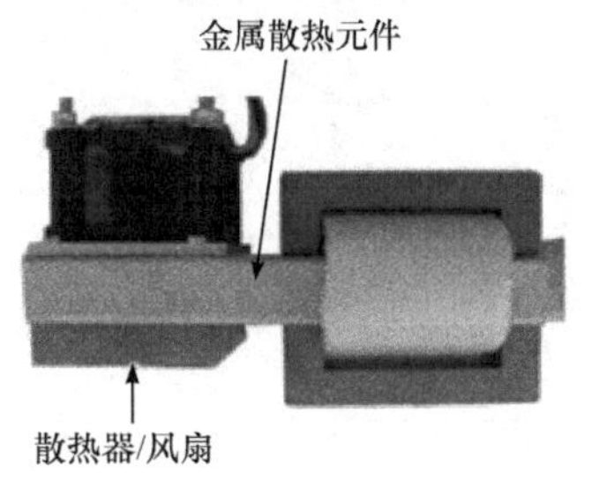

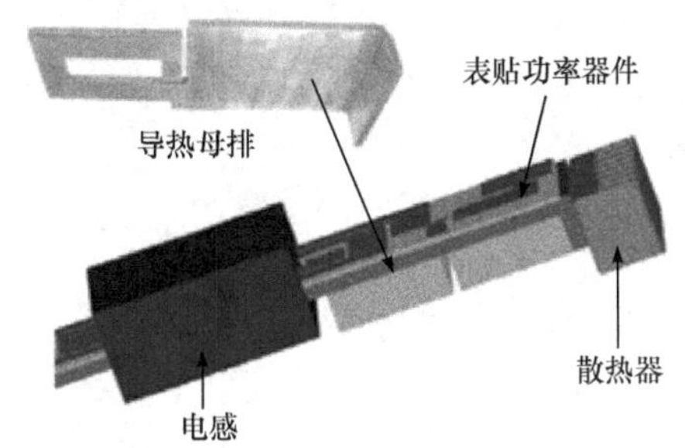

(a) 同时元件和变换器级热传导　　(b) 多热源的热传导

图 4-29　集成热管理

思考与练习

4-1　传热有哪几种方式？

4-2　如图 4-8 所示，假设芯片损耗为 600W，芯片载体和导热底板热阻 R_{thJC}=0.055kΩ/W，导热硅胶热阻 R_{thCH}=0.028kΩ/W，采用风冷散热器，热阻 R_{thHA}=0.024kΩ/W，若考虑环境温度为 25℃，请问芯片温度为多少？

4-3　简述常见散热方式及其运用场景。

4-4　简述开关电源系统热管理级别及相应热管理方法。

第5章 磁 设 计

5.1 磁性材料的概述

5.1.1 磁性元件在开关变换器中的作用

磁性元件由绕组和磁芯组成，常用于实现储能、转换以及电气隔离，通常作为变压器或电感器使用。

(1) 当变压器使用时的主要作用：①电气隔离、能量传递、通过变比实现升压和降压，这是变压器的基本功能；②电压、电流测量，即电压、电流互感器；③大功率整流副边相移不同，有利于纹波系数减小，即构成多脉波整流电路。

(2) 当电感器使用时的主要作用：①储能、平波、滤波；②抑制电流尖峰，保护易受电流损坏的电子元器件；③与电容器构成谐振，实现软开关。

5.1.2 磁性元件设计的必要性

磁性元件是开关变换器中必不可少的元件，但不像电容等电子元件那样有现成品可供选择，绝大多数磁性元件都是要设计者自行设计的。由于变压器和电感涉及的参数太多，例如电压、电流、频率、温度、能量、电感量、变比、漏电感、磁材料参数、铜损耗、铁损耗等，同时，磁性材料特性的非线性、特性与温度、频率、气隙的依赖性和参数不易测量性，使人们不易透彻掌握其工作情况，也增加了人们的困惑感。以 Magnetics 公司生产的其中一种 MPP 铁心材料来说，它有 10 种μ值，26 种尺寸，能在 5 种温升限额下稳定工作。这样，便有 10×26×5=130 种组合，再加上前述电压、电流等电参数不同额定值的组合，将有不计其数的规格，厂家为用户备好现货是不切实际的。即便有现货供应，介绍磁性元件的特性、参数和使用条件等数据也会非常烦琐，也使选用者无从下手。因此，绝大多数磁性元件要自行设计，或提供参数委托设计和加工。

5.1.3 磁性材料的磁化

物质的磁化需要外磁场。相对外磁场而言，被磁化的物质称为磁介质。将磁性材料放到磁场中，磁场使得磁性材料呈现磁性的现象称为磁性材料的磁化。磁性材料内部有许多自发磁化的小区域，即磁畴，如图 5-1 所示。在未被磁化时，这些磁畴排列的方向杂乱无章，如图 5-1(a)所示，小磁畴间的磁场是相互抵消的，整体对外不呈现磁性。

若给磁性材料加上外磁场，在外磁场作用下，材料中的磁畴顺着磁场方向转动，加强了材料内的磁场。随着外磁场加强，转到外磁场方向的磁畴就越来越多，与外磁场同向的磁感应强度就越强，如图 5-1(b)～(d)所示，这表明材料被磁化了。

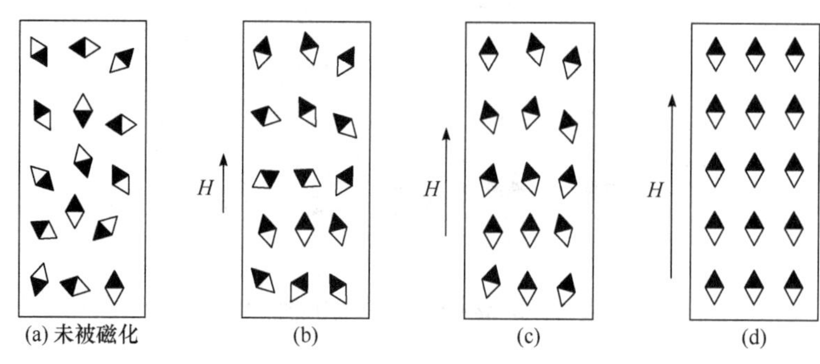

图 5-1　磁性材料的磁畴排列

(b)～(c)外磁场强度依次增强

1. 磁性材料的磁化过程

如将完全无磁性状态的磁性材料放在磁场中，磁场强度从零逐渐增加，测量磁性材料的磁感应强度 B，得到磁感应强度和磁场强度 H 之间关系，并用 B-H 曲线表示，该曲线称为磁化曲线，如图 5-2 中曲线 C 所示。没有磁化的磁介质中的磁畴完全是杂乱无章的，所以对外不呈磁性。当磁介质置于磁场中，外磁场较弱时，随着磁场强度的增加，与外磁场方向相差不大的那部分磁畴逐渐转向外磁场方向，磁感应强度 B 随外磁场增加而增加(图 5-2 中 Oa 段)。如果将外磁场 H 逐渐减少到零时，B 仍能沿 aO 回到零，即磁畴发生了"弹性"转动，这一段磁化是可逆的。当外磁场从 a 点继续增大时，与外磁场方向相近的磁畴已经趋向于外磁场方向，那些与磁场方向相差较大的磁畴克服"摩擦"，也开始转向外磁场方向，因此磁感应强度 B 随 H 增大急剧上升，如磁化曲线 ab 段。如果把 ab 段放大了看，曲线呈现阶梯状，说明磁化过程是跳跃式进行的。如果这时减少外磁场，B 将不再沿 ba 段回到零，该过程是不可逆的。

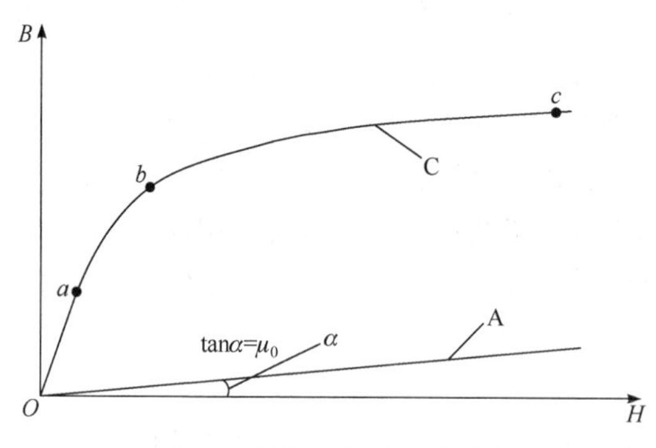

图 5-2　磁性材料的磁化特性

磁化曲线到达 b 点后，大部分磁畴已趋向了外磁场，此后再增加磁场强度，可转动的磁畴越来越少了，故 B 值增加的速度变缓。这段磁化曲线区域称为磁化曲线膝部。从 b 点进一步增大磁场强度，只有很少的磁畴可以转向，因此磁化曲线缓慢上升，直至基本停止上升(c 点)，材料磁性进入所谓的饱和状态，随着磁场强度的增加，B 增加很少，该段磁化曲线称为饱和段，这段磁化过程也是不可逆的。

磁性材料的磁感应强度 B 和磁场强度 H 的关系可表示为

$$B = J + \mu_0 H \tag{5-1}$$

式中，μ_0 为真空磁导率，J 为磁化强度。

式(5-1)表示磁芯中磁感应强度是磁性介质的磁感应强度 J(也称磁化强度)和介质所占据的空间磁感应强度之和。当磁场强度很大时，磁化强度达到最大值，即饱和值，而空间的磁感应强度不会饱和，仍继续增大(见图 5-2 中曲线 A)。合成磁化曲线随着磁场强度 H 的增大，B 仍稍有增加(见图 5-2 中曲线 C)。从材料的零磁化状态磁化到饱和状态的磁化曲线通常称为初始磁化曲线。

2. 饱和磁滞回线

若将磁性材料沿磁化曲线 Os 由完全去磁状态磁化到饱和 B_s，如图 5-3 所示，此时如将外磁场 H 减小，B 值将不再按照初始磁化曲线(Os)减小，而是更加缓慢地沿较高的 B 减小，这是因为发生刚性转动的磁畴保留了外磁场方向。即使外磁场 H=0 时，B≠0，即尚有剩余的磁感应强度 B_r 存在。这种磁化曲线与退磁曲线不重合特性称为磁化的不可逆性。磁感应强度 B 的改变滞后于磁场强度 H 的现象称为磁滞现象。

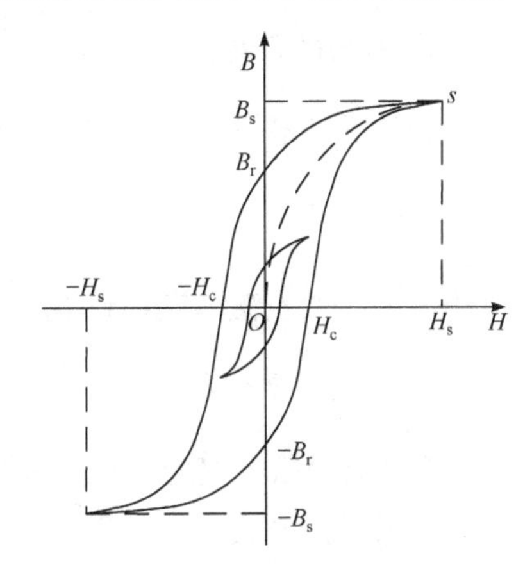

图 5-3 磁芯材料的磁滞回线

如要使 B 继续减少，必须加一个与原磁场方向相反的磁场强度$-H$，当这个反向磁场强度增加到$-H_c$时，才能使磁介质中的 B=0。这并不意味着磁介质恢复了杂乱无章状态，而是一部分磁畴仍保留原磁化磁场方向，而另一部分在反向磁场作用下改变为外磁场方向，两部分相等时，合成磁感应强度为零。

如果反向再继续增大磁场强度，磁性材料中反转的磁畴增多，反向磁感应强度增加，随着$-H$ 值的增加，B 值也反向增加。当反向磁场强度增加到$-H_s$时，则 $B=-B_s$ 达到反向饱和值。如果使 H=0，$B=-B_r$，要使$-B_r$为零，必须加正向 H_c。如 H 再增大到 H_s时，B 也再次达到正向饱和值 B_s。这样磁场强度由 $H_s \to 0 \to -H_c \to -H_s \to 0 \to H_c \to H_s$变化时，磁感应强度对应地由 $B_s \to B_r \to 0 \to -B_s \to -B_r \to 0 \to B_s$变化，形成了一个关于原点 O 对称的回线，如图 5-3 所示，称为饱和磁滞回线或最大磁滞回线。

根据磁滞回线的形状可以将铁磁材料分为硬磁材料和软磁材料。其中，硬磁材料的磁滞回线如图 5-4(a)所示，其主要特点就是磁滞回线很宽，B_r 和 H_c 都比较大，需要很大的磁场强度才能使其达到磁饱和状态。这类铁磁材料一般磁化困难，去磁也困难。如铝镍钴，钐钴等永久磁铁，常用于电动机和发电机中。而软磁材料则恰恰相反，其磁滞回线如图 5-4(b)所示，其主要特点就是磁滞回线很窄，B_r 和 H_c 相对较小，同时较小的磁场强度就能使其达到较高的磁感应强度。这类铁磁材料既容易被磁化，也易于去磁。在开关变换器中，主要应用的就是软磁材料。

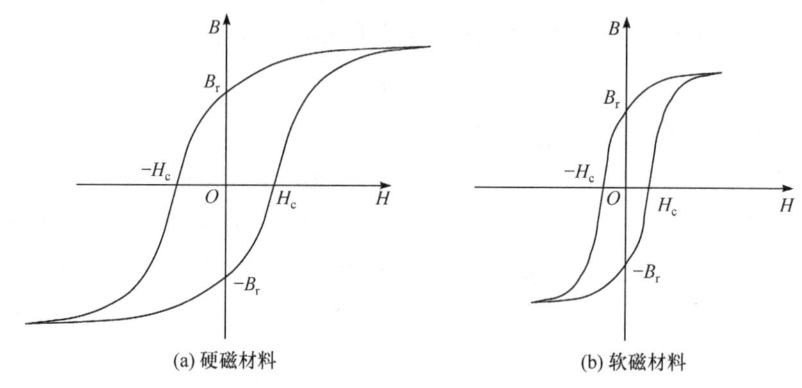

(a) 硬磁材料　(b) 软磁材料

图 5-4　铁磁材料的磁滞回线

5.1.4　磁性材料的基本特性

1. 初始磁导率 μ_i

初始磁导率是磁性材料的磁化曲线始端磁导率的极限值，即

$$\mu_i = \frac{1}{\mu_0} \lim_{H \to 0} \frac{B}{H} \tag{5-2}$$

式中，μ_0 为真空磁导率 $(4\pi \times 10^{-7} \mathrm{H/m})$，$H$ 为磁场强度(A/m)，B 为磁感应强度(T)。

2. 有效磁导率 μ_r

在闭合磁路中(忽略漏磁)，磁芯的有效磁导率为

$$\mu_r = \frac{L}{4\pi N^2} \times \frac{l}{A_e} \times 10^7 \tag{5-3}$$

式中，L 为线圈的自感量(mH)，N 为线圈匝数，l / A_e 为磁芯常数，是磁路长度 l 与磁芯截面积 A_e 之比(mm^{-1})。

3. 饱和磁感应强度 B_s

随磁芯中磁场强度 H 的增加，磁感应强度出现饱和时的 B 值，称为饱和磁感应强度 B_s，如图 5-3 所示。

4. 剩余磁感应强度 B_r

磁芯从磁饱和状态去除外加磁场后，剩余的磁感应强度(或称残留磁通密度)。

5. 矫顽力 H_c

磁芯从饱和状态去除外加磁场后，继续反向磁化直至磁感应强度减小到零，此时的磁场强度称为矫顽力(或保磁力)。

6. 温度系数 α_μ

温度系数为温度在 T_1 至 T_2 范围内变化时，温度每变化 1℃，磁导率的相对变化量为

$$\alpha_{\mu} = \frac{\mu_2 - \mu_1}{\mu_1} \times \frac{1}{T_2 - T_1} \quad (T_2 > T_1) \tag{5-4}$$

式中，μ_1 为温度为 T_1 时的磁导率，μ_2 为温度为 T_2 时的磁导率。

7. 居里温度 T_c

在该温度下，磁芯的磁状态由铁磁性转变成顺磁性。其定义如图 5-5 所示，即在 μ-T 曲线上，$80\%\mu_{max}$ 与 $20\%\mu_{max}$ 连线与 μ=1 的交叉点相对应的温度，即为居里温度 T_c。

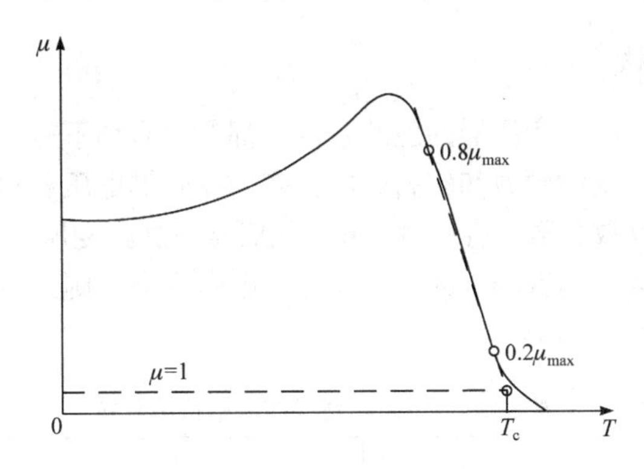

图 5-5　居里温度 T_c 定义图

8. 磁芯损耗(铁损)P_c

磁芯损耗是磁芯在工作磁感应强度时的单位体积损耗。该工作磁感应强度可表示为

$$B_W = \frac{V_S}{4.44 fNA_e} \times 10^6 \tag{5-5}$$

式中，B_W 为工作磁感应强度(mT)，V_S 为绕圈两端承受的电压(V)，f 为频率(kHz)，N 为绕圈匝数，A_e 为有效截面积(mm^2)。

磁芯损耗包括磁滞损耗、涡流损耗和残留损耗。磁滞损耗 P_H 是每次磁化所消耗的能量，可表示为

$$P_H = \int_0^T H\mathrm{d}B \tag{5-6}$$

涡流损耗 P_W 是交变磁场在磁芯中产生环流引起的欧姆损耗，表示为

$$P_W = \frac{1}{6\rho} \pi^2 d^2 B_W^2 f^2 \tag{5-7}$$

式中，d 为磁性材料密度，即单位体积材料的重量，ρ 为磁芯的电阻率。

残留损耗是由磁化延迟及磁矩共振等造成，一般可不考虑。

9. 电感系数 A_L

电感系数是磁芯上每一匝线圈产生的自感量，即

$$A_L = \frac{L}{N^2} \tag{5-8}$$

式中，A_L为电感系数(亨/匝数^2)，L为有磁芯的线圈的自感量(H)，N为线圈匝数。

5.2　高频变压器设计

在开关变换器的隔离型拓扑结构中，高频变压器不可或缺，它起到电气隔离与变压的功能，其对开关变换器性能有着至关重要的影响。对于高频变压器而言，其设计内容主要包括磁芯材料、形状和型号，绕组匝数和线径，绕制方式和散热设计等。

5.2.1　磁芯材料和形状

在开关变换器中，高频变压器的磁芯基本上都是低磁场下应用的软磁材料，它们通常具有较高磁导率、较低矫顽力和较高的电阻率。在外加电压和输出功率一定时，高磁导率磁芯可减小线圈匝数和磁芯有效截面积，从而减小高频变压器体积；磁芯矫顽力低，则磁滞回线面积小，从而具有较小的磁滞损耗；电阻率高，则磁芯涡流损耗小。常见磁芯材料的特性比较如表 5-1 所示。

表 5-1　常见磁芯材料的基本特性参数

类别	名称	材料	磁导率	B_s/Gs[①]	f_{max}/kHz	特点说明
金属铁心	硅钢片	Si-Fe	～1800	20000	～10	具有低电阻率，高磁导率和高饱和磁感应强度。除非晶合金外，宜 30kHz 以下使用
	坡莫合金	Ni-Fe	～20000	7500	～30	
	超级坡莫合金	Ni-Fe	～100000	7800	～30	
	钴铁合金	Co-Fe	～800	24500	～30	
	非晶合金	Fe(Ni,Co)	～100000	15000	～1000	
铁粉磁芯	碳基铁粉芯	Fe	3～120	～9000	～300000	具有低磁导率，高饱和磁感应强度，宜中、高频使用
	铝硅铁粉芯	Al，Si，Fe	10～80	～9000	～1000	
	坡莫合金铁粉芯	Mo，Ni，Fe	14～145	～8000	～300	
铁氧体磁芯	锰锌铁氧体	Mn，Zn，Fe	1000～18000	～5000	～1000	电阻率高，饱和磁感应强度低，价格低，宜高频使用
	镍锌铁氧体	Ni，Zn，Fe	15～500	～3000	～100000	
	铜镁锌铁氧体	Cu，Mg，Zn，Fe	～10		200000	

① $1Gs=10^{-4}T$。

铁氧体是在开关变换器中应用最为广泛的软磁材料。相比于其他类型的软磁材料，铁氧体具有较高磁导率、低矫顽力、高电阻率、低涡流损耗和低价格等优势；此外，其饱和磁感应强度相对较低，非常适合于高频应用场合。金属软磁材料在开关变换器中应用较少，虽然它们的饱和磁感应强度比铁氧体软磁材料高得多，但磁感应强度摆幅严重受限于涡流损耗，且价格较铁氧体软磁材料贵。

除在高温和冲击、振动大的应用场合需使用金属软磁材料磁芯外，一般高频变压器磁芯多选用铁氧体材料，常用的主要有锰锌铁氧体和镍锌铁氧体两种。

铁氧体磁芯形状常见的有罐型(国产 GU 型，国际 P 型)、PM、RM、PQ、EE、EI、

EC、EP、ETD、RC、UU 和 UI 等，以及平面磁芯，如 EFD、EPC、LP 型等。几种常见的磁芯形状如图 5-6 所示。

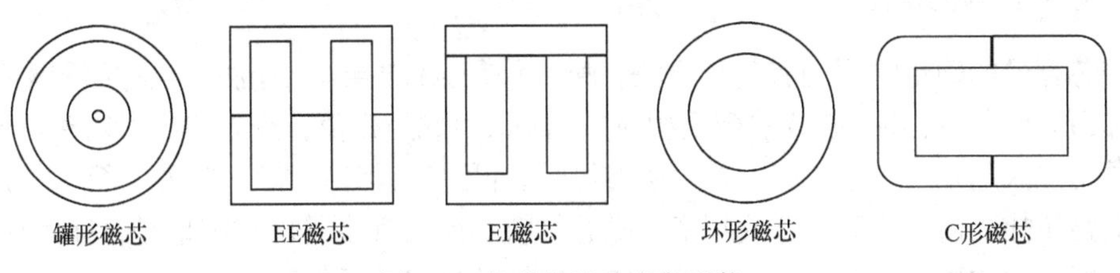

图 5-6 几种常见的磁芯形状

罐型和 PQ 型磁芯具有较小的窗口面积，比常用的 EE 磁芯有较好的磁屏蔽，减少了 EMI 的传播，用于 EMC 要求严格的地方。但其爬电尺寸耗费了窗口面积的大部分，出线缺口小，绝缘处理较困难，不宜大电流和多路输出，只用于 125W 以下低压低功率场合。

EE、EC、ETD、LP 磁芯都是 E 型磁芯。在外形尺寸上有较大的窗口面积，同时窗口宽而高度低，漏磁及线圈层数少，高频交流电阻小。开放式的窗口没有出线问题，线圈与外界空气接触面大，有利于空气流通，散热方便，可处理大功率，但电磁干扰较大。

EC、ETD 磁芯的中柱圆形截面与 EE 型相同矩形截面积时，圆形截面每匝线圈比矩形短约 11%，即电阻少 11%，线圈损耗和温升也相应降低。EE 型磁芯尺寸齐全，根据不同的工作频率和磁通摆幅，传输功率范围从 5W 到 5kW。如果将两副 EE 型磁芯合并作为一体使用，传输功率甚至可达 10kW。两副磁芯合并使用时，磁芯面积加倍，如磁通摆幅和频率保持不变，匝数减少一半，功率加倍，比采用一个大尺寸的磁芯体积要小。

RM 和 PM 磁芯是罐型和 E 型磁芯的折中，比罐型有更大的出线窗口和好的散热条件，因而可传输更大的功率。但磁芯没有全部包围线圈，EMI 介于罐型和 EE 型之间。RM 型磁芯有两种结构：有中心孔和没有中心孔。在某些谐振电路中要求准确地调谐，且调节电感最为方便，这种情形下可以采用带有中心孔的 RM 磁芯，通过中心孔插入磁棒调节电感量，调节范围可达 30%。但磁棒损耗较大，一般在功率磁芯中不采用。

PQ 型具有最佳的体积与辐射表面和线圈窗口面积之比。因磁芯损耗正比于磁芯体积，而散热能力正比于辐射表面，这些磁芯在给定输出功率情形下具有最小的体积和温升。

LP、EFD 和 EPC 型磁芯主要是为平面变压器设计的。中柱长，漏感最小。但是因为体积小，磁感应强度和磁场强度变化影响大，计算较困难。

UU 型和 UI 型主要用在高压和大功率水平，很少用在 1kW 以下。它们具有比 EE 型更大的窗口，可以采用更粗的导线和更多的匝数。但磁路长度大，比 EE 型具有更大的漏感。

环形磁芯具有圆形磁路，在使用时需将线圈均匀绕在整个磁芯上。这样线圈宽度本质上围绕整个磁芯，使得漏感最低和线圈层数最少。因为没有线圈端部，没有爬电距离的要求(但有引出线问题)。杂散磁通和 EMI 扩散都很低。但环形磁芯的最大问题是绕线困难，1 匝次级线圈无法均匀分布在整个磁芯上，自动绕线机事实上是不可能的。因此，环形磁芯很少用作开关变换器中的高频变压器。

5.2.2 磁芯型号的确定

磁芯型号的确定常用的有三种方法，第一种是 AP(A_P=A_w×A_e)法，也称面积乘积法，即磁芯窗口面积 A_w 和磁芯有效截面积 A_e 的乘积，根据 A_P 值，查表找出所需磁性型号；第二种是先求出几何参数，查表找出磁芯型号，再进行设计，称为 Kg 法；第三种是直接根据电路拓扑、输出功率、开关频率、磁芯材料和形状查表得出磁芯型号，称为查表法。

本书介绍常用的 AP 法。通常使用如下的经验公式进行估算：

$$A_P = A_e A_w = \left(\frac{P_o}{K f_s \Delta B}\right)^{4/3} \tag{5-9}$$

式中，P_o 为输出功率(W)，ΔB 为磁感应强度变化量(T)，f_s 为变压器工作频率(Hz)，K 为 0.014(正激变换器，推挽中心抽头)或 0.017(全桥，半桥)。

式(5-9)是基于线圈电流密度 420A/cm^2，并假定窗口填充系数为 40%得出的。在低频时，饱和磁通限制了磁感应强度最大摆幅，而在 50kHz 以上时，磁芯损耗通常会限制 ΔB。这里采用磁芯比损耗为 100mW/cm^3 时，工作频率 f_s 对应的 ΔB 值。图 5-7 给出了在不同工作频率下，某款磁芯比损耗与峰值磁感应强度之间的关系。即在特定的比损耗下，工作磁感应强度随频率升高而降低。

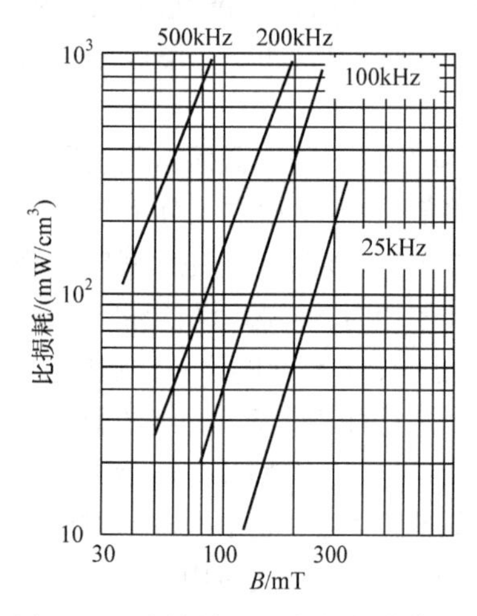

图 5-7 不同频率下比损耗与峰值磁感应强度之间的关系(100℃)

用经验公式估算磁芯尺寸不是很精确，但可减少试算的次数。除用经验公式估算磁芯尺寸之外，还可以根据电路拓扑结构，推导出所需的高频变压器磁芯 A_P 值。下面介绍高频变压器磁芯 A_P 值的计算方法。

1. 单端正激变换器

工作于连续导电模式的单端正激变换器及其主要工作波形如图 5-8 所示。一般输出电流脉动分量 ΔI=0.2I_o，I_o 为负载电流。如忽略磁化电流，初级斜坡电流的中间值为 I_i=I_o/n，n 为变压器原、副边匝比。

假定单端正激变换器总转换效率 η=80%，最大占空比取 0.4，则输出功率为

$$P_o = \eta P_i = \eta D_{max} U_{i,min} I_i = 0.8 \times 0.4 U_{i,min} I_i = 0.32 U_{i,min} I_i \tag{5-10}$$

在式(5-10)中，值得注意的是，通常采用最小输入电压 $U_{i,min}$ 来计算输出功率，主要考虑两个方面：①在输入电压最小时，对应最大占空比；②最小输入电压时对应最大输入电流，以该电流为依据选取绕组线径。即在这一极端情形下进行的设计，可以确保高频变压器在其余情形下均能满足要求。

因绕组线径是利用电流有效值计算的，矩形波电流有效值 I 与电流幅值 I_i 的关系为

$$I = I_i \sqrt{D_{max}} = I_i \sqrt{0.4} = 0.632 I_i \quad \Rightarrow \quad I_i = 1.58 I \tag{5-11}$$

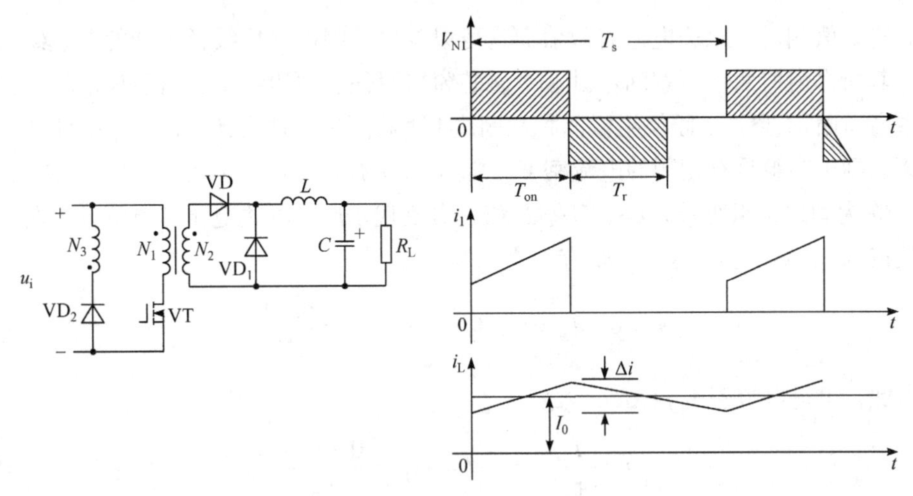

图 5-8　单端正激变换器及其主要工作波形

将式(5-11)代入式(5-10)中，可得

$$P_o = 0.32U_{i,min}I_i = 0.32U_{i,min} \times 1.58I = 0.506U_{i,min}I \tag{5-12}$$

对于单端正激变换器而言，高频变压器激励源为单方向脉冲电压，其磁滞回线仅工作于第一象限，变压器磁芯受单向激磁，磁感应强度在最大值 B_{max} 到剩磁 B_r 之间变化，如图 5-9 所示，此时磁芯中存在直流磁化。在实际应用中，为了降低剩余磁感应强度 B_r，增大磁感应强度变化量 ΔB，一般可在磁路中加入气隙以使磁化曲线倾斜来降低 B_r，从而提高直流工作磁场。

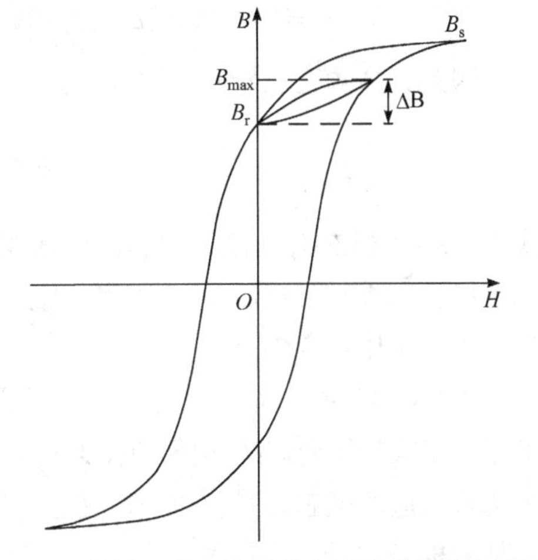

图 5-9　单端正激变换器的变压器磁芯磁滞回线

在主功率开关管导通时，对于原边绕组所承受的电压，由电磁感应定律可得

$$U_i = N_P A_e \frac{\Delta B}{T_{on}} \times 10^{-4} \tag{5-13}$$

式中，U_i 为变压器原边电压(V)，N_P 为变压器原边匝数，A_e 为磁芯有效截面积(cm²)，ΔB 为在开关管导通时间内磁感应强度变化量(T)，T_{on} 为开关管导通时间(s)。

在式(5-13)中，当输入电压为 $U_{i,min}$ 时，T_{ON} 取最大值 $T_{ON,max}=D_{max}T_s$，磁感应强度变化量也取最大值 B_{max}。结合式(5-12)、式(5-13)可得

$$P_o = 0.506U_{i,min}I = 0.506N_P A_e \frac{B_{max}}{0.4T_s} I \times 10^{-4} = 1.265N_P A_e B_{max} f_s I \times 10^{-4} \tag{5-14}$$

对于图 5-8 所示电路的高频变压器，存在三个绕组，即原边绕组、副边绕组和复位绕组，它们均占用窗口面积。复位绕组在开关管关断期间完成磁芯复位，仅流过磁化电

流，其有效值相对于原边电流有效值而言可以忽略，因而可用线径很细的导线绕制复位绕组，其所占窗口面积可忽略不计。令磁芯窗口面积、原边绕组所占窗口面积、副边绕组所占窗口面积、原边1匝绕组截面积和副边1匝截面积分别为A_W、A_1、A_2、A_{Pi}和A_{Si}(cm^2)。假定原、副边绕组具有相同的电流密度，则有$A_1:A_2=N_PA_{Pi}:N_SA_{Si}=U_PI_P:U_SI_S=1:1$，式中，$N_S$为副边绕组匝数，$U_P$、$U_S$、$I_P$和$I_S$分别代表原、副边电压和电流。磁芯窗口填充系数按0.4计算，且$A_1=A_2$，则有

$$A_1 = 0.2A_W = N_P A_{Pi} \quad \Rightarrow \quad A_{Pi} = \frac{0.2A_W}{N_P} \tag{5-15}$$

由此，可得电流密度j (A/cm^2)为

$$j = \frac{I}{A_{Pi}} \quad \Rightarrow \quad I = jA_{Pi} = \frac{0.2jA_W}{N_P} \tag{5-16}$$

式中，导线载流密度通常按j=400A/cm^{2}进行设计。

将式(5-16)代入式(5-14)中，可得

$$\begin{aligned} P_o &= 1.265N_P A_e \Delta B_{max} f_s I = 1.265N_P A_e B_{max} f_s \frac{0.2\times 400A_W}{N_P}\times 10^{-4} \\ &= 101.2A_e A_W B_{max} f_s \times 10^{-4} \end{aligned} \tag{5-17}$$

因此，高频变压器磁芯A_P值为

$$A_P = A_e A_W = \frac{99P_o}{B_{max} f_s} \tag{5-18}$$

式中，A_P为磁芯有效截面积和窗口面积乘积(cm^4)，A_e为磁芯有效截面积(cm^2)，A_W为磁芯窗口面积乘积(cm^2)，P_o为变换器输出功率(W)，B_{max}为磁感应强度摆幅最大值(T)，f_s为变压器工作频率(Hz)。

在式(5-18)中，B_{max}由所选磁芯材质损耗曲线来确定，即根据比损耗 100mW/cm^3 和工作频率f_s获得允许的磁感应强度摆幅，由此可计算出所需磁芯的A_P值，再根据A_P值查表选取对应的磁芯型号。以EE磁芯为例，图5-10为其外形和结构示意图，表5-2给出了其结构参数。

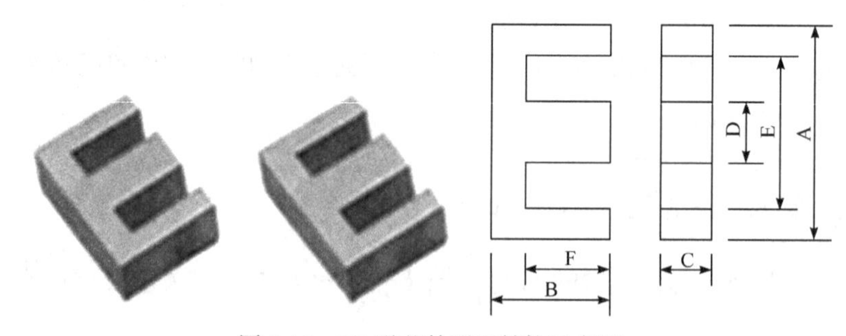

图 5-10　EE 磁芯外形和结构示意图

表 5-2　EE 磁芯结构参数

型号	尺寸/mm						磁芯参数		
	A	B	C	D	E	F	A_e/mm^2	A_w/mm^2	A_P/mm^4
EE5	5.25	2.65	1.95	1.35	3.85	2.0	2.63	5.00	13.15
EE6	6.10	2.85	7.95	4.35	3.70	1.90	3.31	4.465	14.78
EE8	8.30	4.00	3.60	1.85	6.0	3.00	7.00	12.45	87.15
EE10	10.0	5.40	4.65	2.40	7.0	4.20	10.6	19.32	204.79
EE11	11.0	5.50	5.00	2.40	8.0	4.20	12.3	23.52	289.30
EE13	12.9	5.00	6.00	2.85	8.5	3.65	13.8	20.6225	284.59
EE13A	13.0	6.00	5.90	2.60	10.2	4.60	16.0	34.96	559.36
EE16A	16.0	7.20	4.80	3.80	12.0	5.20	18.4	42.46	781.26
EE16B	16.1	8.05	4.50	4.55	11.3	5.90	19.5	39.825	776.59
EEL16	16.0	12.2	4.80	4.00	12.0	10.2	19.4	81.6	1583.04
EE19	19.1	8.00	4.80	4.80	14.0	5.70	22.8	52.44	1195.63
EEL19	19.0	13.65	4.85	4.85	14.0	11.4	23.4	104.31	2440.85
EE20	20.5	10.7	7.00	5.00	14.0	7.00	39.0	63.0	2457.00
EE22	22.0	10.25	5.50	4.00	16.5	7.80	24.6	97.5	2398.50
EE25	25.0	10.0	6.55	6.55	18.6	6.80	42.2	81.94	3457.87
EE25.4	25.4	10.0	6.30	6.50	18.7	6.60	44.5	80.25	3571.125
EEL25.4	25.4	15.85	6.35	6.35	19.0	12.7	40.4	160.655	6490.462
EE33	33.0	13.75	12.7	9.70	23.5	9.25	111	127.65	14169.15
EE33A	33.4	13.95	12.7	9.70	24.6	9.65	114	143.785	16391.49
EE42	42.15	21.1	15.0	12.0	29.5	15.2	182	266.0	48412.0
EE42A	42.15	21.1	19.75	12.0	29.5	15.2	235	266.0	62510.00
EE50	50.0	21.55	14.6	14.6	34.2	13.1	226	256.76	58027.76
EE55	55.15	27.5	20.7	17.0	37.5	18.8	354	385.4	136431.6
EE55B	55.15	27.5	24.7	17.0	37.5	18.8	422	385.4	162638.8
EE65	65.2	32.5	27.0	19.65	44.2	22.55	535	553.60	296177.34
EE70	70.5	35.5	24.5	16.7	48.0	24.65	461	771.545	355682.25
EEL70B	70.75	33.2	30.5	21.5	48.0	22.0	665	583.0	387695
EE80	80.5	38.0	20.0	20.0	59.8	28.0	399	1114.4	444645.6
EE85A	85.0	44.0	26.5	27.2	55.0	28.7	714	797.86	569672.04
EE85B	85.0	44.0	31.5	27.2	55.0	28.7	859	797.86	685361.74
EE90	90.0	28.2	16.5	25.0	64.0	15.7	419	612.3	256553.7
EE110	110	56.0	36.0	36.0	74.2	37.2	1280	1421.04	1822771.2
EE118	118	86.5	35.0	35.0	82.0	69.0	1240	3243	4021320
EE128	130	63.0	20.0	40.0	89.0	43.0	1600	2107	3371200
EE160	162	83.0	20.0	40.0	120	64.0	1600	5120	8192000
EEL185	185	77.0	27.5	53.0	128	50.0	1488	3750	5580000
EEL320	320	125	20.0	100	217	75.0	2000	8775	17550000

值得注意的是，若单端正激变换器工作于断续导电模式，除式(5-10)和式(5-11)不同外，其余推导过程均与以上保持一致。当变换器工作于断续导电模式时，假定原边绕组峰值电流为 I_P，式(5-10)可改写为

$$P_o = \eta P_i = \eta D_{max} U_{i,min} \frac{I_P}{2} = 0.8 \times 0.4 U_{i,min} \frac{I_P}{2} = 0.16 U_{i,min} I_P \tag{5-19}$$

而式(5-11)可改写为

$$I = I_P \sqrt{\frac{D_{max}}{3}} = I_P \sqrt{\frac{0.4}{3}} = 0.365 I_P \quad \Rightarrow \quad I_P = 2.74 I \tag{5-20}$$

因此，最终可得 A_P 值为

$$A_P = A_e A_w = \frac{114 P_o}{B_{max} f_s} \tag{5-21}$$

对比式(5-21)和式(5-22)可知，对于同一磁芯，若保持磁感应强度摆幅和频率一致，连续导电模式下允许的输出功率大于断续导电模式；换言之，对于同样的输出功率，在保持磁感应强度摆幅和频率一致的情况下，断续导电模式所需的磁芯 A_P 值要大于连续导电模式。在后续的隔离型拓扑结构变压器磁芯 A_P 值的推导过程中，断续导电模式下的推导过程可借鉴此处，因而不再对断续导电模式进行考虑。

2. 推挽变换器

推挽变换器实际是两个单端正激变换器组合而成的。假设条件与单端正激变换器一样：η=80%，$2D_{max}$=2×0.4=0.8。原边每一绕组电流的有效值与平均值的关系仍然为 I_i=1.58I。因此，输出功率表达式为

$$P_o = \eta P_i = \eta 2 D_{max} U_{i,min} I_i = 0.8 \times 2 \times 0.4 U_{i,min} \times 1.58 I = 1.01 U_{i,min} I \tag{5-22}$$

仍假定磁芯窗口填充系数为 0.4，原、副边电流密度相同，原边和副边绕组所占窗口面积相等，且原、副边各有两个绕组，因而有

$$A_1 = 0.2 A_w = 2 N_P A_{Pi} \quad \Rightarrow \quad A_{Pi} = \frac{0.1 A_w}{N_P} \quad \Rightarrow \quad I = j A_{Pi} = \frac{0.1 j A_w}{N_P} \tag{5-23}$$

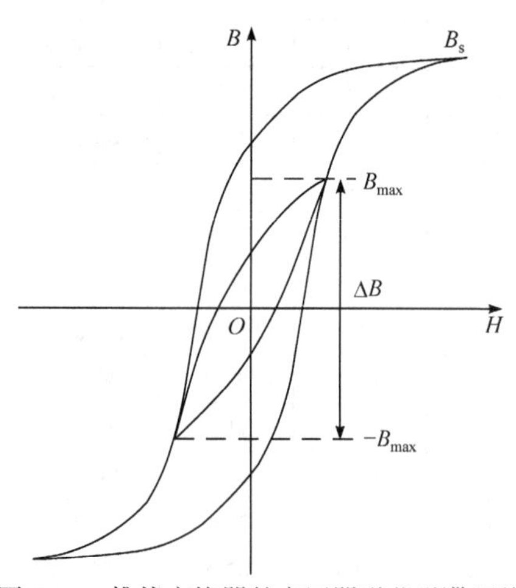

图 5-11　推挽变换器的变压器磁芯磁滞回线

对于推挽变换器而言，高频变压器激励源为双极性脉冲电压，其磁芯工作于整个磁滞回线，磁感应强度在 $-B_{max}$ 到 B_{max} 之间变化，如图 5-11 所示。由于磁芯双向磁化，磁芯损耗约为单向磁化的两倍，但磁芯中基本无直流磁化，磁芯利用率相对更高。当输入电压和输出功率一定时，采用磁芯双向磁化可适当减少绕组匝数以及减小变压器尺寸，从而提升开关变换器功率密度。

由于磁芯双向磁化，因而有 ΔB=2B_{max}。所以，对于原边绕组所承受的电压，由电磁感应定律可得

$$U_{\mathrm{i,min}} = N_{\mathrm{P}} A_{\mathrm{e}} \frac{\Delta B}{D_{\max} T_{\mathrm{s}}} \times 10^{-4} = N_{\mathrm{P}} A_{\mathrm{e}} \frac{2B_{\max} f_{\mathrm{s}}}{0.4} \times 10^{-4} = 5 N_{\mathrm{P}} A_{\mathrm{e}} B_{\max} f_{\mathrm{s}} \times 10^{-4} \tag{5-24}$$

将式(5-23)和式(5-24)代入式(5-22)中，可得

$$\begin{aligned} P_{\mathrm{o}} &= 1.01 U_{\mathrm{i,min}} I = 1.01 \times 5 N_{\mathrm{P}} A_{\mathrm{e}} B_{\max} f_{\mathrm{s}} \times 10^{-4} \times j \frac{0.1 A_{\mathrm{w}}}{N_{\mathrm{P}}} \\ &= 5.05 A_{\mathrm{e}} B_{\max} f_{\mathrm{s}} \times 400 \times 0.1 A_{\mathrm{w}} \times 10^{-4} \\ &= 202 A_{\mathrm{e}} A_{\mathrm{w}} B_{\max} f_{\mathrm{s}} \times 10^{-4} \end{aligned} \tag{5-25}$$

由此，高频变压器磁芯 A_{P} 值为

$$A_{\mathrm{P}} = A_{\mathrm{e}} A_{\mathrm{w}} = \frac{50 P_{\mathrm{o}}}{B_{\max} f_{\mathrm{s}}} \tag{5-26}$$

式中，各变量含义和单位可参考单端正激变换器部分。

对比式(5-18)和式(5-26)可知，相同磁芯、频率和电流密度条件下，推挽变换器比单端正激变换器输出功率大一倍。这是很容易理解的：原边每个绕组承受与正激相同的输入电压，但推挽的磁感应强度摆幅是 $2B_{\max}$，因而每个绕组匝数比正激少一半，原边总匝数与正激是相等的，原边绕组的导线尺寸也是相同的。推挽原边每个绕组传输一半输出功率，如两变换器输出功率相同，则推挽变换器峰值和有效值电流也是正激变换器的一半。因此，占用相同磁芯窗口的条件下，推挽变换器输出功率是正激变换器输出功率的两倍。

但应当注意，推挽变换器变压器磁芯双向磁化，每周期经历整个磁化曲线。在 50kHz 以下频率时，由于磁感应强度摆幅选定为 0.16T，磁芯损耗至少增加一倍，铜损基本不变。在 50kHz 以上频率时，由频率和允许磁芯损耗选择磁感应强度摆幅，相同磁芯尺寸，推挽变换器与正激变换器额定输出功率相差并非两倍。

3. 半桥和全桥变换器

仍然假定在最低输入电压时，开关管最大导通占空比 $D_{\max}=0.4$，效率 $\eta=80\%$，磁芯窗口填充系数为 0.4，其余符号与正激、推挽变换器一致。

半桥和全桥高频变压器原边绕组正向和反向对称流过电流，原边电流有效值均为

$$I = I_{\mathrm{i}} \sqrt{2D_{\max}} = I_{\mathrm{i}} \sqrt{0.8} = 0.894 I_{\mathrm{i}} \quad \Rightarrow \quad I_{\mathrm{i}} = 1.12 I \tag{5-27}$$

输出功率为

$$P_{\mathrm{o}} = \eta P_{\mathrm{i}} = \begin{cases} \eta 2D_{\max} \dfrac{U_{\mathrm{i,min}}}{2} I_{\mathrm{i}} = 0.8 \times 2 \times 0.4 \dfrac{U_{\mathrm{i,min}}}{2} \times 1.12 I = 0.358 U_{\mathrm{i,min}} I & (\text{半桥}) \\ \eta 2D_{\max} U_{\mathrm{i,min}} I_{\mathrm{i}} = 0.8 \times 2 \times 0.4 U_{\mathrm{i,min}} \times 1.12 I = 0.717 U_{\mathrm{i,min}} I & (\text{全桥}) \end{cases} \tag{5-28}$$

同样，高频变压器原、副边绕组所占窗口面积相等，则有

$$A_1 = 0.2 A_{\mathrm{w}} = N_{\mathrm{P}} A_{\mathrm{Pi}} \quad \Rightarrow \quad A_{\mathrm{Pi}} = \frac{0.2 A_{\mathrm{w}}}{N_{\mathrm{P}}} \quad \Rightarrow \quad I = j A_{\mathrm{Pi}} = \frac{0.2 j A_{\mathrm{w}}}{N_{\mathrm{P}}} \tag{5-29}$$

对于半桥和全桥变换器，与推挽拓扑相同，磁芯也是双向磁化的，因而同样有 $\Delta B=2B_{\max}$，磁化曲线可参考图 5-6。对于原边绕组所承受的电压，由电磁感应定律可得

$$
\begin{cases}
\text{半桥：} \dfrac{U_{\mathrm{i,min}}}{2} = N_{\mathrm{P}} A_{\mathrm{e}} \dfrac{\Delta B}{D_{\max} T_{\mathrm{s}}} \times 10^{-4} = N_{\mathrm{P}} A_{\mathrm{e}} \dfrac{2B_{\max} f_{\mathrm{s}}}{0.4} \times 10^{-4} = 5N_{\mathrm{P}} A_{\mathrm{e}} B_{\max} f_{\mathrm{s}} \times 10^{-4} \\
\text{全桥：} U_{\mathrm{i,min}} = N_{\mathrm{P}} A_{\mathrm{e}} \dfrac{\Delta B}{D_{\max} T_{\mathrm{s}}} \times 10^{-4} = N_{\mathrm{P}} A_{\mathrm{e}} \dfrac{2B_{\max} f_{\mathrm{s}}}{0.4} \times 10^{-4} = 5N_{\mathrm{P}} A_{\mathrm{e}} B_{\max} f_{\mathrm{s}} \times 10^{-4}
\end{cases}
\tag{5-30}
$$

将式(5-29)和式(5-30)代入(5-28)中，得到一样的结果：

$$P_{\mathrm{o}} = 286.8 A_{\mathrm{e}} A_{\mathrm{w}} B_{\max} f_{\mathrm{s}} \times 10^{-4} \tag{5-31}$$

由此，高频变压器磁芯 A_{P} 值为

$$A_{\mathrm{P}} = A_{\mathrm{e}} A_{\mathrm{w}} = \frac{35P_{\mathrm{o}}}{B_{\max} f_{\mathrm{s}}} \tag{5-32}$$

式中，各变量含义和单位同单端正激变换器部分。

由以上推导可知，在相同输出功率、频率和磁感应强度摆幅的情形下，半桥和全桥变换器具有相同的高频变压器磁芯 A_{P} 值。其原因可以这样理解：全桥变压器原边绕组承受的电压比半桥大一倍，采样相同的磁芯，全桥变换器原边绕组匝数要比半桥多一倍。但对于相同的输出功率，全桥变压器原边电流要比半桥小一半，因而半桥变压器原边绕组导线截面积要比全桥大一倍，故半桥和全桥变压器原边绕组所占磁芯窗口面积是相同的。磁芯相同，绕组所占窗口面积也相同，因此两者具有相同的高频变压器磁芯 A_{P} 值。换言之，磁芯相同，工作条件也相同，全桥和半桥可传递的输出功率也相同。

5.2.3　绕组线径确定

1. 集肤深度计算

在低频时，依据绕组导线直流电阻引起的允许损耗进行设计，在给定损耗和散热条件下，选取导线尺寸。低频变压器的寄生参数如漏感和激磁电感对变压器影响较小。但随着开关变换器工作频率的增加，高频电流在绕组中流通产生严重的高频效应，如集肤效应和邻近效应等。

当导体通过高频电流时，变化的电流会在导体内和导体外产生变化且垂直于电流方向的磁场，根据电磁感应定律，高频磁场在导体内沿长度方向产生感应电势。此感应电势在导体内整个长度方向产生的涡流阻止磁通的变化。主电流和涡流之和在导线表面加强，越向导线中心越弱，电流趋向于导体表面，这就是集肤效应，也称为趋肤效应。

集肤效应的存在使导体表面的电流密度大于导体中心的电流密度，这无形中减小了导体的有效导电截面积，导致导线电阻增加，从而增加了损耗。为了减小集肤效应，通常取导线直径小于 2δ，其中集肤深度 δ(工程上规定从导体表面到电流密度为导体表面的 1/e=0.368 的距离 δ 为集肤深度，又称穿透深度)为

$$\delta = \sqrt{\frac{2}{\omega \mu \sigma}} \tag{5-33}$$

式中，ω 为 $2\pi f_{\mathrm{s}}$，角频率，μ 为磁导率，铜的磁导率 $\mu = \mu_0 = 4\pi \times 10^{-7}\,\mathrm{H/m}$，$\sigma$ 为电导率，铜导线的电导率 $\sigma_{20} = 58\mathrm{m/(\Omega \cdot mm^2)}$。

故 $\delta=\dfrac{66.1}{\sqrt{f_s}}$(mm)，表 5-3 给出了铜导体在 20℃时的集肤深度。

表 5-3 铜导体在 20℃时的集肤深度

f_s/kHz	20	30	50	100	200	300	500	1000
δ/mm	0.467	0.381	0.295	0.209	0.147	0.12	0.093	0.066

开关变换器高频变压器绕组温度一般高于 20℃，在导线温度为 100℃时，$\sigma_{100}=43.5\text{m}/(\Omega\cdot\text{mm}^2)$，则集肤深度为

$$\delta=\frac{76.5}{\sqrt{f_s}} \tag{5-34}$$

表 5-4 列出了铜导体在 100℃时的集肤深度。

表 5-4 铜导体在 100℃时的集肤深度

f_s/kHz	20	30	50	100	200	300	500	1000
δ/mm	0.541	0.442	0.342	0.242	0.171	0.14	0.108	0.077

2. 电流有效值计算

在开关变换器中，通常有如图 5-12 所示的若干种可能的电流波形。假定 I_P、I_{dc}和 I 分别代表电流峰值、平均值和有效值。

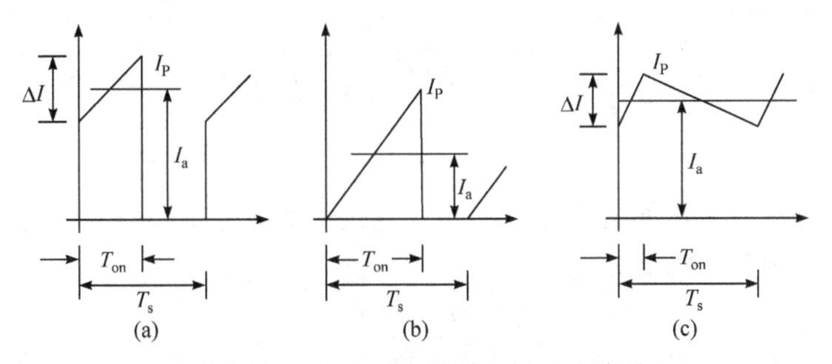

图 5-12 开关变换器中典型的电流波形

1) 梯形波

如图 5-12(a)所示的梯形波是开关变换器中常见的电流波形。例如，推挽变压器原边电流，单端正激变压器原边和副边电流，磁通连续时的单端反激变压器原边和副边电流等。功率管导通时间定义为 T_{on}，周期为 T_s，峰值电流为 I_P，脉动量为 ΔI，占空比 $D=T_{on}/T_s$，梯形波中值 $I_a=I_P-\Delta I/2$，电流波形的表达式为

$$\begin{cases} i=I_a-\dfrac{\Delta I}{2}+\dfrac{\Delta I}{T_{on}}t & (0<t<T_{on}) \\ i=0 & (T_{on}<t<T_s) \end{cases} \tag{5-35}$$

电流平均值，即直流分量 I_{dc} 为

$$I_{dc} = \frac{1}{T}\int_0^{T_{on}} i\mathrm{d}t = \frac{1}{T}\int_0^{T_{on}}\left(I_a - \frac{\Delta I}{2} + \frac{\Delta I}{T_{on}}t\right)\mathrm{d}t = DI_a \tag{5-36}$$

对于电流总有效值 I，根据有效值定义有

$$I = \sqrt{\frac{1}{T}\int_0^{T_{on}} i^2\mathrm{d}t} = \sqrt{\frac{1}{T}\int_0^{T_{on}}\left(I_a - \frac{\Delta I}{2} + \frac{\Delta I}{T_{on}}t\right)^2\mathrm{d}t} = \sqrt{D\left(I_a^2 + \frac{(\Delta I)^2}{12}\right)} \tag{5-37}$$

设计时，一般使 $\Delta I \leqslant 0.2I_a$，因此可近似得

$$I = I_a\sqrt{D} \tag{5-38}$$

交流分量的有效值 I_{ac} 为

$$I_{ac} = \sqrt{I^2 - I_{dc}^2} = \sqrt{DI_a^2 - D^2I_a^2} = I_a\sqrt{D(1-D)} \tag{5-39}$$

2) 断续三角波

如图 5-12(b)所示的断续三角波电流波形通常出现在断续导电模式。根据类似的推导，可得断续三角波的各个电流关系。

电流平均值为

$$I_{dc} = \frac{DI_P}{2} \tag{5-40}$$

电流总有效值为

$$I = \sqrt{\frac{DI_P^2}{4} + \frac{DI_P^2}{12}} = I_P\sqrt{\frac{D}{3}} \tag{5-41}$$

交流分量有效值为

$$I_{ac} = \sqrt{\frac{DI_P^2}{3} - \frac{D^2I_P^2}{4}} = I_P\sqrt{\frac{D}{3} - \frac{D^2}{4}} \tag{5-42}$$

3) 连续三角波

电感电流连续时波形如图 5-12(c)所示。它是由直流分量和一个幅度为 $\Delta I/2$ 的三角波叠加而成的，电流平均值为

$$I_{dc} = I_a \tag{5-43}$$

电流总有效值为

$$I = \sqrt{\left(I_a^2 + \frac{(\Delta I)^2}{12}\right)} \approx I_a \tag{5-44}$$

交流分量有效值为

$$I_{ac} = \frac{\Delta I}{2\sqrt{3}} \tag{5-45}$$

其他波形也可按照上述方法求得平均值，总有效值和交流分量有效值。

3. 绕组导线选择

绕组发热是由功率损耗引起的，绕组功率损耗是电流在绕组电阻上产生的热损耗，因此有必要对绕组电流的有效值进行计算。事实上，高频变压器绕组电阻包含直流电阻

和交流电阻，直流电阻为绕组内阻，与导线电阻率、长度和截面积相关，在大多数情况下，交流电阻约为直流电阻的1.3～2.3倍。在高频情况下，由于集肤效应的存在，使得导线有效截面积变小，因而在选择导线时其直径需小于2δ；此外，电流通过相邻导线时，产生磁场的相互作用将引起邻近效应，同样会减小导线的有效截面积，其影响有时比集肤效应更为严重，尤其是在绕组层次很多时。对于邻近效应，可减小导线直径并采用初、次级交叉绕制的方法来削弱其影响。综上可见，在确定高频变压器绕组线径时，需综合考虑交直流电阻、集肤效应和邻近效应，在必要时可适当降低导线载流密度。

绕组导线的尺寸根据电流总有效值I和载流密度j(通常取4A/mm^2)进行计算。假定圆导线直径为D(单位为mm)，其值应该满足：

$$I = j\pi\left(\frac{D}{2}\right)^2 \quad \Rightarrow \quad D=\sqrt{\frac{4I}{j\pi}} \tag{5-46}$$

在小电流时可直接选择圆导线，但导线直径需小于集肤深度的2倍；在电流较大时，可选择多股单独绝缘的圆导线绞绕，也可以选择铜箔。每股圆导线的直径同样必须小于2δ，或铜箔的厚度小于δ。常用绕组结构如图5-13所示。

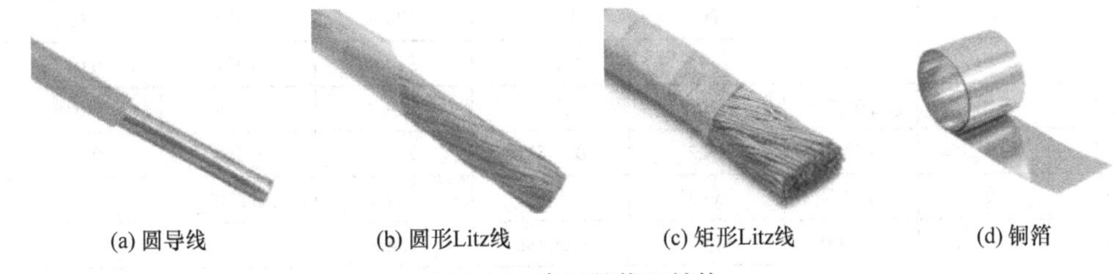

(a) 圆导线　(b) 圆形Litz线　(c) 矩形Litz线　(d) 铜箔

图5-13　常用的绕组结构

利兹线(Litz Wire)是由多根单独绝缘的导线经绞合或编织而成的导线。由于这种结构的每一根单线都可处于整个导线截面的任何位置，因而使通过的电流分布均匀，磁通量均衡，可有效抑制“集肤效应”和“邻近效应”。

用于制作利兹线的单线多为现有的各种单一或复合涂层的漆包铜圆线，其规格一般在0.05～1mm之间。利兹线的绞合方式有同心绞合、集合绞合(束绞)和复合绞合等，普通绞合或编织的利兹线也可再用涂敷、挤包或绕包的方法制成具有外部包覆层的利兹线，即漆包利兹线、挤包利兹线和绕包利兹线。

常用的AWG圆导线规格如表5-5所示。

表5-5　AWG导线规格表

AWG线编号	裸线		电阻率	有关参数			
				截面积		直径	
	A_{XP} /mm^2	Cir-Mil /圆密耳	μΩ · mm (20℃)	mm^2	圆密耳	mm	in
10	5.261	10384	3.27	5.59	11046	2.67	0.1051
11	4.168	8226	4.137	4.45	8798	2.38	0.938
12	3.308	6529	5.2	3.564	7022	2.13	0.0838
13	2.626	5184	6.564	2.836	5610	1.9	0.0749

续表

AWG线编号	裸线		电阻率	有关参数			
	A_{XP} /mm²	Cir-Mil /圆密耳	μΩ · mm (20℃)	截面积		直径	
				mm²	圆密耳	mm	in
14	2.082	4109	8.28	2.295	4556	1.71	0.0675
15	1.651	3260	10.43	1.837	3624	1.53	0.0602
16	1.307	2581	13.18	1.473	2905	1.37	0.0539
17	1.039	2052	16.58	1.168	2323	1.22	0.0482
18	0.8228	1624	20.95	0.9326	1857	1.09	0.0431
19	0.6531	1289	26.39	0.7539	1490	0.980	0.0386
20	0.5188	1024	33.23	0.6065	1197	0.879	0.0346
21	0.4116	812.3	41.89	0.4837	954.8	0.785	0.0309
22	0.3243	640.1	53.14	0.3857	761.7	0.701	0.0275
23	0.2588	510.8	66.6	0.3135	620.0	0.632	0.0249
24	0.2047	404.0	84.21	0.2514	497.3	0.566	0.0223
25	0.1623	320.4	106.2	0.2002	396.0	0.505	0.0199
26	0.1280	252.8	134.5	0.1603	316.8	0.452	0.0178
27	0.1021	201.6	168.76	0.1313	259.2	0.409	0.0161
28	0.08046	158.8	214.27	0.10515	207.3	0.366	0.0144
29	0.06470	127.7	266.43	0.08548	169.0	0.330	0.0130
30	0.05067	100.00	340.22	0.06785	134.5	0.294	0.0116
31	0.04013	79.21	429.46	0.05596	110.2	0.267	0.0105
32	0.03246	64.00	531.49	0.04559	90.25	0.241	0.0095
33	0.02554	50.41	674.86	0.03662	72.25	0.216	0.0085
34	0.02011	39.69	857.28	0.02863	56.25	0.191	0.0075
35	0.01589	31.36	1084.9	0.02268	44.89	0.17	0.0067
36	0.01266	25.00	1360.8	0.01813	36.00	0.152	0.0060
37	0.01026	20.25	1680.1	0.01538	30.25	0.14	0.0055
38	0.008107	16.00	2126.6	0.01207	24.01	0.124	0.0049
39	0.006207	12.25	2777.5	0.00932	18.49	0.109	0.0043
40	0.004869	9.61	3540	0.00723	14.44	0.096	0.0038
41	0.003972	7.84	4340.5	0.00584	11.56	0.0863	0.0034
42	0.003166	6.25	5442.9	0.004558	9.00	0.0762	0.0030
43	0.002452	4.84	7030.8	0.003683	7.29	0.0685	0.0027
44	0.00202	4.00	8507.2	0.003165	6.25	0.0635	0.0025

注：圆密耳是面积单位，即直径为1密耳(1密耳=0.001in)的金属丝截面积，1in=2.54mm。

5.2.4　高频变压器设计的折中考虑因素

开关变换器高频变压器没有最优的设计方案，往往需要考虑磁芯材质、磁芯形状和型号、磁感应强度摆幅、频率、匝比和匝数、绕组线径、绕线方式、寄生参数影响、损耗和温升、体积和成本等方面，并在若干因素间进行折中，以使变压器性能更优。本节将对若干种折中考虑因素进行简单的讨论。

1. 绕组匝数与磁感应强度摆幅间的折中

由电磁感应定律可知，对于变换器绕组而言，若承受的电压一定，绕组匝数越多，则磁感应强度摆幅越小。图 5-14 示出了变压器损耗与匝数、磁感应强度摆幅的关系。在给定绝缘等级和应用环境条件(温升)下，选取较高的磁感应强度摆幅值，可以减少绕组匝数，但磁芯损耗 P_C 增加；绕组匝数减少，导线电阻减小，绕组损耗 P_W 下降；反之，P_C 减少，而 P_W 增加。变压器的总损耗 P 是两者之和，其在某一个匝数 $N(B)$ 下有一个最小值，当 $P_W=P_C$ 时变压器损耗最小。实际上，完全达到最优是非常困难的，但能在图 5-14 虚线范围内就已经相当不错了。

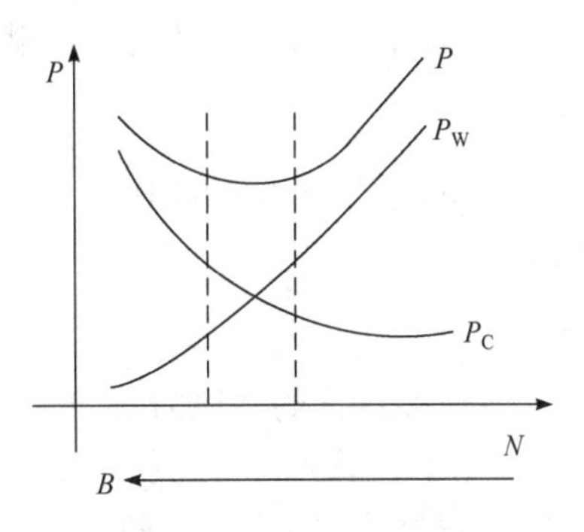

图 5-14 变压器损耗与匝数、磁感应强度摆幅的关系

铁氧体磁芯变压器绕组的铜损耗与磁芯损耗之比一般在 0.25～4 范围内，相应的效率在 80%～90%内，90%对应的比为 1。

2. 绕组线径与绕组损耗间的折中

对于绕组线径的选择，为减小绕组损耗，应尽可能地选用直径等于或略小于 2 倍集肤深度的导线，即通过减小导线载流密度来降低发热，但这可能导致绕组在磁芯窗口中无法绕下，也无疑增加了导线成本。因此，实际中也往往需要折中考虑绕组线径与绕组损耗。

3. 频率与磁芯损耗间的折中

频率越高，可以使用越小的变压器磁芯，有利于开关变换器小型化。但随着频率的提升，磁芯损耗也将急剧增加，因而不能一味地追求高频。对于铁氧体材料，在 50kHz 以上，磁芯损耗与频率的 1.6～2 次方成正比。在 200～300kHz 以下，磁芯损耗以磁滞损耗为主。在更高频率时，因涡流损耗随频率平方上升，超过磁滞损耗。因此，对于高频变压器，通常需要在频率和磁芯损耗间进行折中考虑。

5.2.5 高频变压器设计示例

为全桥变换器主功率回路设计变压器，其应用要求：输入电压直流 250～370V，工作频率 40kHz，输出电压 V_o=5V，电流 I_o=100A，指定用锰锌铁氧体材质的 EE 型磁芯，试设计高频变压器。

高频变压器设计过程如下。

(1) 确定变压器设计的电源参数。

直流母线电压 U_i：250～370V；

输出：5V，100A，输出功率 500W；

开关频率 f_s：40kHz。

(2) 确定占空比绝对限制 D_{lim}，$U_{i,min}$ 对应的 D_{max} 和额定 $2U_iD$。

绝对限制 D_{lim}：0.45；

D_{max}：0.4；

额定 $2U_iD$：$2U_iD=2U_{i,min}D_{max}=200V$。

(3) 计算输出电压加上满载时二极管正向压降。

$$U_o' = 5.0 + 0.6 = 5.6(V)$$

(4) 计算希望的匝比。

$$n = \frac{N_P}{N_{S1}} = \frac{U_P}{U_o'} = \frac{200}{5.6} = 35.7$$

可能选择的匝比为 36:1。

(5) 计算磁芯 A_P 值。

根据要求选择 EE 型锰锌铁氧体磁芯，其 A_P 值为

$$A_P = A_e A_w = \frac{35P_o}{f_s B_{max}} = \frac{35\times 500}{40\times 10^3 \times 0.16} = 2.734(cm^4)$$

查表 5-2 得，EE42 的 AP 值为 4.84cm^4，满足要求，其 A_e=1.82cm^2。

(6) 根据电磁感应定律计算副边匝数。

$$N_{S1} = \frac{U_{i,min}}{n}\frac{D_{max}T_s}{A_e\Delta B} = \frac{U_o'}{2D_{max}}\frac{D_{max}T_s}{A_e\Delta B} = \frac{5.6\times 25\times 10^{-6}}{2\times 1.82\times 10^{-4}\times 2\times 0.16} = 1.2(匝)$$

如果取 1 匝，将增加磁感应强度和磁芯损耗；如果取 2 匝，虽然可减小磁感应强度和磁芯损耗，但增加了绕组损耗。由于以上结果较接近于 1 匝，因此 N_{S1} 选取为 1 匝。

(7) 确定原边匝数。

由步骤(4)决定的值，可得原边匝数 N_P=36 匝(变比 36:1)。

(8) 计算 40kHz 时的穿透深度。

$$\delta = \frac{76.5}{\sqrt{f_s}} = \frac{76.5}{\sqrt{40\times 10^3}} = 0.3825(mm)$$

(9) 计算原、副边绕组的电流有效值。

$$I_2 = 100\sqrt{0.5} = 70.7(A)$$

$$I_1 = \sqrt{2}I_2 / n = 100/36 = 2.78(A)$$

(10) 确定原边绕组。

$$A_{Pi} = \frac{I_1}{j} = 0.695mm^2$$

查表 5-5 可选择 AWG＃18 号线，裸线面积为 0.8228mm^2，但其直径 1.09mm>2δ，不满足要求，故可选 3 股 AWG＃23 号线绞绕，总截面积为 0.776mm^2，单线直径为 0.632mm<2δ，满足要求。

(11) 确定副边绕组。

$$A_{si} = \frac{I_2}{j} = 17.675\text{mm}^2$$

由于导线截面较大，一般可采用厚度小于穿透深度 δ=0.3825mm 的铜箔绕制。

5.3 电感和反激变压器设计

滤波电感，升压电感和反激变压器都是“功率电感”家族的成员，它们的功能是从电源取得能量，存储在磁场中，然后将这些能量(减去损耗)传输到负载。反激变压器实际上是一个多绕组的耦合电感。与 5.2 节讨论的高频变压器不同，高频变压器不希望存储能量，而反激变压器首先要存储能量，再将磁能转化为电能传输出去，其特性与电感类似。

5.3.1 电感设计方法

1. 电感工作特性

在开关 DC/DC 电路中，电感通常有 2 种工作模式，如图 5-15 所示。

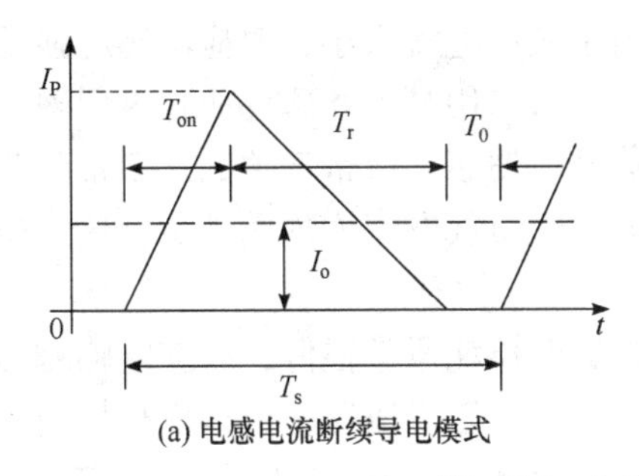

(a) 电感电流断续导电模式

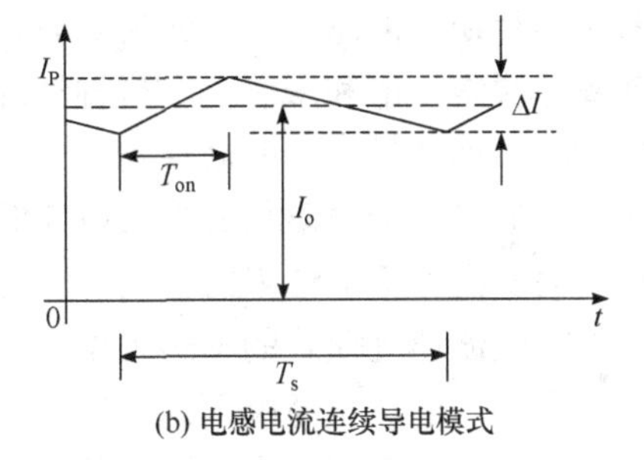

(b) 电感电流连续导电模式

图 5-15 电感电流工作模式

(1) 电感电流断续导电模式：电感电流在每个开关周期内有一段时间保持为零。

(2) 电感电流连续导电模式：在每个周期内，电感电流未出现持续为零的阶段。

在实际应用中，很少设计电感使开关变换器工作于电感电流断续导电模式。虽然电感电流断续导电模式下电感值很小，但会带来大的电流脉动，这增加了功率器件的应力，此外为满足输出电压纹波要求，无疑增加了滤波电容的容量和体积。大的电感电流脉动将导致较大的磁滞损耗、线圈损耗和线路损耗。因此，电感电流断续导电模式一般仅见于小功率应用场合。

在电感电流连续导电模式下，纹波电流较小(通常使 $\Delta I \leqslant 0.2I_o$)，线圈交流损耗和磁芯交流损耗一般不重要，尽可能选择较大的磁感应强度以便减少电感的体积，饱和是限制选择磁感应强度大小的主要因素。但在电流断续导电模式中，交流损耗占主导地位，磁芯和线圈设计与正激变压器相似，主要考虑的是磁芯损耗和线圈的交直流损耗引起的温升和对效率的影响。

电感设计一般考虑以下 4 个因素：①所需要的电感量 L；②电感电流直流分量 I_o；③电感电流交流分量 ΔI；④功率损耗和温升。

所需要的电感量通常由电路结构决定，如对于 Buck 变换器，在电感电流连续导电模式下，需要保证 $L>0.5(V_{in}-V_o)DT_s/I_o$。电感电流直流分量通常和负载电流相关，交流分量一般由设计者限定。当电感处于连续导电模式时，其磁芯典型的磁滞回线如图 5-16 所示。相比于 5.2 节中的高频变压器而言，电感磁芯的磁感应强度变化范围相对较窄，磁滞损耗相对较小，因而通常选择磁感应强度较接近于饱和磁感应强度，即使 $B_{dc}+\Delta B/2$ 略小于 B_s，以尽可能地减小电感尺寸。也正是由于 ΔI 较小，因此在选择绕组线径时，一般不用考虑集肤效应。

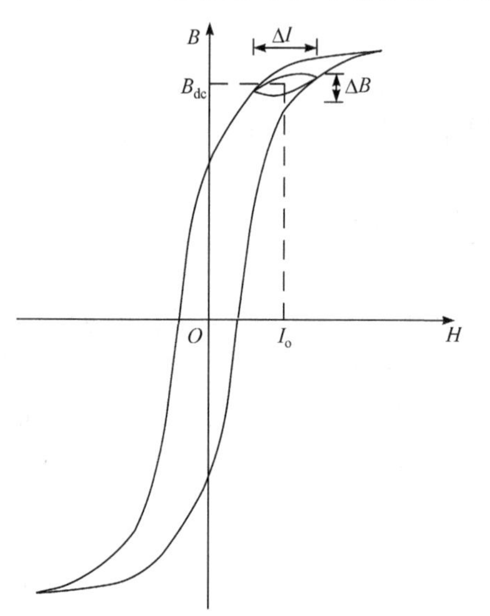

图 5-16　电感工作时磁感应强度与电流的关系

2. 磁芯材料和形状

在频率超过 50kHz，工作在断续模式时的电感磁芯材料，最好选择铁氧体材料，这与高频变压器磁芯相似。但是，在连续模式时，由于纹波电流很小，对应磁感应强度摆幅也很小，铁氧体通常受饱和限制。在这种情况下，可采用高饱和磁感应强度但磁芯损耗相对较大的材料，如铁粉芯，铁硅铝粉芯，坡莫合金粉芯，或带气隙的合金带磁芯以减少体积和成本。但是，金属磁粉芯在大电流时电感随负载电流增加而减少，这一非线性特性一般是开关变换器所不希望的。

对工作在电流连续模式的电感来说，因为交流损耗通常很低，滤波电感磁芯形状和窗口不是很重要。但对于断续模式的电感，特别是反激变压器，窗口面积特别重要。窗口应尽可能宽，使线圈宽度最大而层数最少，从而减小交流电阻。同时，宽窗口也可减小漏感，电压绝缘要求的爬电距离影响较小。宽窗口线圈需要的高度低，窗口利用率通常比较好。

当在相同的磁芯尺寸时，罐型和 PQ 型窗口面积小，窗口形状不适宜反激变压器和电流断续模式电感。

EC、ETD、LP 磁芯全部是 EE 磁芯形状，有大且宽的窗口。这些磁芯形状采用宽铜带的线圈，特别是工作于连续模式，交流线圈损耗小。

对磁粉芯环形磁芯，线圈需均匀分布在整个磁芯上，杂散磁通和 EMI 扩散都很小，可用于电感和反激变压器，但在大功率时绕线困难。尽量不要选择环形铁氧体气隙磁芯，绕线困难，散磁也较大。

3. 磁芯型号确定

电感磁芯处理的能量与其 A_P 值的关系可用式(5-47)表示：

$$A_P=\frac{2W\times10^4}{jB_mK_w} \tag{5-47}$$

式中，W 为磁芯处理的能量(J)，j 为电流密度(A/cm²)，B_m 为最大磁感应强度(T)，K_w 为磁芯窗口填充系数。

在式(5-47)中，通常取 B_m=0.3T，j=400A/cm² 和 K_w=0.4。不难看出，影响电感磁芯 A_P 值的因素有磁芯处理的能量，最大磁感应强度 $B_m=B_{dc}+\Delta B/2$，窗口填充系数 K_w 和电流密度 j，其中，磁芯处理的能量与 A_P 值成正比。

磁芯处理的能量由式(5-48)确定：

$$W=\frac{1}{2}LI_P^2 \tag{5-48}$$

式中，I_P 为电感电流峰值。

联立式(5-47)和式(5-48)，可得到所需磁芯的 A_P 值。根据 A_P 值，查表选取对应的磁芯型号。以常用的钼坡莫合金粉末环形磁芯为例，图 5-17 为其外形和结构示意图，表 5-6 给出了其结构参数。

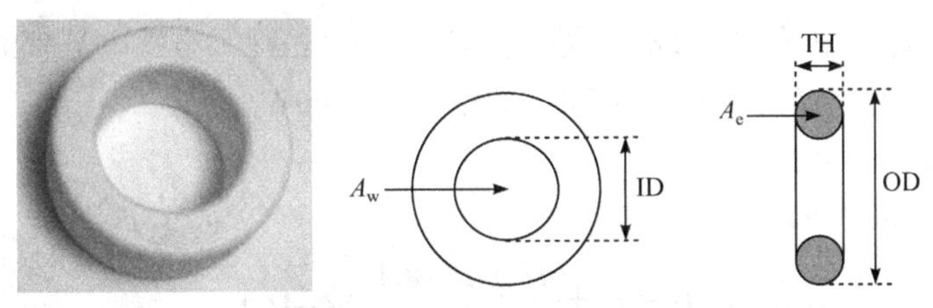

图 5-17　钼坡莫合金粉末环形磁芯外形和结构示意图

表 5-6　钼坡莫合金粉末环形磁芯结构参数

型号	尺寸/cm			磁芯参数			
	ID	OD	TH	A_e/cm²	A_w/cm²	A_P/cm⁴	A_L/(纳亨/匝数²)
55021	0.229	0.699	0.343	0.047	0.034	0.00161	24
55281	0.427	1.029	0.381	0.075	0.130	0.00976	25
55291	0.427	1.029	0.460	0.095	0.130	0.01236	32
55041	0.457	1.080	0.460	0.100	0.150	0.01500	32
55131	0.584	1.181	0.460	0.091	0.250	0.02274	26
55051	0.699	1.346	0.551	0.114	0.362	0.04128	27
55121	0.953	1.740	0.711	0.192	0.684	0.13127	35
55381	0.902	1.803	0.711	0.232	0.611	0.14175	43
55848	1.207	2.110	0.711	0.226	1.107	0.25001	32
55059	1.334	2.360	0.838	0.331	1.356	0.44886	43
55351	1.377	2.430	0.965	0.388	1.446	0.56115	51
55894	1.410	2.770	1.194	0.654	1.517	0.99242	75
55071	1.930	3.380	1.143	0.672	2.865	1.92542	61
55586	2.260	3.520	0.978	0.454	3.941	1.78913	38

续表

型号	尺寸/cm			磁芯参数			
	ID	OD	TH	A_e/cm²	A_w/cm²	A_P/cm⁴	A_L/(纳亨/匝数²)
55076	2.150	3.670	1.135	0.678	3.563	2.41590	56
55083	2.330	4.080	1.537	1.072	4.191	4.49271	81
55439	2.330	4.760	1.892	1.990	4.191	8.34001	135
55090	2.790	4.760	1.613	1.340	6.026	8.07521	86
55716	3.090	5.170	1.435	1.251	7.402	9.26027	73
55110	3.470	5.800	1.486	1.444	9.348	13.49879	75

5.3.2 电感设计示例

设计一高频滤波电感，技术要求：①电感量 L 为 2mH；②电感电流直流分量 I_o 为 2A；③电感电流交流分量 ΔI 为 0.4A；④输出功率 P_o 为 100W。

电感设计过程如下。

(1) 计算电感电流峰值 I_P。

$$I_P = I_o + \frac{\Delta I}{2} = 2 + \frac{0.4}{2} = 2.2(\text{A})$$

(2) 计算电感处理的能量。

$$W = \frac{1}{2}LI_P^2 = \frac{1}{2}\times 2\times 10^{-3}\times 2.2^2 = 4.84\times 10^{-3}(\text{J})$$

(3) 计算 A_P 值。

$$A_P = \frac{2W\times 10^4}{jB_m K_w} = \frac{2\times 4.84\times 10^{-3}\times 10^4}{400\times 0.3\times 0.4} = 1.867(\text{cm}^4)$$

(4) 选定钼坡莫合金粉末环形磁芯，查表确定磁芯型号为 55071，每匝电感量为 61nH。

(5) 计算所需要的绕组匝数 N_L。

$$N_L = \sqrt{\frac{L}{A_L}} = \sqrt{\frac{2\times 10^{-3}}{61\times 10^{-9}}} = 181(\text{匝})$$

(6) 计算电感电流的有效值。

$$I_{rms} = \sqrt{I_o^2 + \Delta I^2} = \sqrt{2^2 + 0.4^2} = 2.04(\text{A})$$

(7) 计算绕组线径。

$$A_{Pi} = \frac{I_{rms}}{j} = 0.51\text{mm}^2$$

查表 5-5 可选择 AWG#20 号线，裸线面积为 0.5188mm²。

5.3.3 反激变压器设计方法

反激变换器是由 Buck/Boost 变换器演变而来，反激的变压器与 Buck/Boost 变换器中的电感具有相同的功能，反激变压器可以看作是一个储能电感，但它同时还具有隔离和变压功能。

与电感类似，反激变压器也可工作在安匝连续模式和安匝断续模式。在中小功率的开关变换器中，尤其是低输入电压、输出功率 50W 以下，或高压输入、输出功率 120W 以下的开关变换器中，广泛采用反激变换器，这主要是反激变换器相比于其他拓扑具有结构简单、输出无滤波电感、成本低的突出优势。

对于反激变换器而言，在一般情况下，通过参数设计使其工作于安匝断续模式，这是因为该模式具有如下优点：①输出二极管零电流关断；②反馈环路更容易稳定；③输入及负载响应能力较好。因此，本节主要讨论工作于安匝断续模式的反激变压器的设计。

工作于安匝断续模式下的反激变换器，假定原边电感量为 L_P，峰值电流为 I_P，输出功率为 P_o，转换效率为 η，则有

$$W=\frac{1}{2}L_P I_P^2=\frac{P_o T_s}{\eta} \tag{5-49}$$

峰值电流 I_P 为

$$I_P=\frac{U_{i,min}}{L_P}D_{max}T_s \tag{5-50}$$

联立式(5-49)和式(5-50)可得原边最大电感量为

$$L_{P,max}=\frac{\eta U_{i,min}^2 D_{max}^2}{2P_o f_s} \tag{5-51}$$

反激变压器磁芯材料和形状可参考 5.2.1 节，此处不再赘述。由于反激变压器具有电感类似特性，因而所需磁芯同样可参考式(5-47)，即所需 A_P 值为

$$A_P=\frac{2W\times 10^4}{jB_m K_F} \tag{5-52}$$

但值得注意的是，反激变压器具有原、副边绕组，因而式(5-52)中的磁芯窗口填充系数 K_F 与式(5-47)中的 K_w 不同，它们满足 $K_F=K_w/2$。此外，对于安匝断续反激变压器而言，$\Delta B=B_m$，由于 ΔB 值相对较大，因而为了避免较大的磁芯损耗，通常需要限定 B_m 值，其值要小于电感设计时的值。B_m 值的选取可同样参考图 5-2，由比损耗曲线来确定。

5.3.4 反激变压器设计示例

设计安匝断续的反激变压器，其应用要求：输入电压直流 250～370V，工作频率 100kHz，效率 80%，输出电压 V_o=15V，电流 I_o=2A，指定用锰锌铁氧体材质的 EE 型磁芯，试设计反激变压器。

反激变压器设计过程如下。

(1) 确定反激变压器设计的电源参数。

直流母线电压 U_i：250～370V；

输出：15V，2A，输出功率 30W；

开关频率 f_s：100kHz。

(2) 限定最大占空比 $D_{\max}$=0.45，则可计算原边最大电感量为

$$L_{\mathrm{P,max}}=\frac{\eta U_{\mathrm{i,min}}^2 D_{\max}^2}{2P_{\mathrm{o}}f_{\mathrm{s}}}=\frac{0.8\times 250^2\times 0.45^2}{2\times 30\times 100\times 10^3}=1.688(\mathrm{mH})$$

可取原边电感量为 L_{P}=1.5mH，此时最大占空比为 0.424，则原边最大峰值电流为 I_{P}=0.707A。

(3) 计算磁芯处理的能量。

$$W=\frac{1}{2}L_{\mathrm{P}}I_{\mathrm{P}}^2=\frac{P_{\mathrm{o}}T_{\mathrm{s}}}{\eta}=\frac{30\times 10\times 10^{-6}}{0.8}=3.75\times 10^{-4}(\mathrm{J})$$

(4) 计算磁芯 A_{P} 值。

根据要求选择 EE 型锰锌铁氧体磁芯，取 B_{m}=0.2T，则所需磁芯 A_{P} 值为

$$A_{\mathrm{P}}=\frac{2\mathrm{W}\times 10^4}{jB_{\mathrm{m}}K_{\mathrm{F}}}=\frac{2\times 3.75\times 10^{-4}\times 10^4}{400\times 0.2\times 0.2}=0.46875(\mathrm{cm}^4)$$

查表 5-2 得，EEL25.4 的 AP 值为 0.649cm^4，满足要求，其 A_{e}=0.404cm^2。

(5) 计算原边匝数 N_{P}。

由电磁感应定律可得

$$U=N_{\mathrm{P}}A_{\mathrm{e}}\frac{\Delta B}{\Delta t}=L_{\mathrm{P}}\frac{\Delta I}{\Delta t}\Rightarrow N_{\mathrm{P}}=\frac{L_{\mathrm{P}}\Delta I}{A_{\mathrm{e}}\Delta B}$$

当 $\Delta I=I_{\mathrm{P}}$ 时，$\Delta B=B_{\mathrm{m}}$，因而原边匝数 N_{P} 为

$$N_{\mathrm{P}}=\frac{L_{\mathrm{P}}I_{\mathrm{P}}}{A_{\mathrm{e}}B_{\mathrm{m}}}=\frac{1.5\times 10^{-3}\times 0.707}{0.404\times 10^{-4}\times 0.2}=132(\text{匝})$$

(6) 计算副边匝数 N_{S}。

开关管关断时，副边绕组承受的电压 U_{S}=15+0.6=15.6V，由电磁感应定律可得

$$U_{\mathrm{S}}=N_{\mathrm{S}}A_{\mathrm{e}}\frac{\Delta B}{T_{\mathrm{r}}}\quad\Rightarrow\quad N_{\mathrm{S}}=\frac{U_{\mathrm{S}}T_{\mathrm{r}}}{A_{\mathrm{e}}\Delta B}$$

为了确保反激变换器工作于安匝断续模式，需使 $T_{\mathrm{on}}+T_{\mathrm{r}}<T_{\mathrm{s}}$，设定安匝为零时间为 $0.1T_{\mathrm{s}}$。因而当 $D_{\max}$=0.45 时，T_{r}=4.5μs，因而副边匝数 N_{S} 为

$$N_{\mathrm{S}}=\frac{U_{\mathrm{S}}T_{\mathrm{r}}}{A_{\mathrm{e}}\Delta B}=\frac{15.6\times 4.5\times 10^{-6}}{0.404\times 10^{-4}\times 0.2}=8.69(\text{匝})$$

因而取副边匝数为 9 匝。

(7) 计算需加气隙长度。

对于反激变压器，通常需要在磁芯中加入气隙，主要有两个目的：防止磁芯饱和调整电感量。假定磁芯磁路长度为 l_{c}，所加气隙长度为 $l_{\mathrm{g}}(l_{\mathrm{g}}\ll l_{\mathrm{c}})$，则加入气隙后，等效磁导率 μ_{e} 为

$$\mu_{\mathrm{e}}=\frac{\mu_0\mu_{\mathrm{r}}}{\mu_0+\dfrac{l_{\mathrm{g}}}{l_{\mathrm{c}}}\mu_{\mathrm{r}}}\approx\frac{l_{\mathrm{c}}}{l_{\mathrm{g}}}\mu_0$$

电感量 L_P 可表示为

$$L_P = \frac{N_P^2 \mu_e A_e}{l_c + l_g} \approx \frac{N_P^2 \mu_0 A_e}{l_g} \quad \Rightarrow \quad l_g = \frac{N_P^2 \mu_0 A_e}{L_P}$$

因此，气隙长度 l_g 为

$$l_g = \frac{N_P^2 \mu_0 A_e}{L_P} = \frac{132^2 \times 4\pi \times 10^{-7} \times 0.404 \times 10^{-4}}{1.5 \times 10^{-3}} = 0.59 \times 10^{-3} (\text{m})$$

即所加气隙长度为 0.59mm。

(8) 计算 100kHz 时的穿透深度。

$$\delta = \frac{76.5}{\sqrt{f_s}} = \frac{76.5}{\sqrt{100 \times 10^3}} = 0.2419(\text{mm})$$

(9) 计算原、副边绕组的电流有效值。

$$I_1 \approx 0.707 \sqrt{\frac{0.45}{3}} = 0.274(\text{A})$$

$$I_2 = nI_1 = \frac{132}{9} \times 0.274 = 4.02(\text{A})$$

(10) 确定原边绕组。

$$A_{Pi} = \frac{I_1}{j} = 0.0685\text{mm}^2$$

查表 5-5 可选择 AWG＃28 号线，裸线面积为 0.08046mm^2，但其直径 $0.32\text{mm} < 2\delta$，满足要求。

(11) 确定副边绕组。

$$A_{si} = \frac{I_2}{j} = 1.005\text{mm}^2$$

查表 5-5 可选择 AWG＃17 号线，裸线面积为 1.039mm^2，但其直径 $1.15\text{mm} > 2\delta$，不能满足要求。故可选 7 股 AWG＃25 号线绞绕，总的截面积为 1.1361mm^2，单线直径为 $0.455\text{mm} < 2\delta$，满足要求。

思考与练习

5-1 简述磁性元件在开关电源中的应用。

5-2 在推导单端正激变换器中高频变压器磁芯 AP 值时，为何通常不考虑复位绕组？

5-3 在开关电源高频变压器 AP 值推导过程中，磁芯窗口填充系数按 0.4 计算，且认为原、副边绕组占有相同窗口面积，谈谈你的认识。

5-4 在相同输出功率情形下，半桥和全桥变换器可以采用同一磁芯，请简述原因。

5-5 请归纳总结开关电源高频变压器的设计考虑和设计步骤。

第6章　建模与仿真

6.1　仿真软件简介

随着计算机性能的不断提高，计算机仿真已经广泛应用于电力电子电路或系统的分析和设计中。通过计算机仿真技术可以掌握和理解相应领域的基本知识，提高分析和设计能力，部分仿真软件还可以与实物试制和调试相互补充，降低设计成本，缩短系统研制周期，故计算机仿真已成为搭建实际电路前验证电路原理非常简便的一种方式。

在电力电子仿真软件中，主要有 MATLAB/Simulink、PSIM、PSPICE、SABER、PLECS、Simetrix/simplis、Multisim、IsSPICE 等。

MATLAB 是美国 MathWorks 公司出品的商业数学软件。MATLAB 由一系列工具组成，方便用户使用 MATLAB 的函数和文件，其中许多工具采用的是图形用户界面。Simulink 就是 MATLAB 中的一种可视化仿真工具，提供模块图环境，支持系统设计、仿真、自动代码生成以及嵌入式系统的连续测试和验证。

PSIM(Power Simulation)是美国 POWERSIM 公司推出的专门针对电力电子、电机驱动和电源变换系统的仿真软件，其支持美国的 TI 公司 C2000 系统的各种 DSP 系列，能够针对如 F2833X、F2803X、F2806X、F2802X 等系列的 DSP 自动生成控制电路硬件代码，并具有从控制逻辑框图自动生成 C 代码的功能，可以大大减少代码开发的时间。

SPICE(Simulation Program with Integrated Circuit Emphasis)软件由美国加州大学伯克利分校开发而成用于模拟电路的仿真软件。PSPICE 是由美国 Microsim 公司在 SPICE 版本基础上升级并用于 PC 机上的 SPICE 版本。PSPICE 属于元件级仿真软件，整个软件由原理图编辑、电路仿真、激励编辑、元器件库编辑、波形图等几个部分组成。其电路元件模型反映实际型号元件的特性，特别适合于对电力电子电路中开关暂态过程的描述。但由于 SPICE 软件原先主要是针对信息电子电路设计而开发的，因此器件的模型都是针对小功率电子器件的，对于电力电子电路中所用的大功率器件和磁性元件的模型方面有待加强。

SABER 是美国 Analogy 公司开发的模拟及混合信号仿真软件。只要仿真对象能够用数学公式和控制关系表达式来描述，SABER 就能对其进行系统级仿真，且真实较好，但缺点是操作较复杂，原理图仿真有时不收敛导致仿真失败。

PLECS 是瑞士 Plexim GmbH 公司开发的用于电路和控制结合的多功能仿真软件，其特点是仿真速度快，有独特的热分析功能和强大的波形分析工具，尤其适用于电力电子和传动系统。

Simetrix/simplis 是美国 SIMPLIS 技术公司专为开关电源系统设计开发的，具有优秀的收敛性能和仿真速度，广泛应用于各类电源设计，通信设备等领域。

Multisim 是美国国家仪器(NI)有限公司推出的电路仿真软件，包含了电路原理图的图形输入、电路硬件描述语言输入方式，适用于板级的模拟/数字电路板的设计工作。

IsSPICE 由美国 Intusoft 公司开发，其主要特点包括：瞬态波形显示、电路元件电压、电流、功耗及模型参数显示、可进行交流、直流、瞬态、噪声、傅里叶、失真度、温度、直流灵敏度和最佳化分析、可测量电路参数临界值。

PSPICE 和 SABER 都适合做器件级仿真，PLECS 也可以做一定程度的器件级仿真，并可以仿真二极管的反向恢复；PSIM、SABER、PLECS、MATLAB/Simulink 都比较适合做系统级仿真，其中 PSIM 仿真速度比较快，简单易用，设计者可完全根据所掌握的主电路、控制方法等仿真知识直接进行设计，缺点是波形和数据的分析能力偏弱。MATLAB 功能比较强大，在国内应用最为广泛，但其缺点是仿真速度较慢。

6.2 MATLAB/Simulink 建模与仿真

本节内容介绍在 MATLAB/Simulink 仿真环境下开关变换器的建模与仿真，通过对本节内容的学习，掌握开关变换器的建模方法与仿真实验。首先介绍 MATLAB/Simulink 仿真环境，接着介绍与开关变换器仿真建模相关的库及元件功能，包括信号元件库、功率器件库及相关信号采样元件、功率器件、图形显示元件功能等。在此基础上，进行单端反激式 DC/DC 变换器、半桥 DC/DC 变换器和三相桥式逆变器的仿真模型搭建与仿真。

6.2.1 MATLAB/Simulink 仿真环境启动

以 MATLAB R2020a 为例，启动方式一：双击桌面 MATLAB 图标启动 MATLAB，若桌面没有快捷键图标则可在 MATLAB 安装目录 C:\Program Files\Polyspace\R2020a\bin 找到图标双击启动，启动后界面如图 6-1 所示。启动方式二：在 MATLAB 命令行输入“simulink”指令再按回车键。

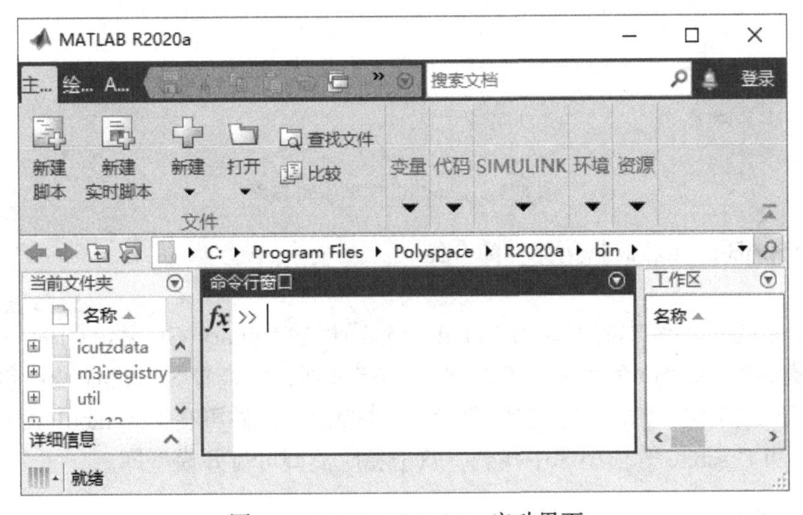

图 6-1　MATLAB R2020a 启动界面

在主页栏单击 SIMULINK 图标打开 Simulink Start Page 界面如图 6-2 所示。单击

Simulink 选项和 Blank Model 图标，打开 Simulink 模型编辑界面如图 6-3 所示。或在 MATLAB 主页选项栏依次单击“新建→Simulink Model”打开 Simulink 模型编辑界面。

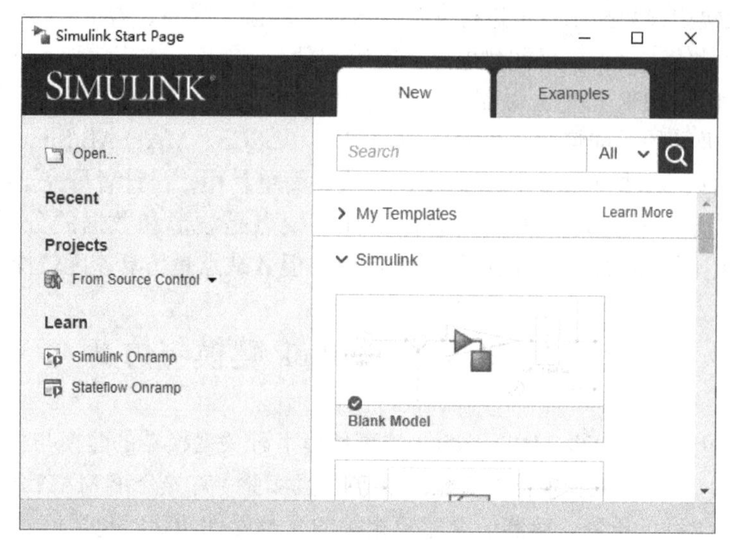

图 6-2　Simulink Start Page 界面

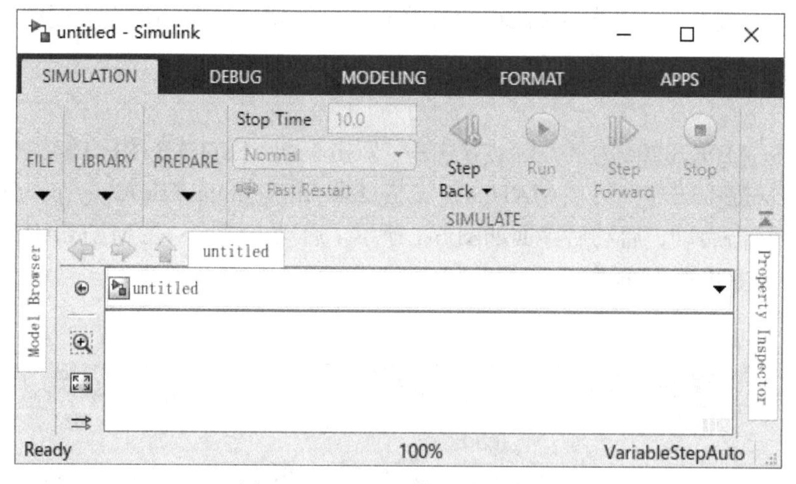

图 6-3　Simulink 模型编辑界面

6.2.2　MATLAB/Simulink 常用元件库介绍

在 Simulink 模型编辑界面单击 Simulink 选项栏的 Library Browser 图标，可打开 Simulink 模型库，如图 6-4 所示。单击 Simulink 选项，可查看 Simulink 选项包含的模型库。电力电子变换器所需的常用控制、逻辑、脉冲等信号元件可在 Commonly Used Blocks、Continuous 和 Discrete 等模型库中找到，双击相应模型可打开模型库。

1. 通用模型库

单击左侧方框栏“Simulink→Commonly Used Blocks”打开常用信号元件库如图 6-5 所示，各元件基本功能如表 6-1 所示。

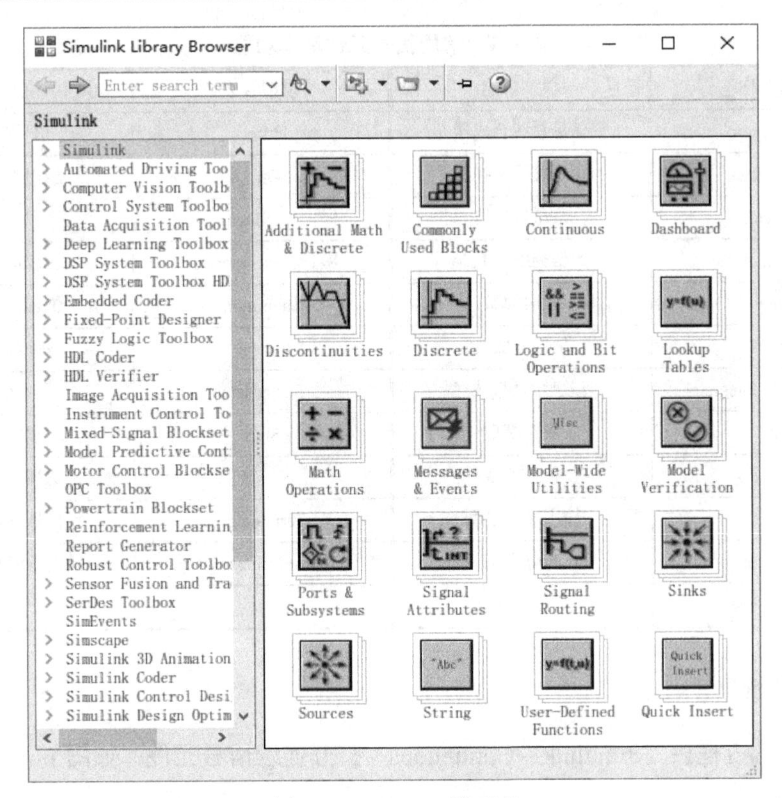

图 6-4　Simulink 模型库

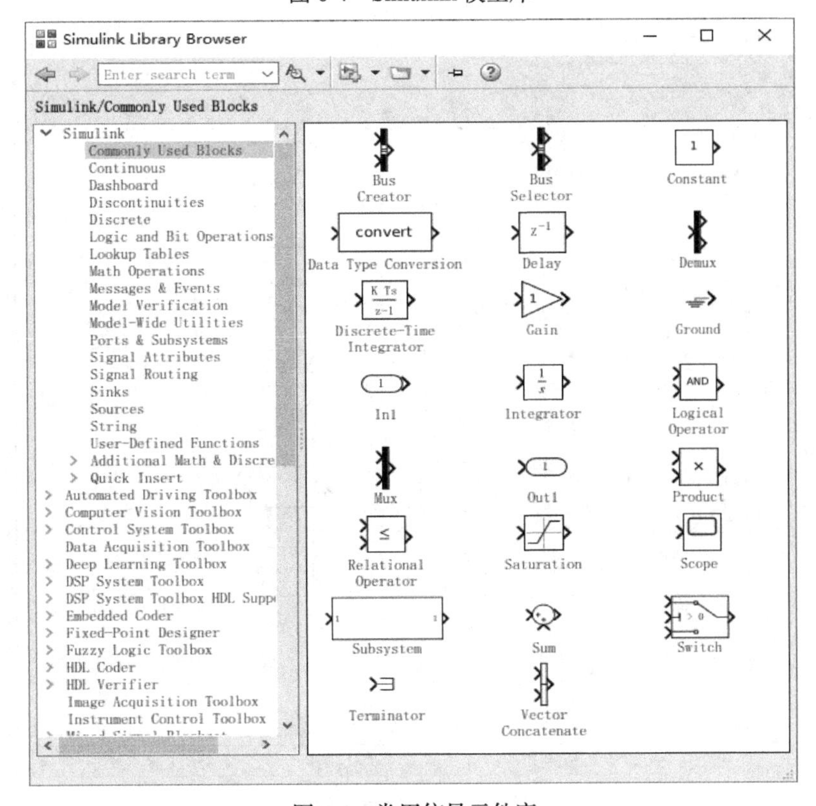

图 6-5　常用信号元件库

表 6-1　常用信号元件基本功能

模型名称	模型功能	模型名称	模型功能
Bus Creator	信号总线合成器	Mux	信号合成器
Bus Selector	信号总线选择器	Out1	输出端口模型
Constant	常量发生器	Product	乘积运算模型
Data Type Conversion	数据类型转换器	Relational Operator	比较运算模型
Delay	延时模型	Saturation	饱和限幅模型
Demux	信号分散器	Scope	示波器模型
Discrete-Time Integrator	离散时间积分模型	Subsystem	子系统模型
Gain	增益模型	Sum	代数求和模型
Ground	接地模型	Switch	选择开关模型
In1	输入端口模型	Terminator	信号终止模型
Integrator	积分模型	Vector Concatenate	向量串联模型
Logical Operator	逻辑运算模型		

2. 连续模型库

单击左侧方框栏“Simulink→Continuous”打开连续信号元件库如图 6-6 所示，各元件基本功能如表 6-2 所示。

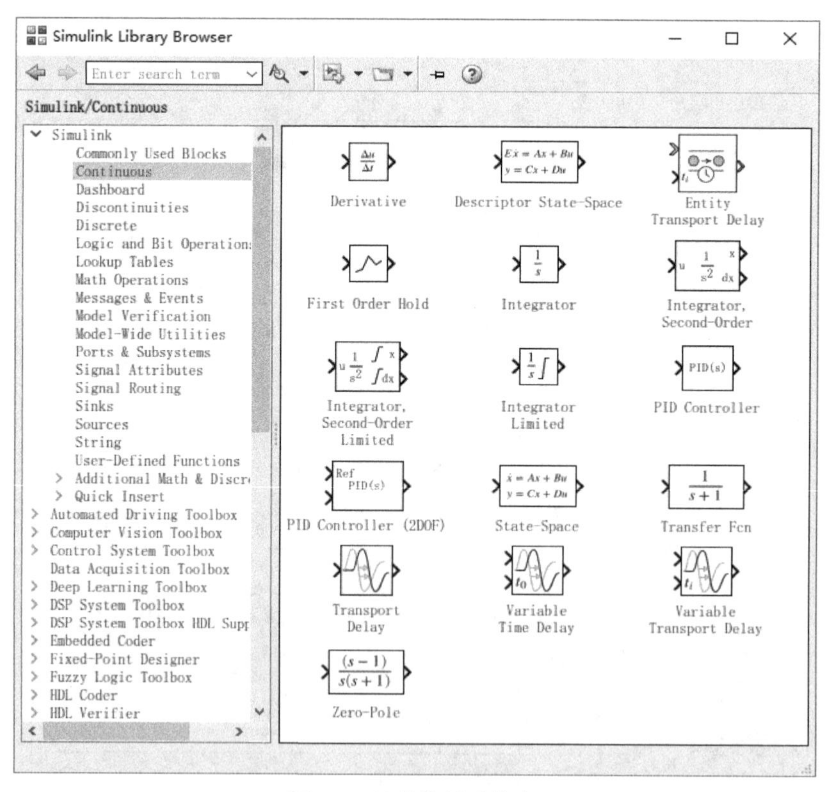

图 6-6　连续信号元件库

表 6-2　连续信号元件基本功能

模型名称	模型功能	模型名称	模型功能
Derivative	微分模型	PID Controller	PID 控制器
Descriptor State-Space	广义状态方程模型	PID Controller(2DOF)	双自由度 PID 控制器
Entity Transport Delay	整体延时模型	State-Space	线性状态方程模型
First Order Hold	一阶保持器	Transfer Fcn	线性传递函数模型
Integrator	积分器	Transport Delay	传输延时模型
Integrator, Second-Order	二阶积分器	Variable Time Delay	可变时间延时模型(信号延时输出)
Integrator, Second-Order Limited	限制二阶积分器	Variable Transport Delay	可变时间延时模型(信号瞬时输出)
Integrator Limited	限制积分器	Zero-Pole	零极点配置传递函数模型

6.2.3　MATLAB/Simulink 电力电子相关元件库介绍

1. 电力电子常用仿真模型库

滚动鼠标滚轮在左侧方框栏下方找到 Simscape 选项，单击“Simscape→Electrical→Specialized Power Systems”打开电气模型元件库如图 6-7 所示。其中，构建电力电子变换器所需的功率器件、无源器件以及电气测量等元件可在 Control&Measurements 和 Fundamental Blocks 两个模型中查找，下面分别介绍。

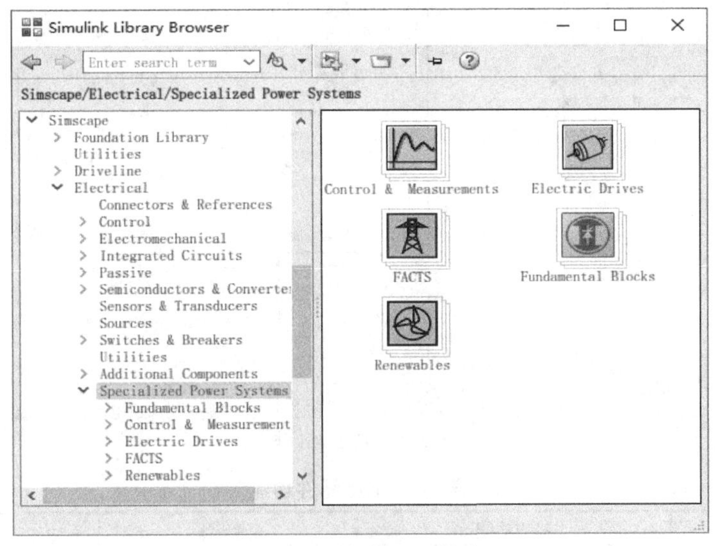

图 6-7　电气模型元件库

2. 基本电气元件

在左侧方框中 Specialized Power Systems 选项下，单击 Fundamental Blocks 选项，打开基本电气元件库如图 6-8 所示。

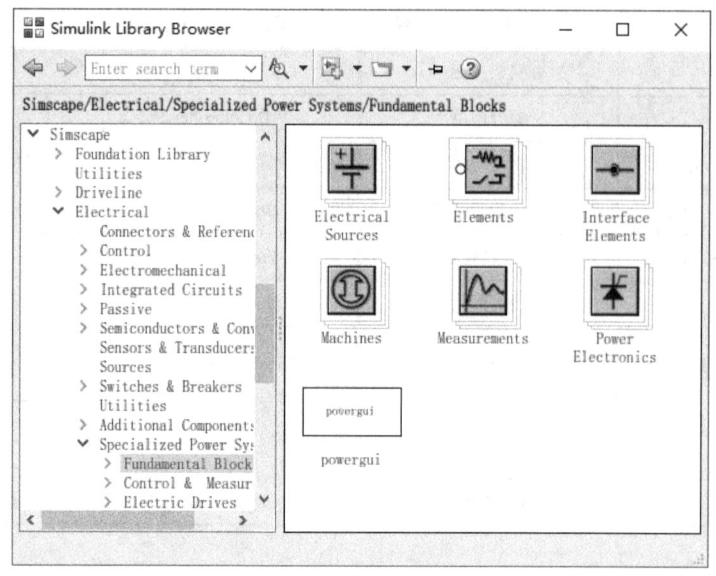

图 6-8　基本电气元件库

在左侧方框中单击 Electrical Sources 选项，打开电源元件库如图 6-9 所示，里面含有交直流电压源、电流源模型，各元件模型功能如表 6-3 所示。

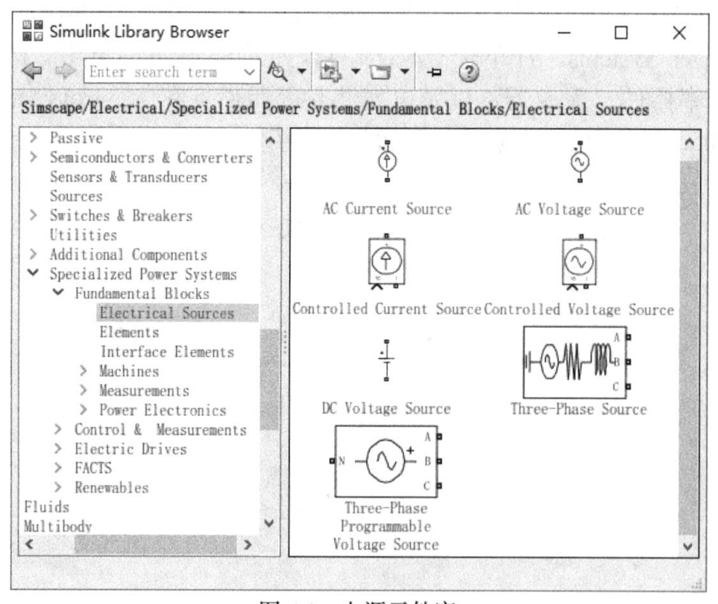

图 6-9　电源元件库

表 6-3　电源元件功能

模型名称	模型功能	模型名称	模型功能
AC Current Source	交流电流源模型	DC Voltage Source	直流电压源模型
AC Voltage Source	交流电压源模型	Three-Phase Source	三相电源模型
Controlled Current Source	受控电流源模型	Three-Phase Programmable Voltage Source	可编程三相电压源模型
Controlled Voltage Source	受控电压源模型		

单击 Elements 选项，打开基本电气元件库如图 6-10 所示，在该元件库里可找到各种类型 RLC 无源元件及变压器等元件，各元件基本功能如表 6-4 所示。

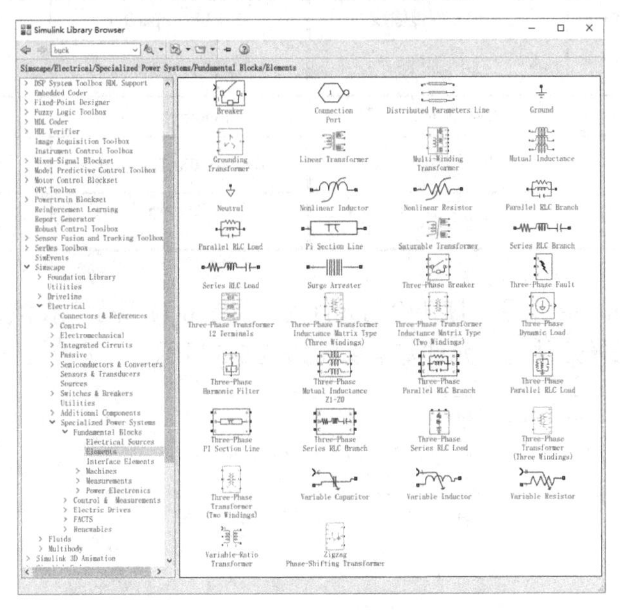

图 6-10　基本电气元件库

表 6-4　基本电气元件基本功能

模型名称	模型功能	模型名称	模型功能
Breaker	断路器	Series RLC Branch	串联 RLC
Connection Port	连接端子	Series RLC Load	串联 RLC 负载
Distributed Parameters Line	可模拟集总损耗分布参数传输线	Surge Arrester	压敏电阻
Ground	接地模型	Three-Phase Breaker	三相断路器
Grounding Transformer	带中性点三相变压器	Three-Phase Fault	三相故障断路器
Linear Transformer	线性变压器	Three-Phase Transformer 12 Terminals	单相组合式三相变压器
Multi-Winding Transformer	多绕组变压器	Three-Phase Transformer Inductance Matrix Type (Three Windings)	每相三绕组三相变压器
Mutual Inductance	互感	Three-Phase Transformer Inductance Matrix Type (Two Windings)	每相两绕组三相变压器
Neutral	等电位公共连接点	Three-Phase Dynamic Load	三相动态负载
Nonlinear Inductance	非线性电感	Three-Phase Harmonic Filter	三相谐波滤波器
Nonlinear Resistor	非线性电阻	Three-Phase Mutual Inductance Z1-Z0	三相互感阻抗
Pi Section Line	π 型传输线	Three-Phase Parallel RLC Branch	三相并联 RLC
Saturable Transformer	饱和变压器	Three-Phase Parallel RLC Load	三相并联 RLC 负载

续表

模型名称	模型功能	模型名称	模型功能
Three-Phase PI Section Line	三相 π 型传输线	Variable Capacitor	可变电容器
Three-Phase Series RLC Branch	三相串联 RLC	Variable Inductor	可变电感
Three-Phase Series RLC Load	三相串联 RLC 负载	Variable Resistor	可变电阻
Three-Phase Transformer (Three Winding)	三相三绕组变压器	Variable-Ratio Transformer	两绕组理想变压器
Three-Phase Transformer (Two Winding)	三相两绕组变压器	Zigzag Phase-Shifting Transformer	Zigzag 移相变压器

单击 Measurements 选项，打开检测元件库，如图 6-11 所示，在该元件库里可找到电压、电流等信号采样元件，各元件基本功能如表 6-5 所示。

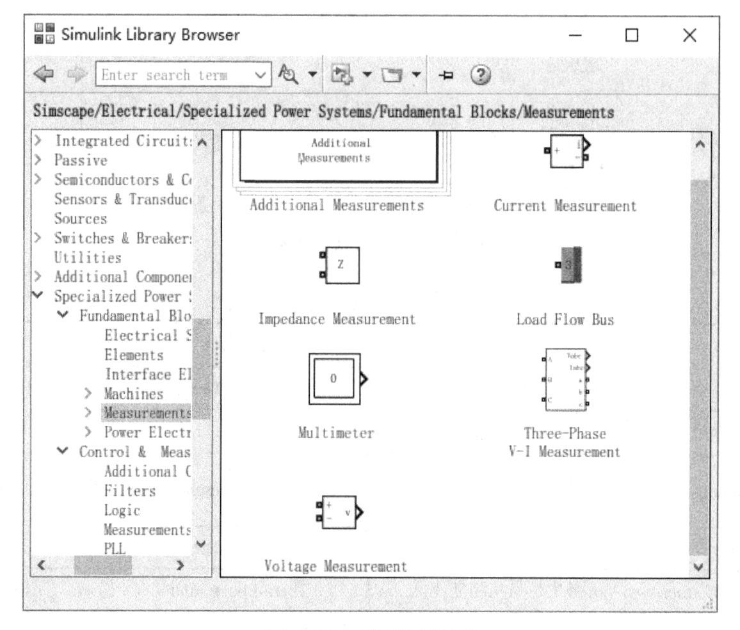

图 6-11　检测元件库

表 6-5　检测元件功能

模型名称	模型功能	模型名称	模型功能
Additional Measurements	额外检测模型(包含交流电瞬时功率、频率、THD、相序等检测模型)	Multimeter	万用表
Current Measurement	电流采样模型	Three-Phase V-I Measurement	三相电压电流检测模型
Impedence Measurement	阻抗测量模型	Voltage Measurement	电压采样模型
Load Flow Bus	潮流母线		

单击 Power Electronics 选项，打开电力电子功率元件库如图 6-12 所示，该元件库包含脉冲、信号发生模型、二极管、MOSFET、IGBT、GTO、晶闸管、理想开关等功率开关管以及 BUCK、BOOST、半桥、全桥等变换器主电路模型，其中变换器模型有三种类型可选：开关器件模型、开关函数模型或平均模型，相关元件功能如表 6-6 所示。双击

Pulse&Signal Generators 选项，打开脉冲和信号发生元件库如图 6-13 所示，该元件库包含元件功能如表 6-7 所示。

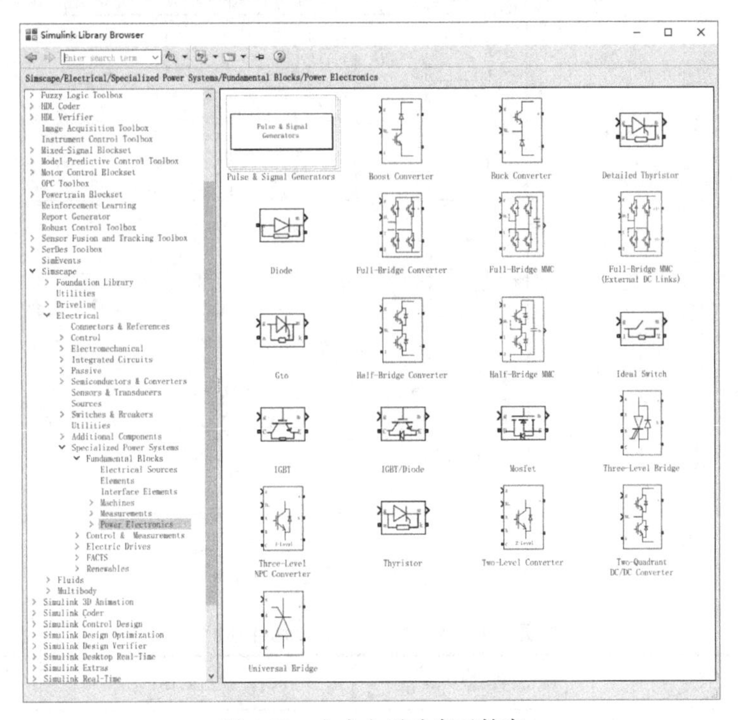

图 6-12　电力电子功率元件库

表 6-6　电力电子功率元件功能

模型名称	模型功能	模型名称	模型功能
Pulse& Signal Generator	脉冲和信号发生模型	Half-Bridge MMC	半桥 MMC
Boost Converter	Boost 变换器	IGBT	绝缘栅极双极型晶体管
Buck Converter	Buck 变换器	IGBT/Diode	反并联二极管绝缘栅极双极型晶体管
Detailed Thyristor	晶闸管	MOSFET	Power MOSFET
Diode	二极管	Three-Level Bridge	三电平桥臂(桥臂个数和开关管类型可选)
Full-Bridge Converter	全桥变换器	Three-Level NPC Converter	中心点钳位三相三电平变换器
Full-Bridge MMC	全桥 MMC	Thyristor	简化晶闸管模型(忽略门槛电流和恢复时间)
Full-Bridge MMC (External DC Links)	外接直流电源 MMC	Two-Level Converter	两电平三相变换器
GTO	可关断晶闸管	Two-Quadrant DC/DC Converter	两象限 DC/DC 变换器
Half-Bridge Converter	半桥变换器	Universal Bridge	通用两电平变换器(相数、开关器件类型可选)

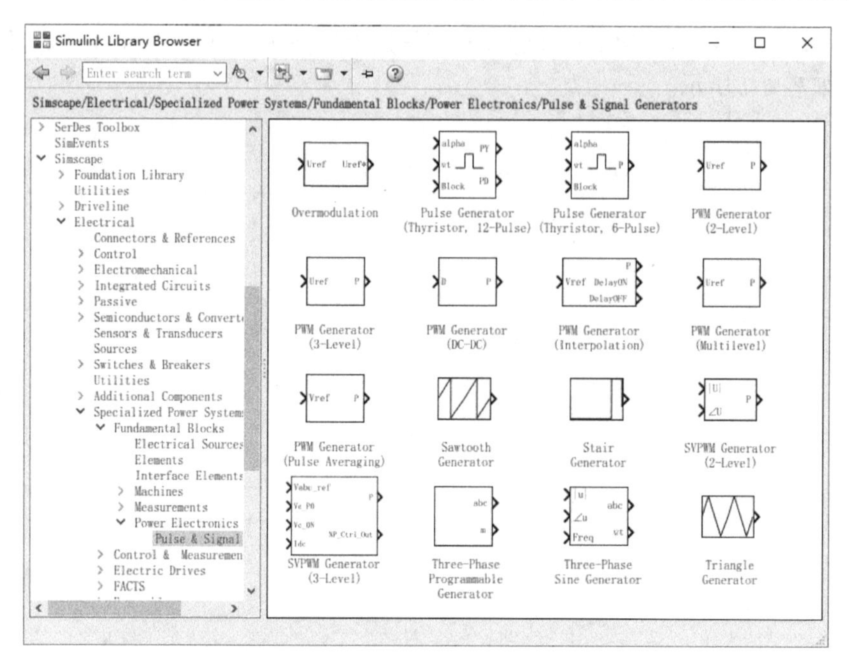

图 6-13　脉冲和信号发生元件库

表 6-7　脉冲和信号发生元件功能

模型名称	模型功能	模型名称	模型功能
Overmodulation	过调制模型	PWM Generator(Pulse Averaging)	平均 PWM 发生器(用于采用开关函数建模的变换器)
Pulse Generator(Thyristor,12-Pulse)	Graetz 桥晶闸管电路 12 脉冲发生器	Sawtooth Generator	锯齿波发生器
Pulse Generator(Thyristor,6-Pulse)	晶闸管 6 脉冲发生器	Stair Generator	阶梯波发生器
PWM Generator (2-Level)	两电平 PWM 发生器	SVPWM Generator(2-Level)	两电平 SVPWM 发生器
PWM Generator (3-Level)	三电平 PWM 发生器	SVPWM Generator(3-Level)	三电平 SVPWM 发生器
PWM Generator (DC/DC)	DC/DC 变换器 PWM 发生器	Three-Phase Programmable Generator	三相可编程正弦信号发生器
PWM Generator(Interpolation)	单极性插值 PWM 发生器	Three-Phase Sine Generator	三相正弦信号发生器
PWM Generator(Multilevel)	多电平 PWM 发生器	Triangle Generator	三角波发生器

6.2.4　单端反激式 DC/DC 变换器建模仿真

单端反激式 DC/DC 变换器系统仿真模型如图 6-14 所示。

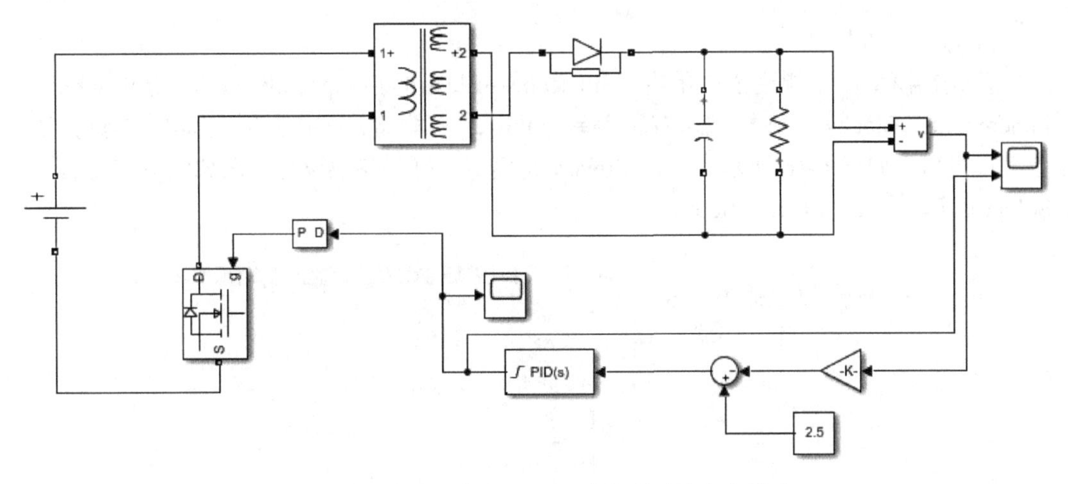

图 6-14　单端反激式 DC/DC 变换器系统仿真模型

1. 仿真电路及参数

输入直流电压：100V；

输出直流电压：15V；

Power MOSFET 开关频率：100kHz。

2. 仿真模型搭建

1) 新建 Simulink 仿真模型

按照 6.2.1 节步骤启动 MATLAB，打开模型编辑界面，然后按 6.2.2 节介绍方法打开 Simulink 模型库，如图 6-15 所示。

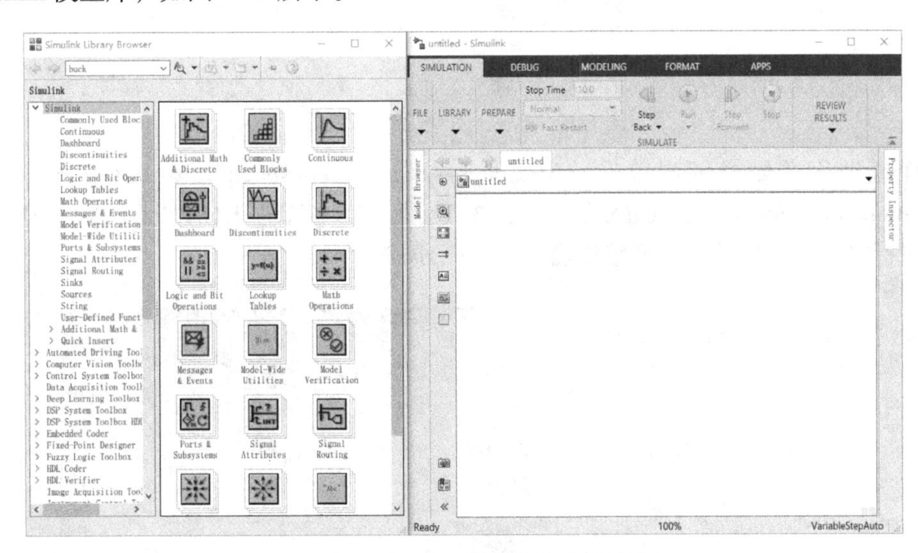

图 6-15　Simulink 模型库及编辑界面

接下来依次从模型库找到所需元件，添加至模型编辑界面，搭建单端反激式 DC/DC 变换器仿真模型。

2) 添加元件模型

首先在模型库左侧栏依次单击“Simscape→Electrical→Specialized Power Systems→Fundamental Blocks”，在模型库右侧栏单击 Powergui 模型，按住鼠标左键不放拖动至模型编辑窗口，如图 6-16 所示。双击 Powergui 模型，打开参数设置界面如图 6-17 所示，Solver 解算器设置为 Continuous。

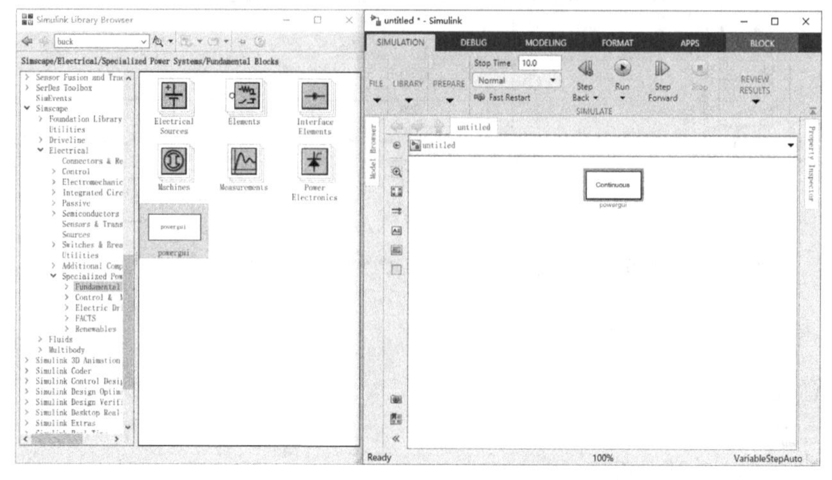

图 6-16　添加 Powergui 模型至模型编辑窗口

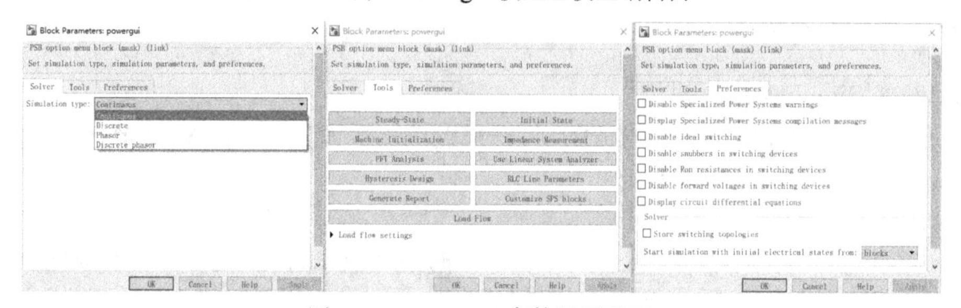

图 6-17　Powergui 参数设置界面

在模型库左侧栏依次单击“Simscape→Electrical→Specialized Power Systems→Fundamental Blocks→Electrical Sources”，在模型库右侧栏单击 DC Voltage Source 模型，按住鼠标左键不放拖动至模型编辑窗口，如图 6-18 所示。

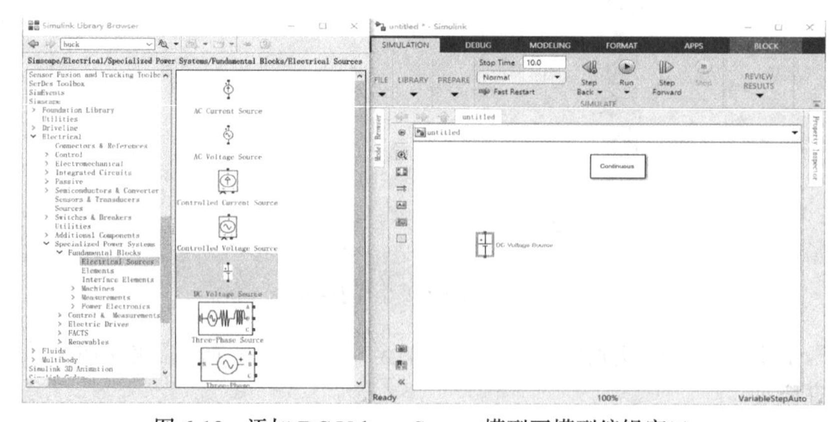

图 6-18　添加 DC Voltage Source 模型至模型编辑窗口

在模型库左侧栏依次单击“Simscape→Electrical→Specialized Power Systems→Fundamental Blocks→Elements”，在模型库右侧栏单击 Multi-Winding Transformer 模型，按住鼠标左键不放拖动至模型编辑窗口，如图 6-19 所示。

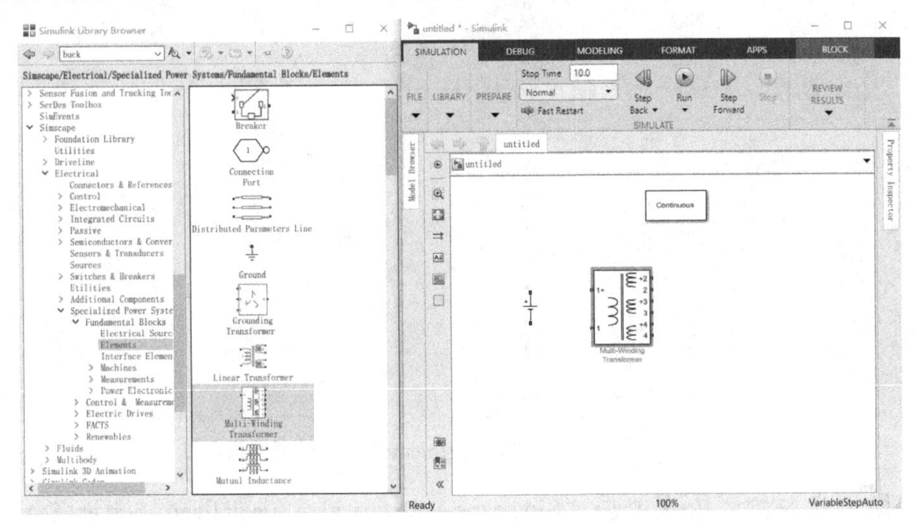

图 6-19　添加 Multi-Winding Transformer 模型至模型编辑窗口

在模型库左侧栏依次单击“Simscape→Electrical→Specialized Power Systems→Fundamental Blocks→Elements”，在模型库右侧栏单击 Parallel RLC Branch 模型，按住鼠标左键不放拖动至模型编辑窗口，如图 6-20 所示。

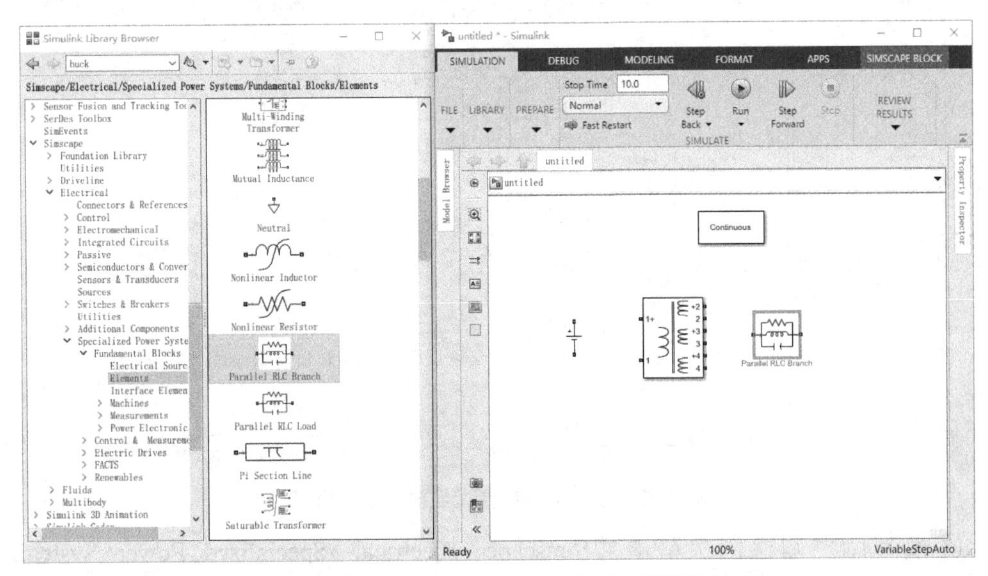

图 6-20　添加 Parallel RLC Branch 模型至模型编辑窗口

在模型库左侧栏依次单击“Simscape→Electrical→Specialized Power Systems→Fundamental Blocks→Measurements”，在模型库右侧栏单击 Voltage Measurement 模型，按住鼠标左键不放拖动至模型编辑窗口，如图 6-21 所示。

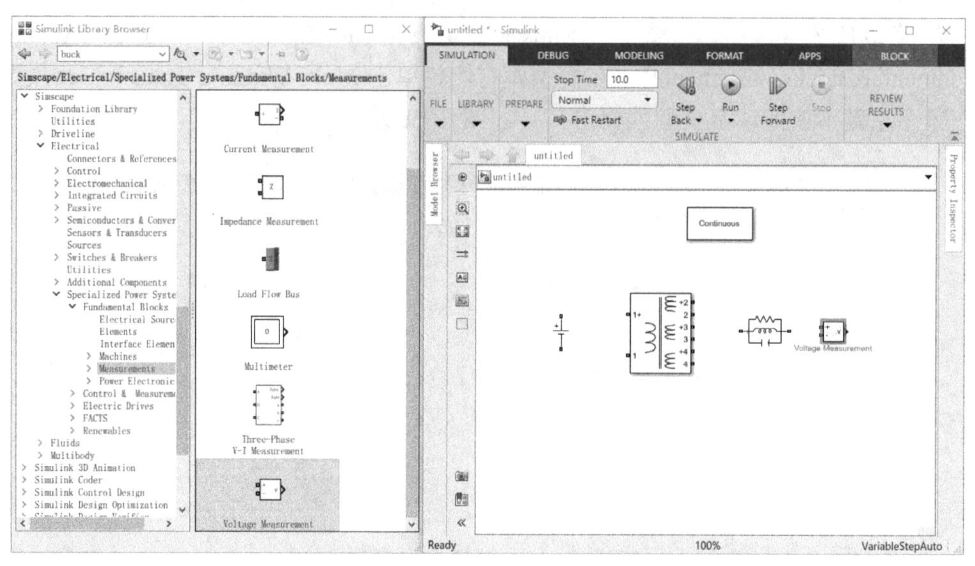

图 6-21　添加 Voltage Measurement 模型至模型编辑窗口

在模型库左侧栏依次单击“Simscape→Electrical→Specialized Power Systems→Fundamental Blocks→Power Electronics”，在模型库右侧栏单击 Diode 模型，按住鼠标左键不放拖动至模型编辑窗口，如图 6-22 所示。

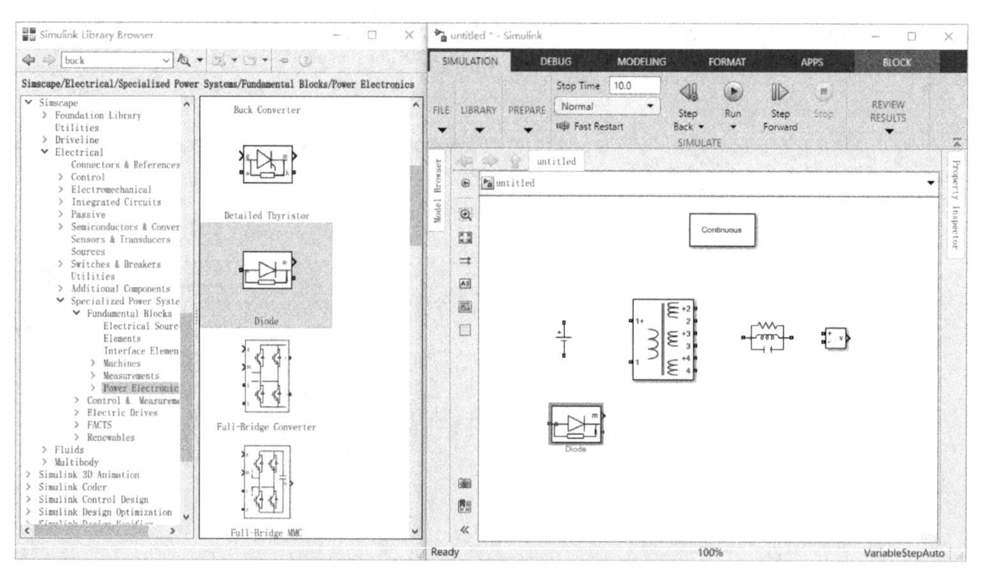

图 6-22　添加 Diode 模型至模型编辑窗口

在模型库左侧栏依次单击“Simscape→Electrical→Specialized Power Systems→Fundamental Blocks→Power Electronics”，在模型库右侧栏单击 MOSFET 模型，按住鼠标左键不放拖动至模型编辑窗口，如图 6-23 所示。

在模型库左侧栏依次单击“Simscape→Electrical→Specialized Power Systems→Fundamental Blocks→Power Electronics→Pulse&Signal Generator”，在模型库右侧栏单击 PWM Generator(DC/DC)模型，按住鼠标左键不放拖动至模型编辑窗口，如图 6-24 所示。

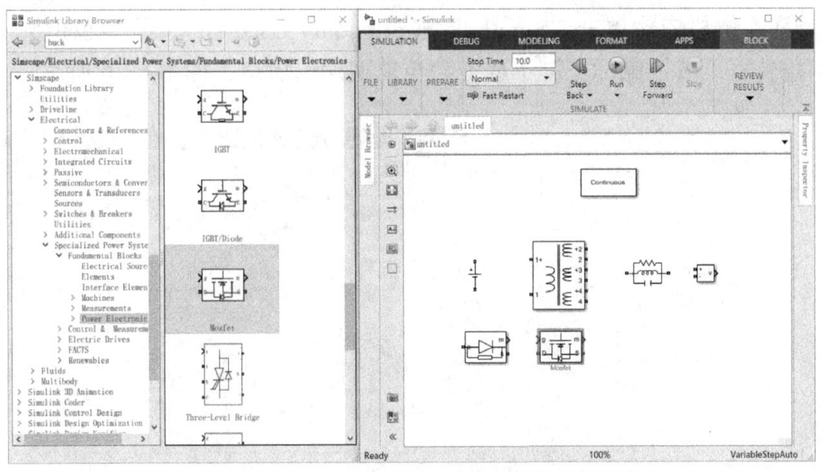

图 6-23　添加 MOSFET 模型至模型编辑窗口

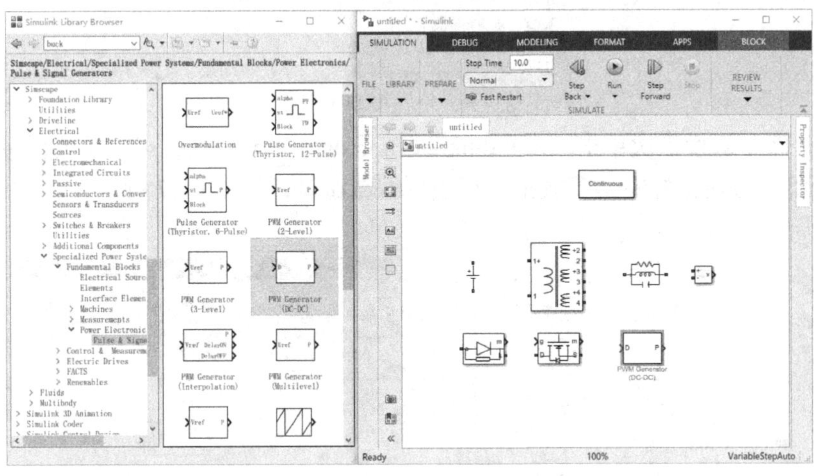

图 6-24　添加 PWM Generator(DC/DC)模型至模型编辑窗口

在模型库左侧栏依次单击“Simulink→Commonly Used Blocks”，在模型库右侧栏单击 Constant 模型，按住鼠标左键不放拖动至模型编辑窗口，如图 6-25 所示。

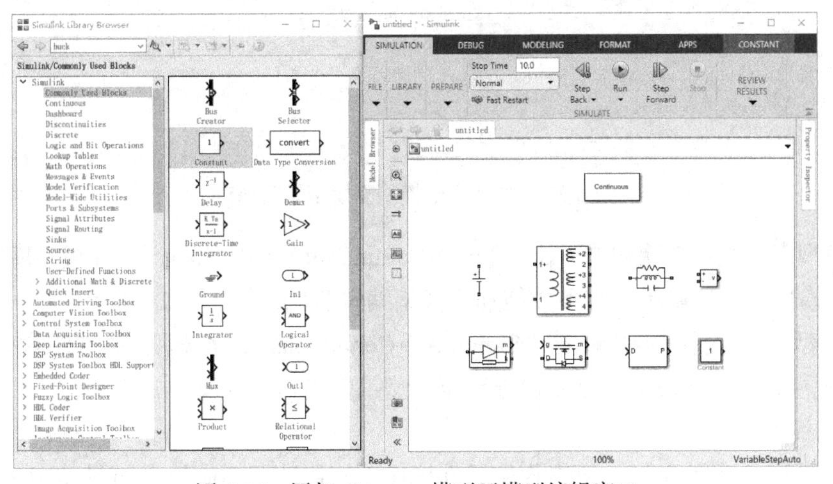

图 6-25　添加 Constant 模型至模型编辑窗口

在模型库左侧栏依次单击“Simulink→Commonly Used Blocks”，在模型库右侧栏单击 Gain 增益模型，按住鼠标左键不放拖动至模型编辑窗口，如图 6-26 所示。

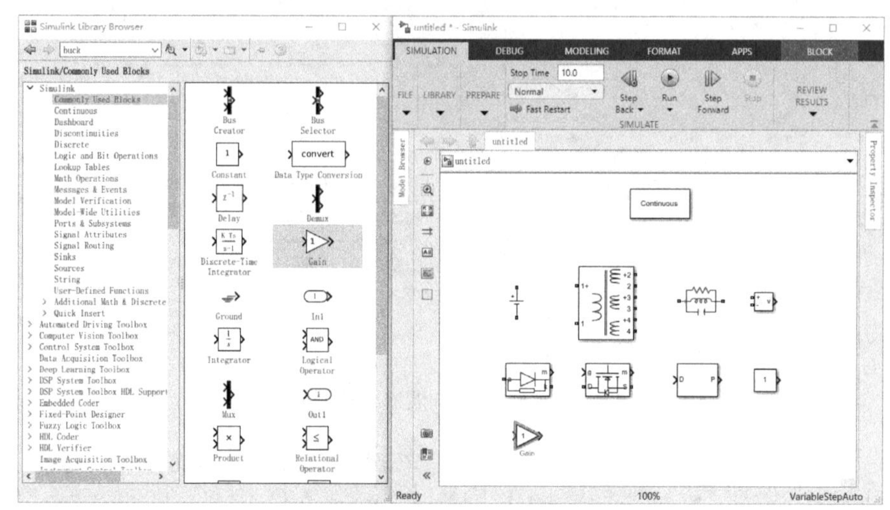

图 6-26　添加 Gain 增益模型至模型编辑窗口

在模型库左侧栏依次单击“Simulink→Commonly Used Blocks”，在模型库右侧栏单击 Sum 模型，按住鼠标左键不放拖动至模型编辑窗口，如图 6-27 所示。

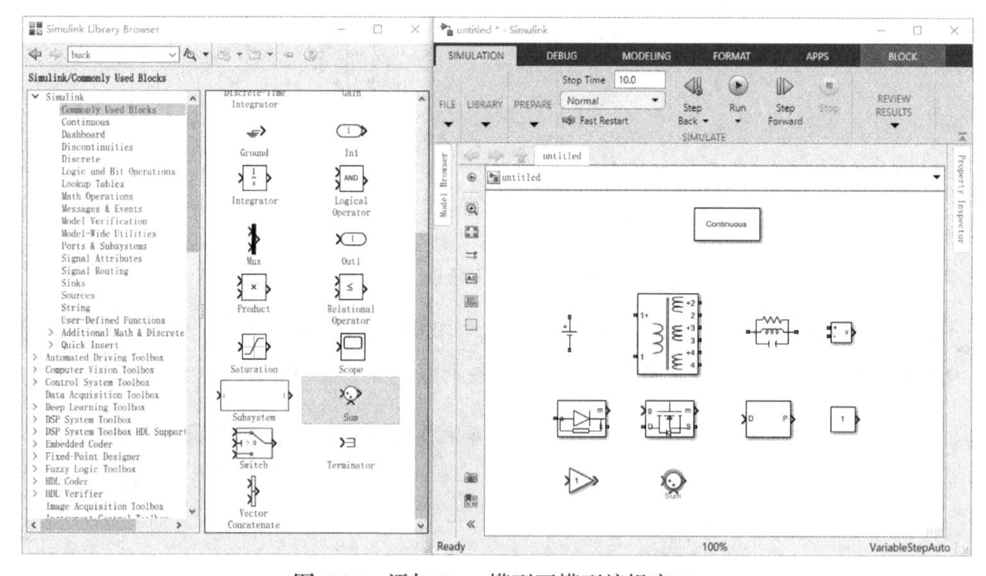

图 6-27　添加 Sum 模型至模型编辑窗口

在模型库左侧栏依次单击“Simulink→Commonly Used Blocks”，在模型库右侧栏单击 Scope 模型，按住鼠标左键不放拖动至模型编辑窗口，如图 6-28 所示。

在模型库左侧栏依次单击“Simulink→Continuous”，在模型库右侧栏单击 PID Controller 模型，按住鼠标左键不放拖动至模型编辑窗口，如图 6-29 所示。

3) 连线

参考图 6-14 元件布局，单击相应元件按住不放移动至相应位置如图 6-30 所示。

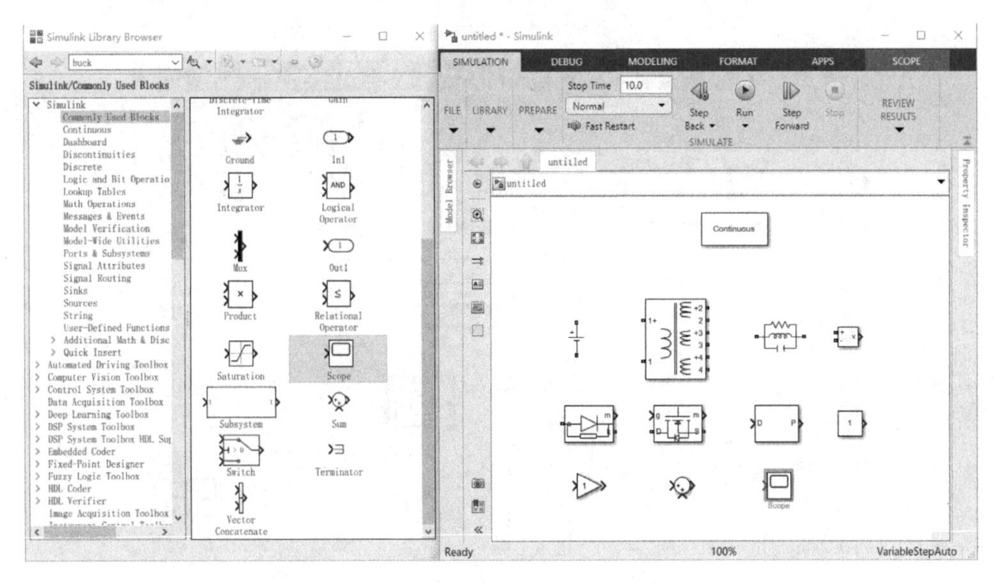

图 6-28　添加 Scope 模型至模型编辑窗口

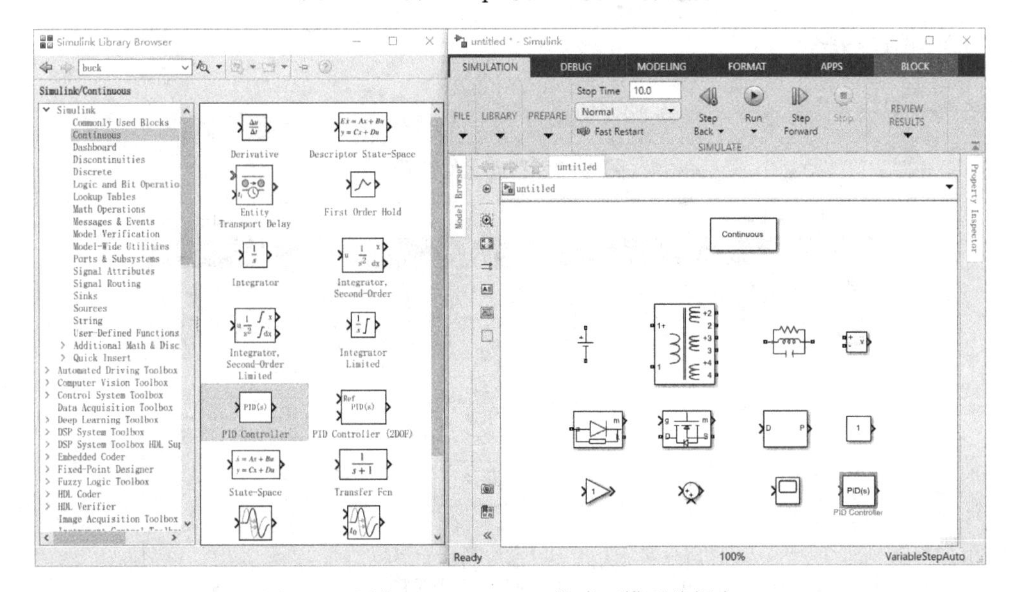

图 6-29　添加 PID Controller 模型至模型编辑窗口

元件大小缩放：移动鼠标放置元件上方，待出现矩形框时移动鼠标指顶角小矩形框，鼠标变为双箭头按住鼠标左键不放如图 6-31 所示，拖动鼠标缩放至所需大小松开即可。类似方法对其他元件进行缩放。

元件方向旋转：首先单击需旋转元件至选中状态，然后按住 Ctrl 键不放依次单击 R 键旋转至所需位置，如图 6-32 所示旋转 MOSFET 至漏极 D 向上。旋转元件的另一种方法是鼠标右键单击元件，在选择栏移动鼠标依次单击“Rotate&Flip→Clockwise”，即顺时针旋转，或依次单击“Rotate&Flip→Counterclockwise”，即逆时针旋转。

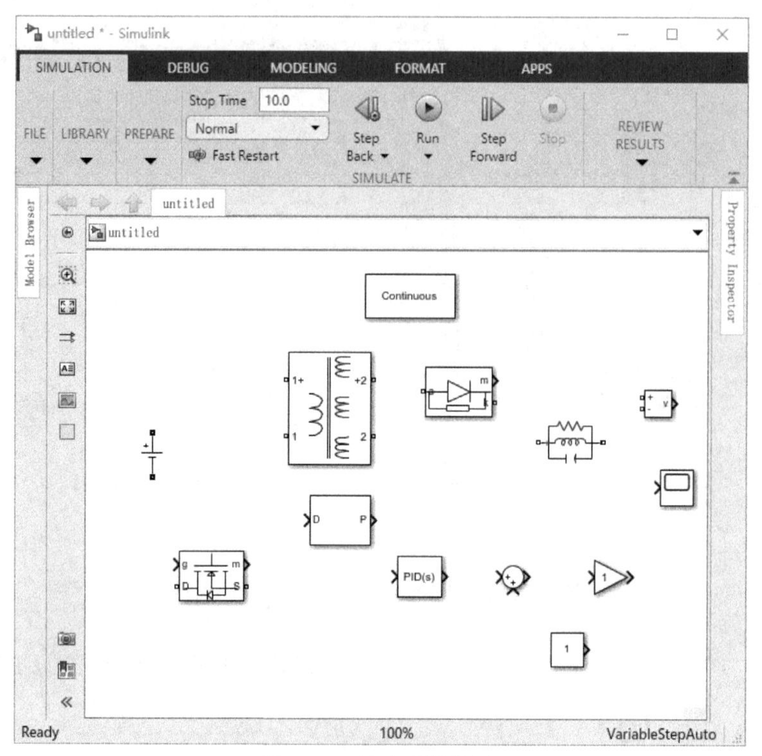

图 6-30　移动元件位置

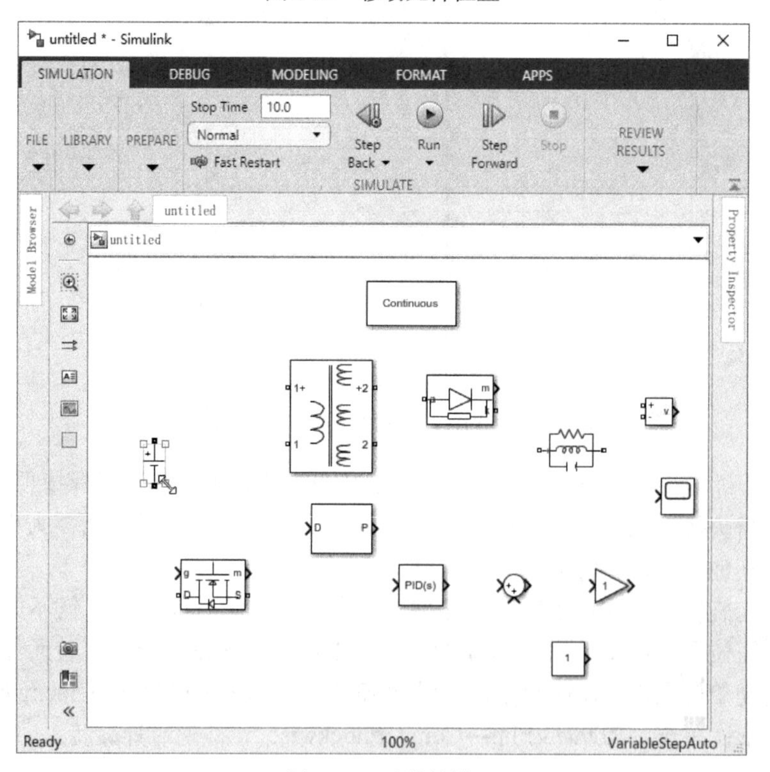

图 6-31　元件缩放

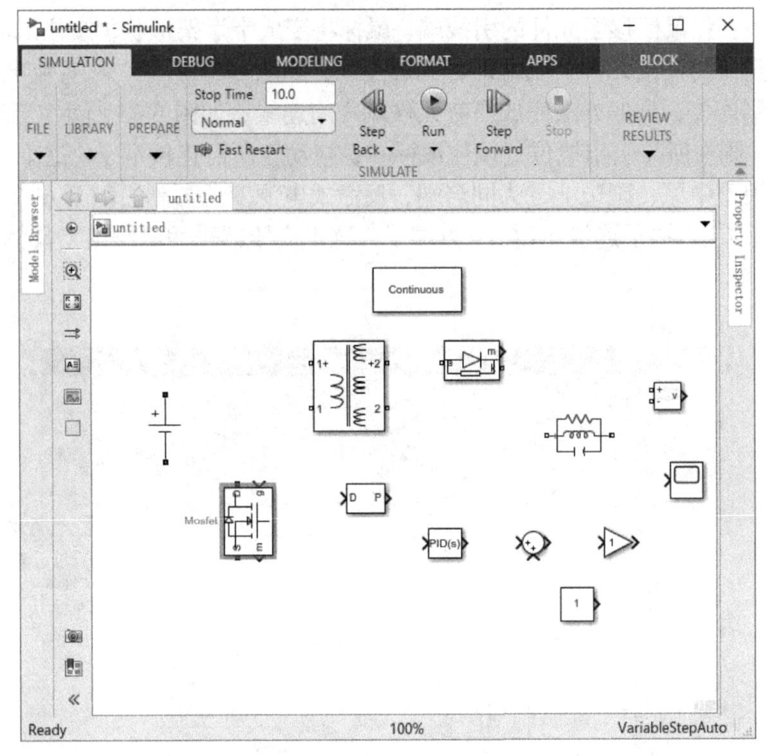

图 6-32　元件旋转

类似方法旋转 RLC 元件、增益、常变量、加法器、PID 及 PWM 发生器等元件至所需方向，如图 6-33 所示。

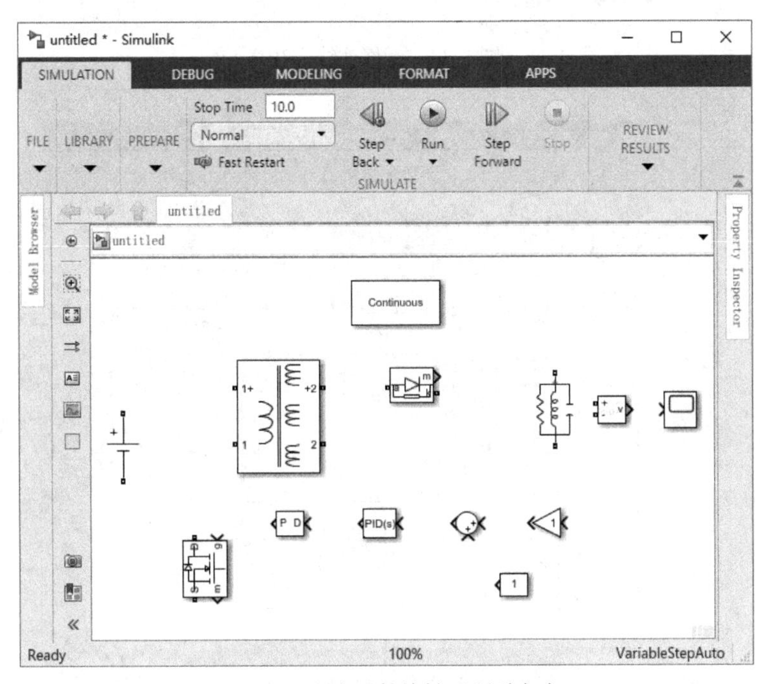

图 6-33　所有元件旋转至所需方向

元件连线：将鼠标移至元件的引线端，鼠标将变成十字架形状，按住鼠标左键不动，拖动十字架至所需连接元件引线端即可完成连线，如图 6-34 所示，从直流电源正极向变压器原边一侧连线，类似方法完成所有元件端之间连线，如图 6-35 所示。若要从线路中引出分支线，则在所需引出线位置按住鼠标右键拖动至所需连接端子。这里需注意的是，由于变压器模型中原、副边上方为同名端，反激式电源变压器副边侧下方 2 端子连接二极管阳极，上方+2 端子连接 RLC 下方端子，这里变压器采用两绕组，具体参数设置参看 6.2.5 节内容。

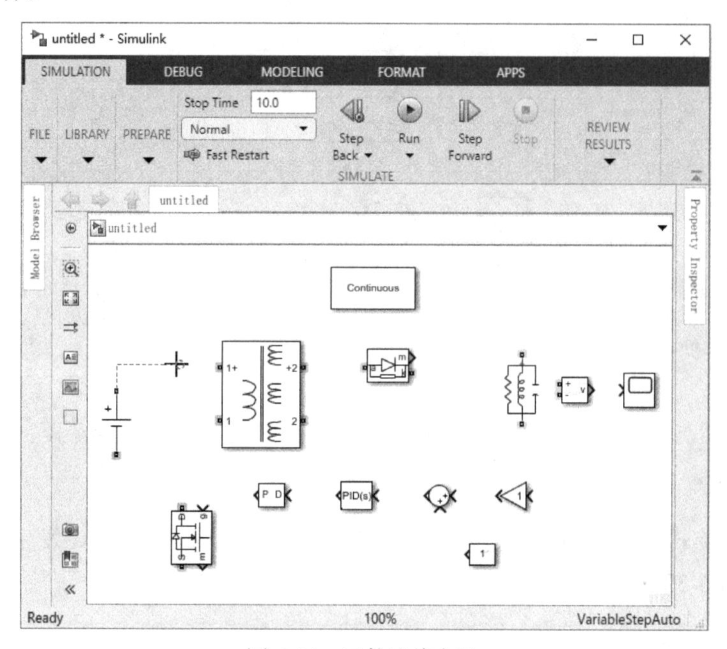

图 6-34　元件连线方法

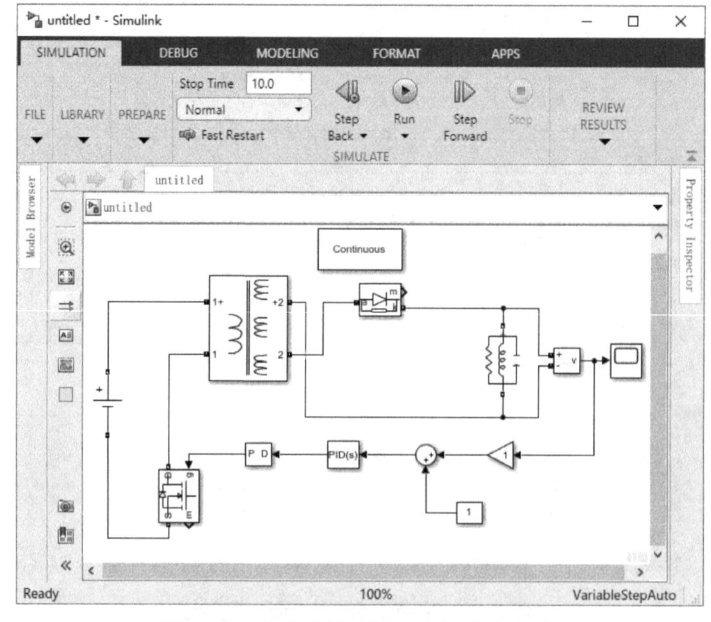

图 6-35　完成连线反激式电源仿真电路

4) 元件参数设置

搭建好仿真模型，接下来对相关参数进行设置。

仿真模型配置参数设置：首先，在上方 SIMULATION 菜单栏找到 PREPARE 选项，单击向下黑箭头找到齿轮形状 Model Setting 选项并单击，如图 6-36 所示，打开 Configuration parameters 选项卡，如图 6-37 所示。在停止时间 Stop time 右侧方框中填入 0.1，即仿真

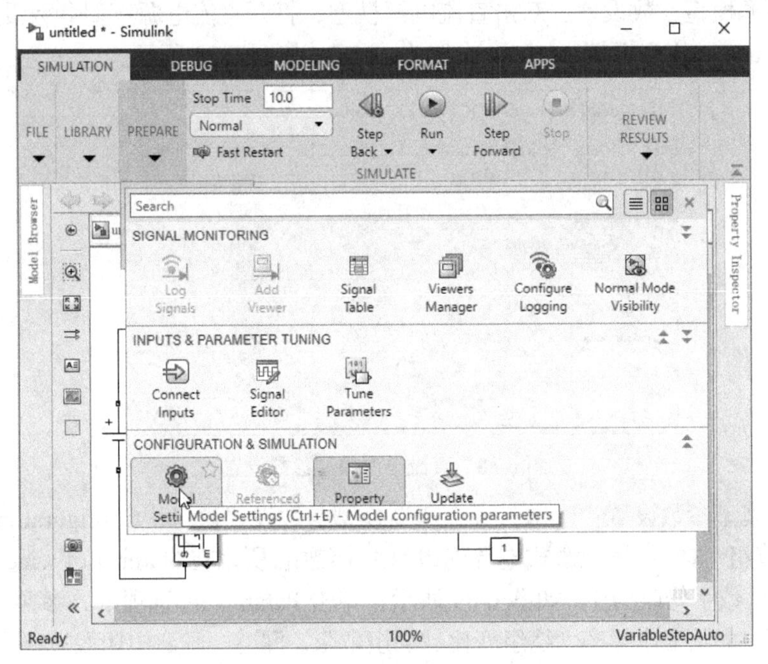

图 6-36　打开 Model Setting 选项卡

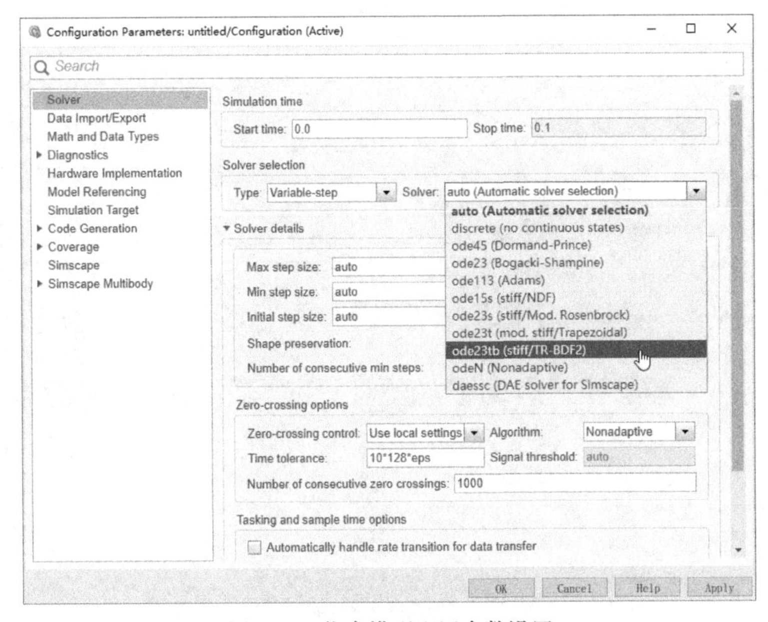

图 6-37　仿真模型配置参数设置

停止时间为 0.1s。解算器 Solver selection 选项中，type 子选项选择变步长 Variable-step；MOSFET 开关电源仿真一般选 ode23tb 或 ode15s 算法，这里解算器 Solver 选择 ode23t(stiff/TR-BDF2)，单击 Solver 方框右侧向下黑箭头，在下拉菜单中找到该选项并单击。其余选项采用默认值不修改，然后单击右下方 OK 按钮完成配置退出。Powergui 模型采用默认参数，连续域下仿真。

直流电源模型参数设置：双击直流电源模型，打开直流电源模型参数设置窗口，在幅值 Amplitude 下方方框填入 100，设置为 100V，如图 6-38 所示。

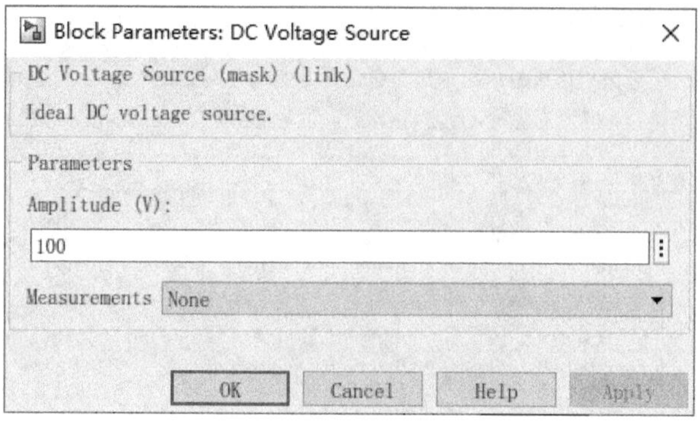

图 6-38　直流电源模型参数设置

变压器模型参数设置：双击打开变压器模型参数设置窗口，Configuration 选项卡设置原、副边绕组个数，这里反激式电源副边为 1 个绕组，所以在 Number of windings on right side 右侧方框数字修改为 1，如图 6-39 所示；单击 Parameters 选项卡，参照图 6-40 设置单位、额定功率及工作频率、绕组变比、绕组电阻、漏感、励磁电阻及励磁电感等参数，设置完成后单击右下角 OK 按钮退出。

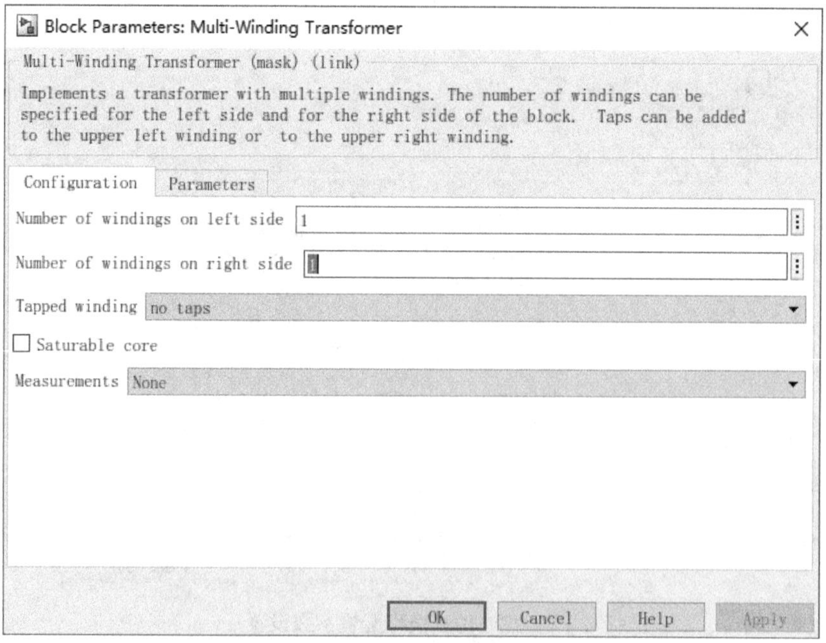

图 6-39　变压器绕组个数设置

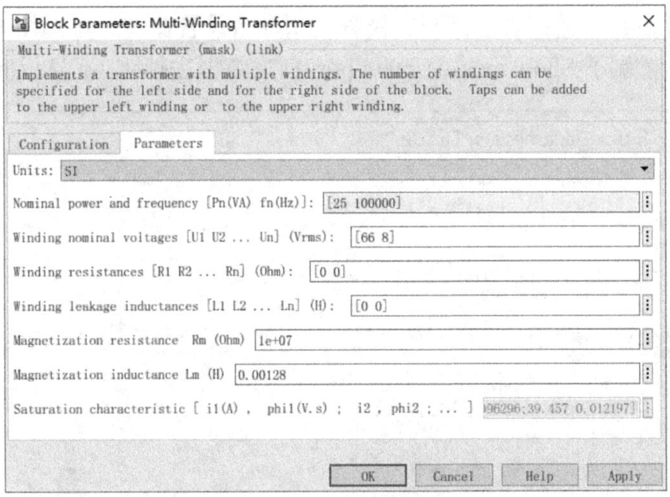

Block Parameters: Multi-Winding Transformer

Multi-Winding Transformer (mask) (link)

Implements a transformer with multiple windings. The number of windings can be specified for the left side and for the right side of the block. Taps can be added to the upper left winding or to the upper right winding.

Configuration　Parameters

Units: SI

Nominal power and frequency [Pn(VA) fn(Hz)]: [25 100000]

Winding nominal voltages [U1 U2 ... Un] (Vrms): [66 8]

Winding resistances [R1 R2 ... Rn] (Ohm): [0 0]

Winding leakage inductances [L1 L2 ... Ln] (H): [0 0]

Magnetization resistance Rm (Ohm) 1e+07

Magnetization inductance Lm (H) 0.00128

Saturation characteristic [i1(A) , phi1(V.s) ; i2 , phi2 ; ...])96296;39.457 0.012197]

OK　Cancel　Help　Apply

图 6-40　变压器模型参数设置

MOSFET 模型参数设置：双击打开 MOSFET 模型参数设置窗口，参照图 6-41 设置相关参数，单击下方测量端子 Show measurement port 前方方框去掉√，不显示模型测量端子。

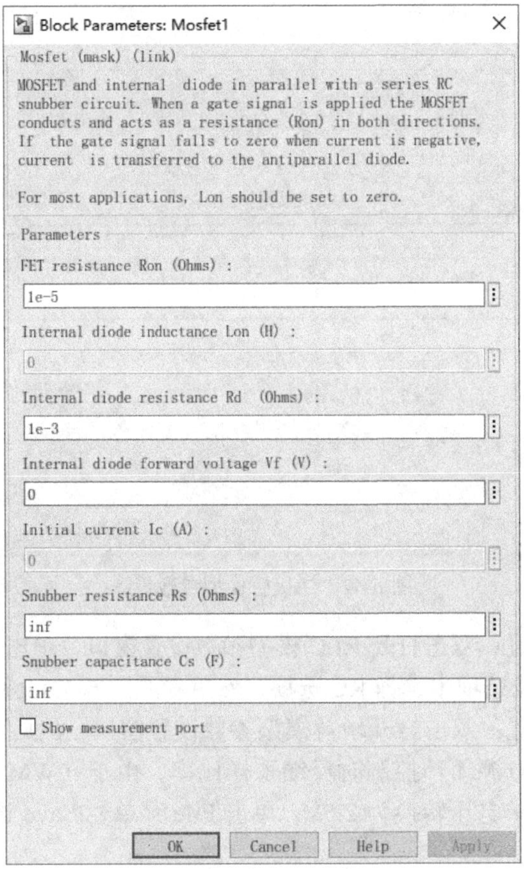

Block Parameters: Mosfet1

Mosfet (mask) (link)

MOSFET and internal diode in parallel with a series RC snubber circuit. When a gate signal is applied the MOSFET conducts and acts as a resistance (Ron) in both directions. If the gate signal falls to zero when current is negative, current is transferred to the antiparallel diode.

For most applications, Lon should be set to zero.

Parameters

FET resistance Ron (Ohms) :

1e-5

Internal diode inductance Lon (H) :

0

Internal diode resistance Rd (Ohms) :

1e-3

Internal diode forward voltage Vf (V) :

0

Initial current Ic (A) :

0

Snubber resistance Rs (Ohms) :

inf

Snubber capacitance Cs (F) :

inf

☐ Show measurement port

OK　Cancel　Help　Apply

图 6-41　MOSFET 模型参数设置

二极管模型参数设置：双击打开二极管模型参数设置窗口，参照图 6-42 设置相关参数，单击下方测量端子 Show measurement port 前方方框去掉√，不显示模型测量端子。

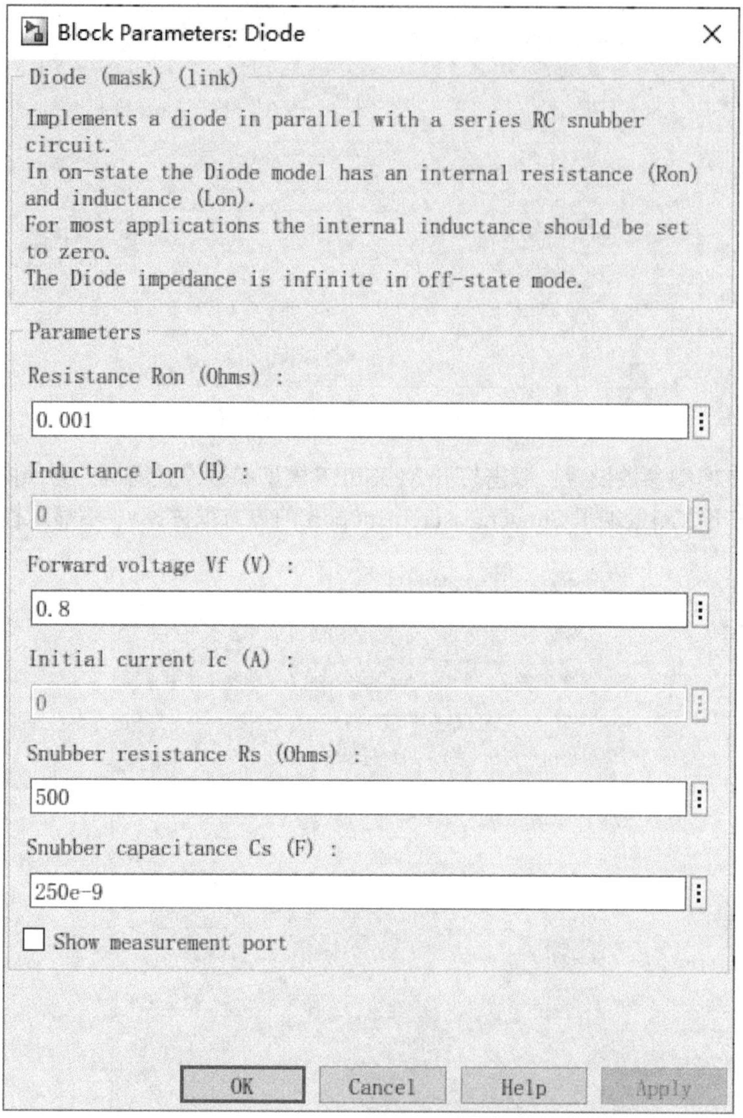

Block Parameters: Diode

Diode (mask) (link)

Implements a diode in parallel with a series RC snubber circuit.
In on-state the Diode model has an internal resistance (Ron) and inductance (Lon).
For most applications the internal inductance should be set to zero.
The Diode impedance is infinite in off-state mode.

Parameters

Resistance Ron (Ohms) :

0.001

Inductance Lon (H) :

0

Forward voltage Vf (V) :

0.8

Initial current Ic (A) :

0

Snubber resistance Rs (Ohms) :

500

Snubber capacitance Cs (F) :

250e-9

☐ Show measurement port

OK　Cancel　Help　Apply

图 6-42　二极管模型参数设置

RLC 模型参数设置：双击打开 RLC 模型参数设置窗口，单击 Branch type 右侧方框向下黑色箭头，在下拉选项中选择 RC 选项，然后参照图 6-43 设置相关参数。

增益模型参数设置：双击打开增益模型参数设置窗口，然后参照图 6-44 设置相关参数。这里模拟开关电源闭环控制时反馈采样比率，由于 PWM 控制芯片参考电压为 2.5V，将额定输出 12V 电压转换为 2.5V。单击 File 菜单栏 Save 选定保存路径，可修改文件名。

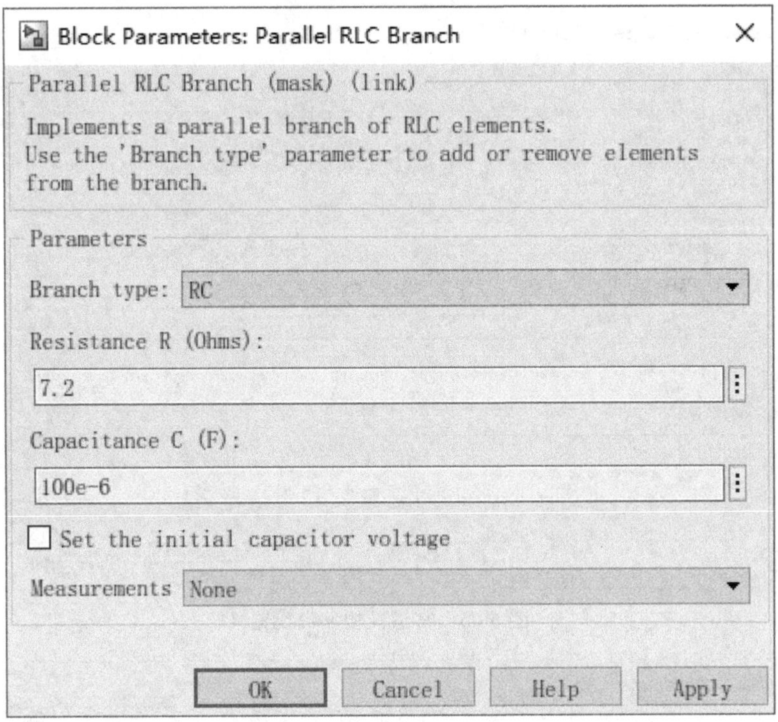

Block Parameters: Parallel RLC Branch

Parallel RLC Branch (mask) (link)

Implements a parallel branch of RLC elements.
Use the 'Branch type' parameter to add or remove elements from the branch.

Parameters

Branch type: RC

Resistance R (Ohms):

7.2

Capacitance C (F):

100e-6

Set the initial capacitor voltage

Measurements None

OK　Cancel　Help　Apply

图 6-43　RLC 模型参数设置

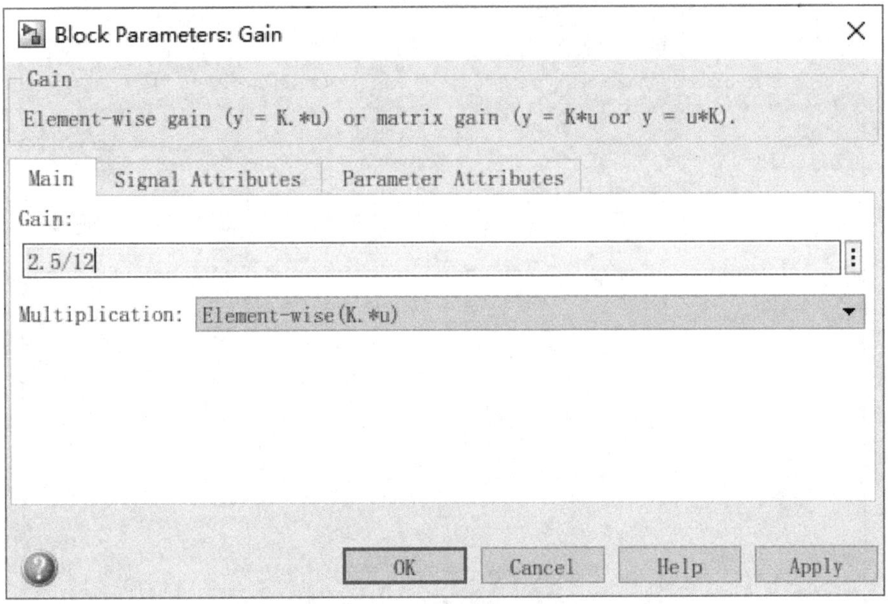

Block Parameters: Gain

Gain

Element-wise gain (y = K.*u) or matrix gain (y = K*u or y = u*K).

Main　Signal Attributes　Parameter Attributes

Gain:

2.5/12

Multiplication: Element-wise(K.*u)

OK　Cancel　Help　Apply

图 6-44　增益模型参数设置

常量模型参数设置：双击打开常量模型参数设置窗口，然后参照图 6-45 设置相关参数。

累加模型参数设置：双击打开累加模型参数设置窗口，然后参照图 6-46 设置相关参数，将左侧加号改为减号。

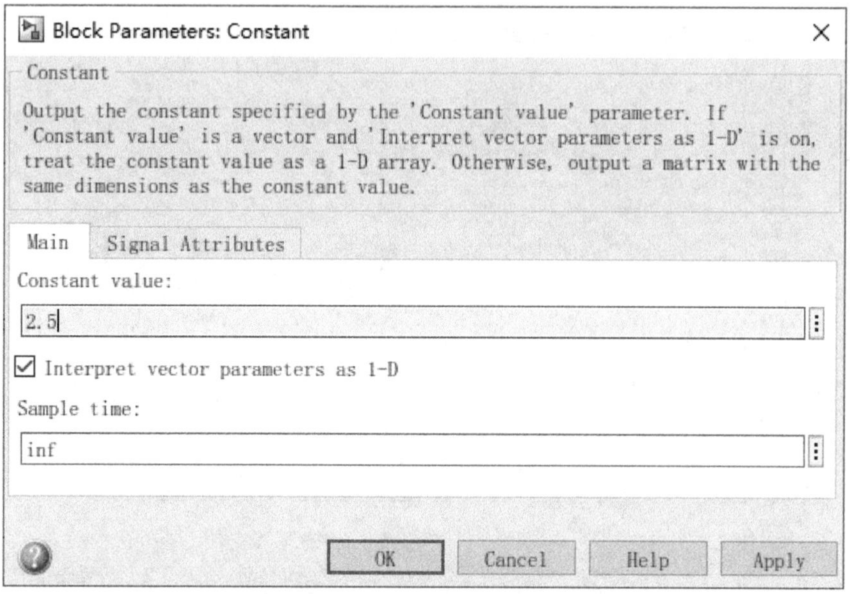

Block Parameters: Constant

Constant

Output the constant specified by the 'Constant value' parameter. If 'Constant value' is a vector and 'Interpret vector parameters as 1-D' is on, treat the constant value as a 1-D array. Otherwise, output a matrix with the same dimensions as the constant value.

Main | Signal Attributes

Constant value:

2.5

☑ Interpret vector parameters as 1-D

Sample time:

inf

OK | Cancel | Help | Apply

图 6-45　常量模型参数设置

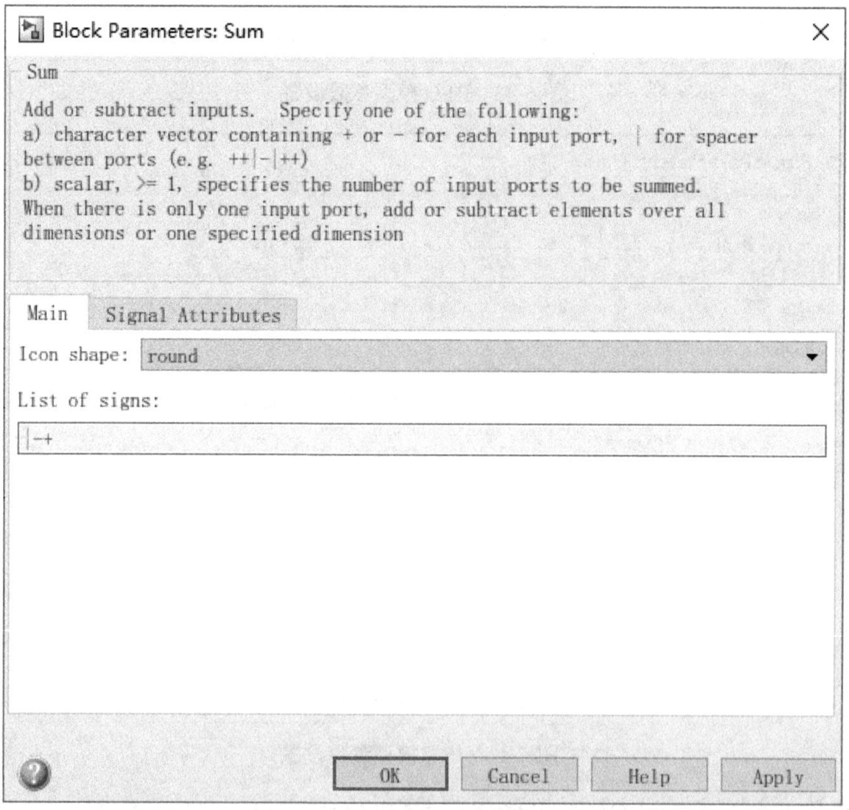

Block Parameters: Sum

Sum

Add or subtract inputs. Specify one of the following:
a) character vector containing + or - for each input port, | for spacer between ports (e.g. ++|-|++)
b) scalar, >= 1, specifies the number of input ports to be summed.
When there is only one input port, add or subtract elements over all dimensions or one specified dimension

Main | Signal Attributes

Icon shape: round

List of signs:

|-+

OK | Cancel | Help | Apply

图 6-46　累加模型参数设置

PID 模型参数设置：双击打开 PID 模型参数设置窗口，Main 选项参照图 6-47 设置比例系数、积分系数及微分系数等相关参数，Output Saturation 选项参照图 6-48 设置相关参数，由于 PID 输出量为占空比，所以最小限幅值设置为 0，最大限幅值设置为 1。

Block Parameters: PID Controller
PID 1dof (mask) (link)
This block implements continuous- and discrete-time PID control algorithms and includes advanced features such as anti-windup, external reset, and signal tracking. You can tune the PID gains automatically using the 'Tune...' button (requires Simulink Control Design).
Controller: PID　Form: Parallel
Time domain:　Discrete-time settings
Continuous-time　Sample time (-1 for inherited): -1
Discrete-time
Compensator formula

$$P+I\frac{1}{s}+D\frac{N}{1+N\frac{1}{s}}$$

Main　Initialization　Output Saturation　Data Types　State Attributes
Controller parameters
Source: internal
Proportional (P): 0.2
Integral (I): 20
Derivative (D): 0
Use filtered derivative
Filter coefficient (N): 100
Automated tuning
Select tuning method: Transfer Function Based (PID Tuner App)　Tune...
Enable zero-crossing detection
OK　Cancel　Help　Apply

图 6-47　PID 模型 Main 选项卡参数设置

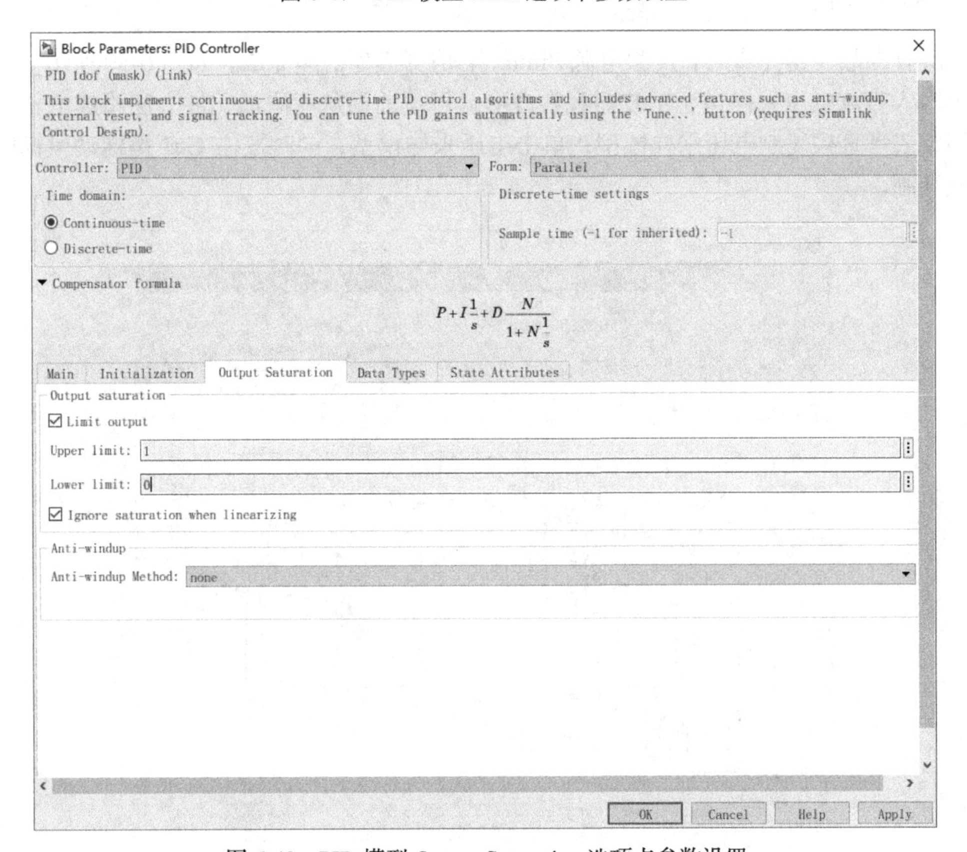

图 6-48　PID 模型 Output Saturation 选项卡参数设置

PWM 发生器模型参数设置：双击打开 PWM 发生器模型参数设置窗口，参照图 6-49 设置相关参数，开关频率设置为 100kHz。

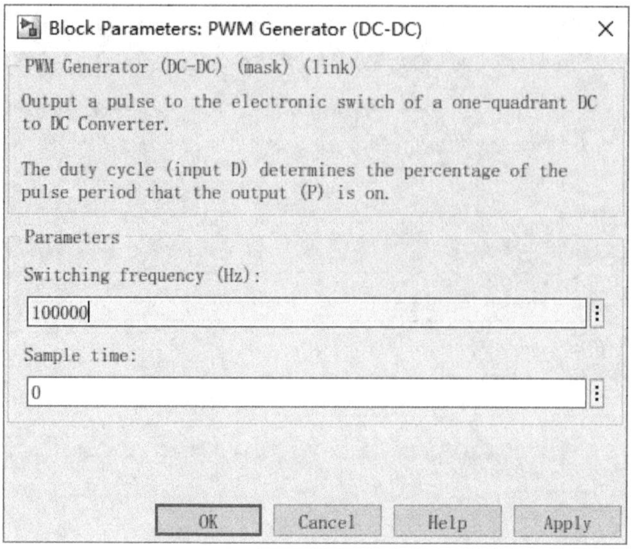

图 6-49　PWM 发生器模型参数设置

3. 仿真结果

所有参数设置完成后，反激电源 Simulink 仿真模型搭建完成，如图 6-50 所示。增加一个输入直流电压采样送至示波器观察波形，可按前面从库添加元件方法添加电压采样模型，或者直接复制电压采样模型，单击电压采样模型，同时按住 Ctrl 键拖动鼠标则可完成复制。

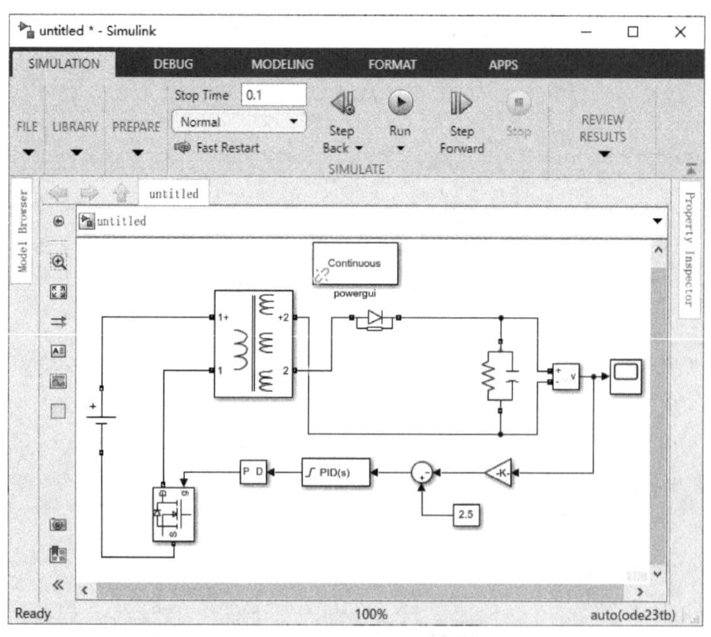

图 6-50　反激电源仿真模型

设置示波器为双信号输入及信号独立显示：双击示波器打开示波器窗口，如图 6-51 所示，单击参数设置按钮，打开参数设置界面如图 6-52 所示，引脚数 Number of input ports 右侧方框内容修改为“2”，单击方框右边 Layout 选项，在弹出的窗口右侧选中两个方格，如图 6-53 所示。用于分别显示输入反激式变换器直流电压和输出电压，单击下方 OK 按钮退出，修改后如图 6-54 所示。将输入电压采样信号连接至示波器上方输入引脚，输出电压连接至示波器下方引脚，修改后反激式变换器仿真模型如图 6-55 所示。

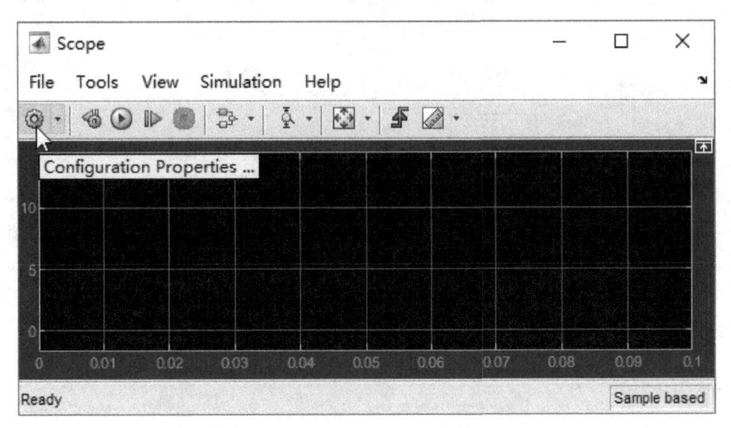

图 6-51　打开示波器设置窗口

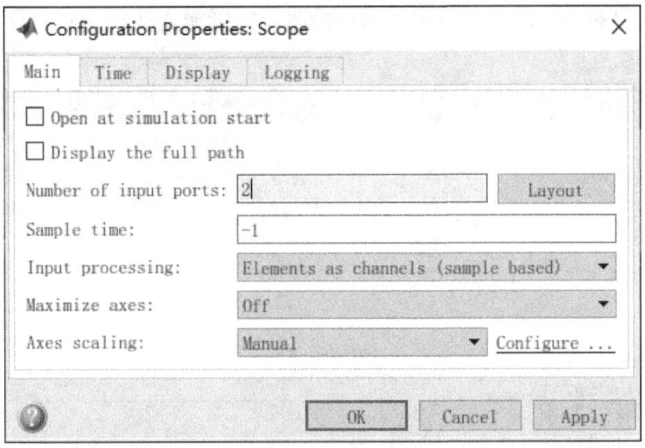

图 6-52　示波器参数设置 Main 窗口参数设置

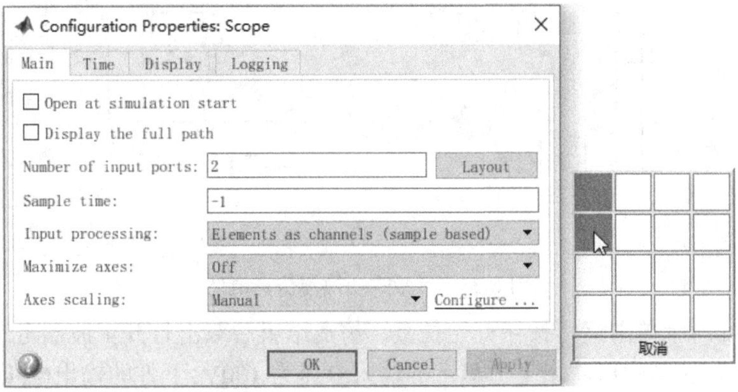

图 6-53　选择示波器显示窗口数量

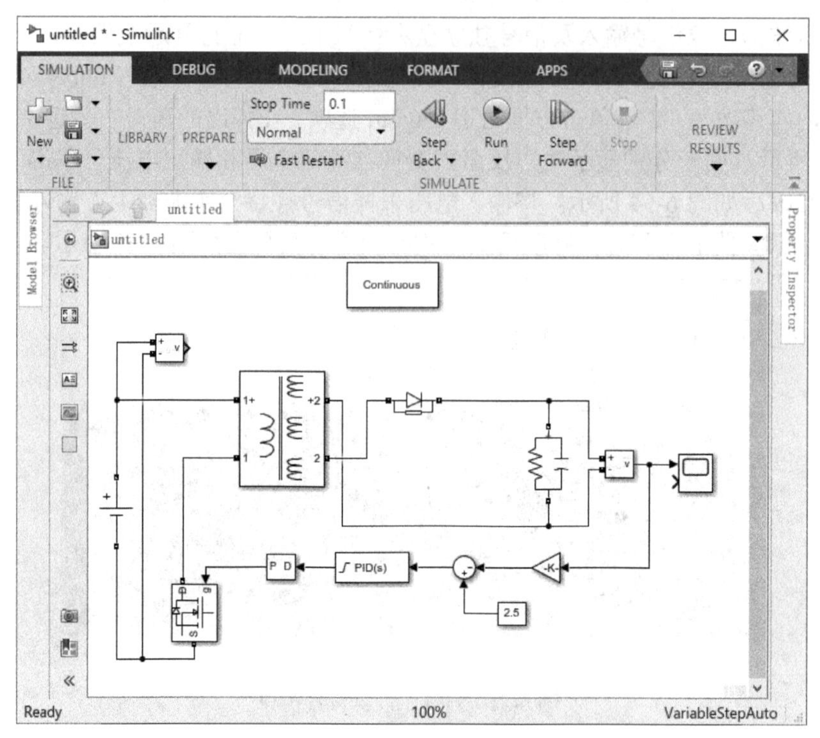

图 6-54　增加输入电压采样修改示波器输入显示信号个数

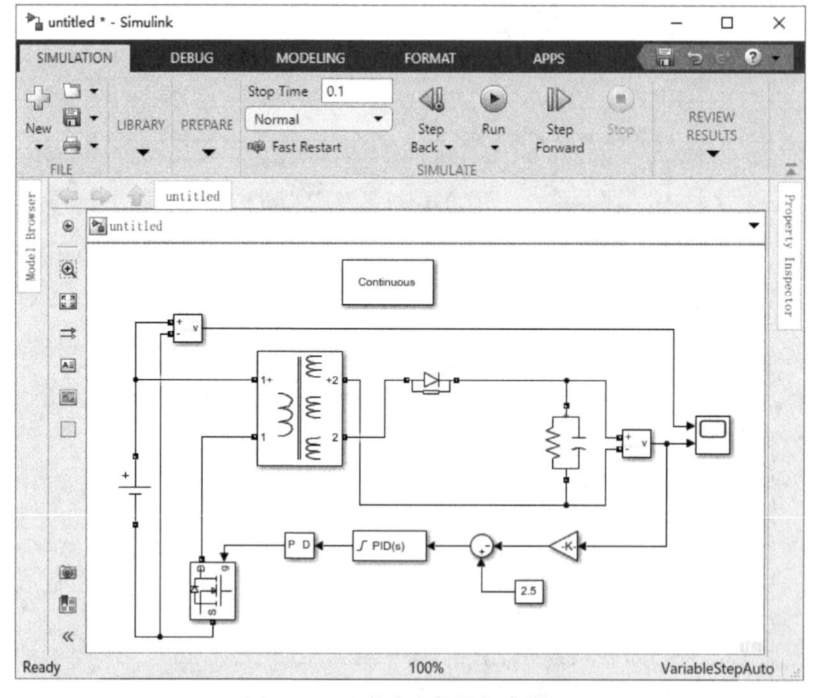

图 6-55　反激式变换器仿真模型

如图 6-56 所示单击运行按钮开始仿真，仿真结束后双击打开示波器可观察仿真结果如图 6-57 所示，从图中可看出上方显示的输入电压为 100V，下方的输出电压稳定在 15V，与预定目标相符。

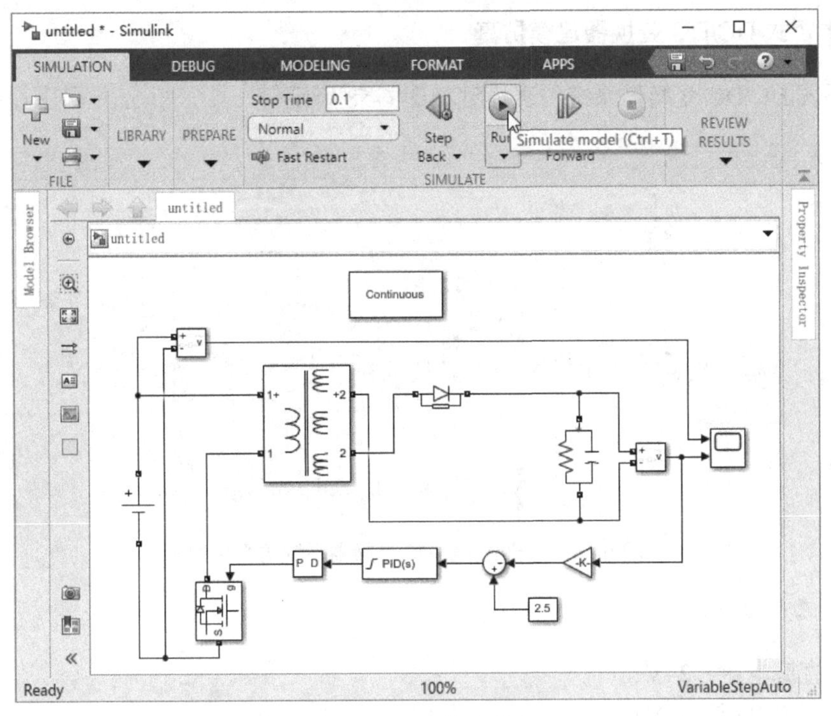

图 6-56　运行仿真模型

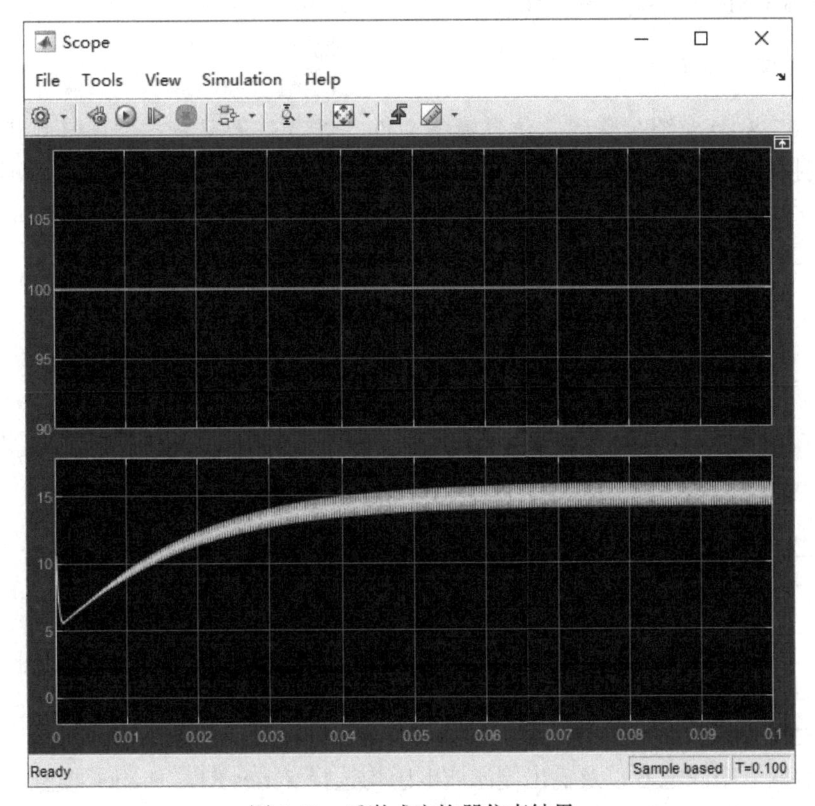

图 6-57　反激式变换器仿真结果

6.2.5　半桥式 DC/DC 变换器建模仿真

半桥式 DC/DC 变换器系统仿真模型如图 6-58 所示。

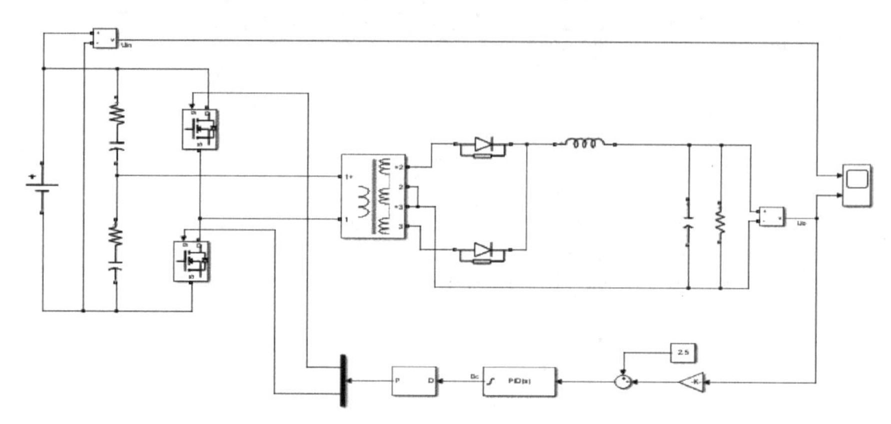

图 6-58　半桥式 DC/DC 变换器系统仿真模型

1. 仿真电路及参数

输入直流电压：24V；
输出直流电压：48V；
Power MOSFET 开关频率：40kHz。

2. 仿真模型搭建

根据 6.2.4 节介绍步骤建立仿真模型文件，或者基于反激式仿真模型修改为半桥 DC/DC 变换器模型，具体方法参考 6.2.4 节内容，这里仅介绍与反激式电源不同部分。如图 6-59 所示，与反激式电源相比需增加五个元件，分别输入侧两个半桥串联电容，一个输出侧滤波电感，一个 PWM 发生器，一个信号发生器。

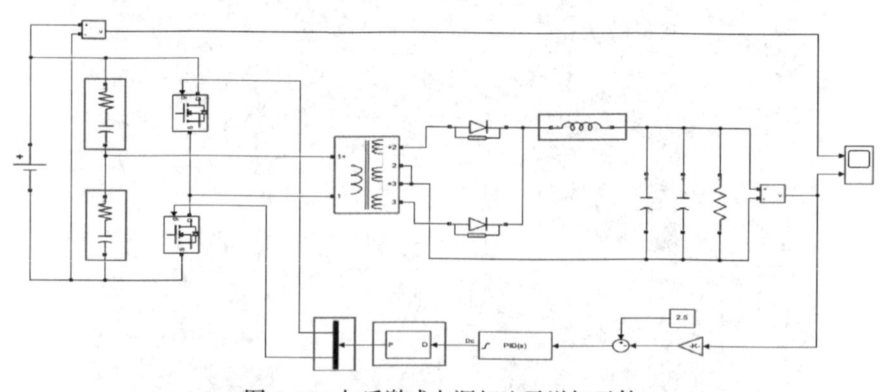

图 6-59　与反激式电源相比需增加元件

1) 添加元件

输入侧两个串联电容以及输出侧滤波电感均选择 Series RLC Branch 模型，另外，半桥 DC/DC 变换器有两个功率管需要两路互补 PWM 驱动信号，PWM 发生器选择 PWM Generator(Pulse Average)模型。

添加 Series RLC Branch 模型：在模型库左侧栏依次单击“Simscape→Electrical→Specialized Power Systems→Fundamental Blocks→Elements”，在模型库右侧栏单击 Series RLC Branch 模型，按住鼠标左键不放拖动至模型编辑窗口，如图 6-60 所示，添加三个 Series RLC Branch 至模型中。

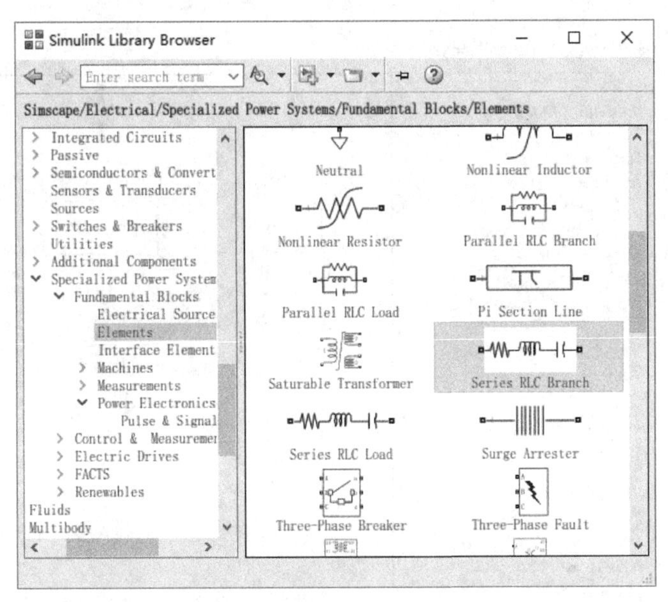

图 6-60　添加串联 Series RLC Branch 模型至模型编辑窗口

添加 PWM Generator(Pulse Averaging)模型：在模型库左侧栏依次单击“Simscape→Electrical→Specialized Power Systems→Fundamental Blocks→Power Electronics→Pulse&Signal Generator”，在模型库右侧栏单击 PWM Generator(Pulse Averaging)模型，按住鼠标左键不放拖动至模型编辑窗口，如图 6-61 所示。

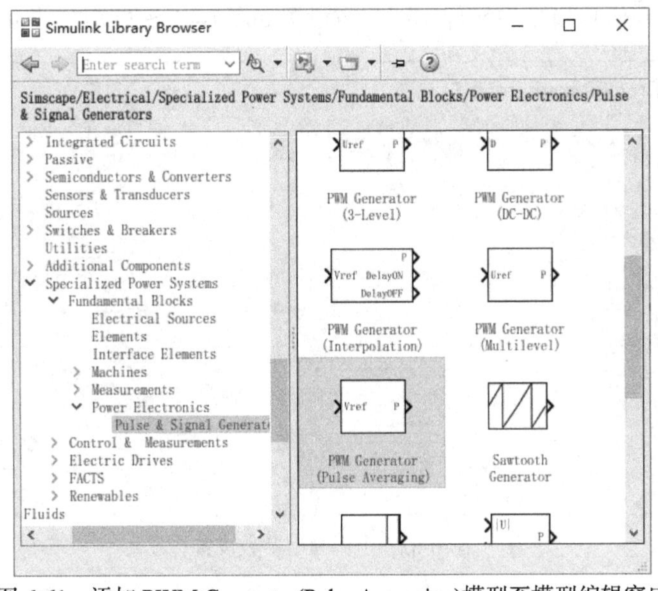

图 6-61　添加 PWM Generator(Pulse Averaging)模型至模型编辑窗口

在模型库左侧栏依次单击“Simulink→Commonly Used Blocks”，在模型库右侧栏单击 Demux 模型，按住鼠标左键不放拖动至模型编辑窗口，如图 6-62 所示。

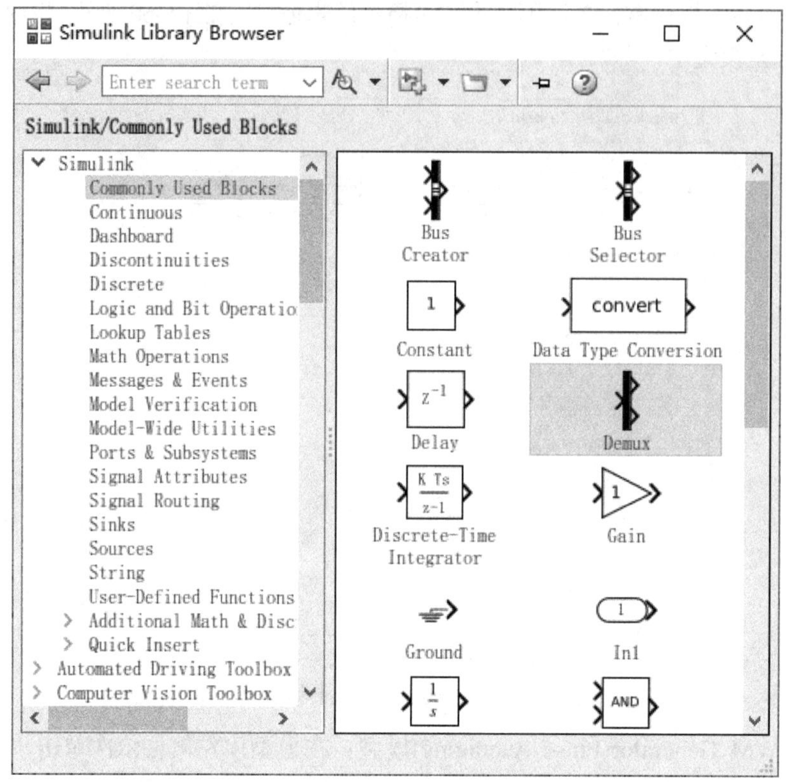

图 6-62　添加 Demux 模型至模型编辑窗口

根据图 6-58 仿真电路，参照 6.2.4 节方法添加其他元件，并完成元件连线。

2) 元件参数设置

与反激式电源仿真模型中元件不同参数设置如图 6-63～图 6-73 所示。

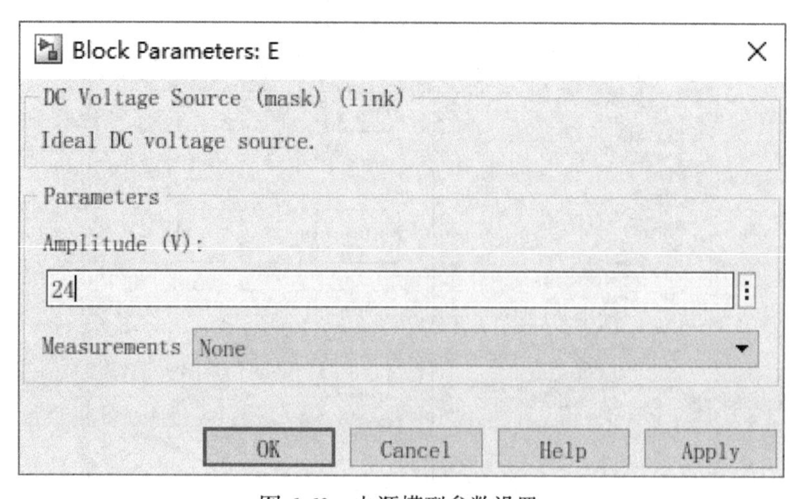

图 6-63　电源模型参数设置

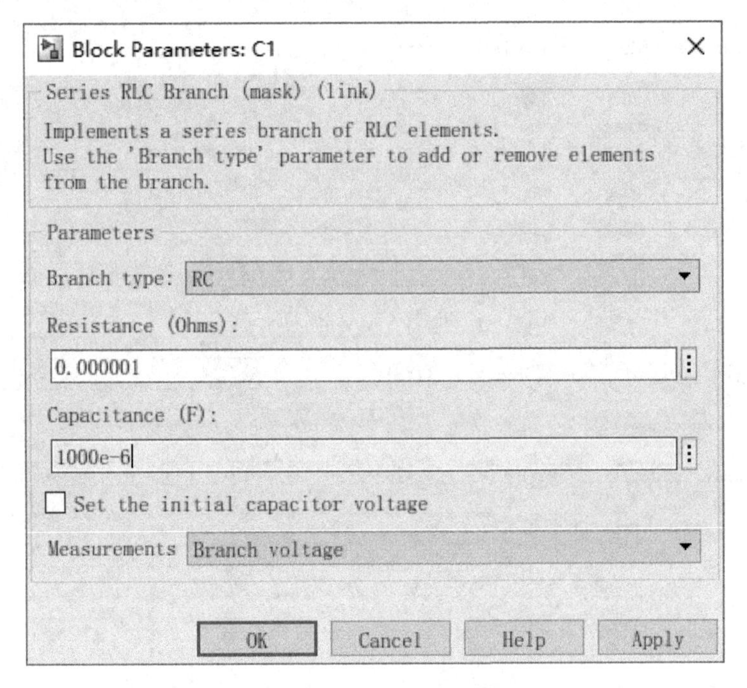

图 6-64　输入侧电容模型参数设置

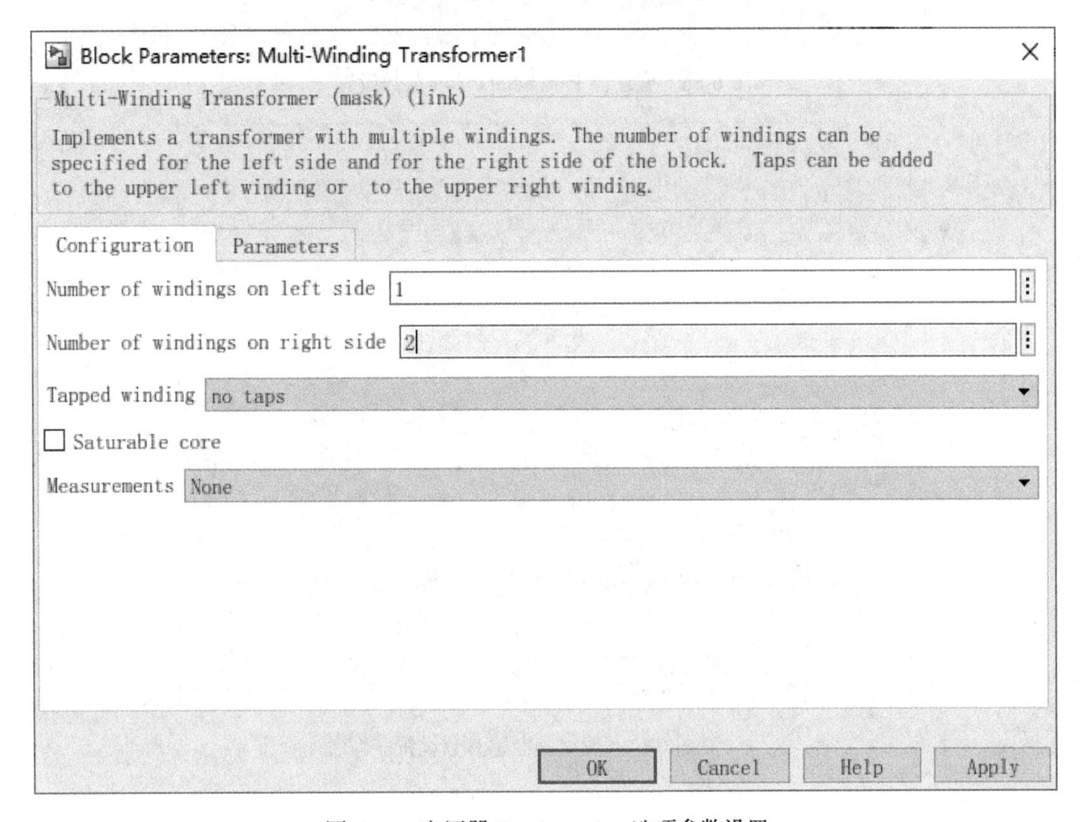

图 6-65　变压器 Configuration 选项参数设置

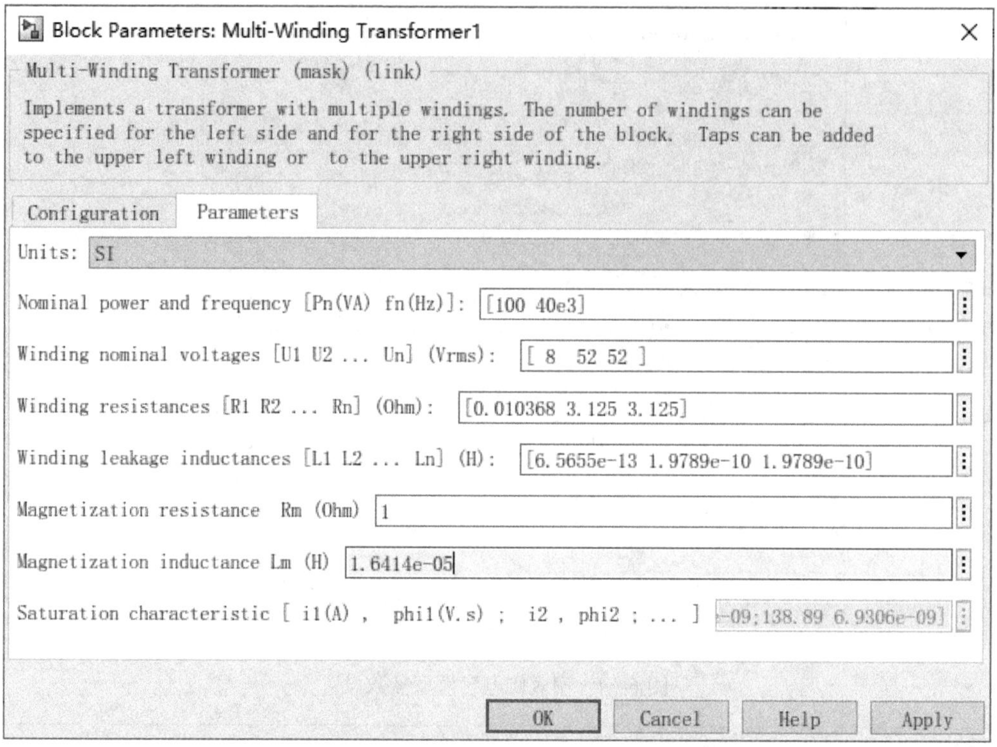

Block Parameters: Multi-Winding Transformer1

Multi-Winding Transformer (mask) (link)

Implements a transformer with multiple windings. The number of windings can be specified for the left side and for the right side of the block. Taps can be added to the upper left winding or to the upper right winding.

Configuration　Parameters

Units: SI

Nominal power and frequency [Pn(VA) fn(Hz)]: [100 40e3]

Winding nominal voltages [U1 U2 ... Un] (Vrms): [8 52 52]

Winding resistances [R1 R2 ... Rn] (Ohm): [0.010368 3.125 3.125]

Winding leakage inductances [L1 L2 ... Ln] (H): [6.5655e-13 1.9789e-10 1.9789e-10]

Magnetization resistance Rm (Ohm) 1

Magnetization inductance Lm (H) 1.6414e-05

Saturation characteristic [i1(A) , phi1(V.s) ; i2 , phi2 ; ...] -09;138.89 6.9306e-09]

OK　Cancel　Help　Apply

图 6-66　变压器 Parameters 选项参数设置

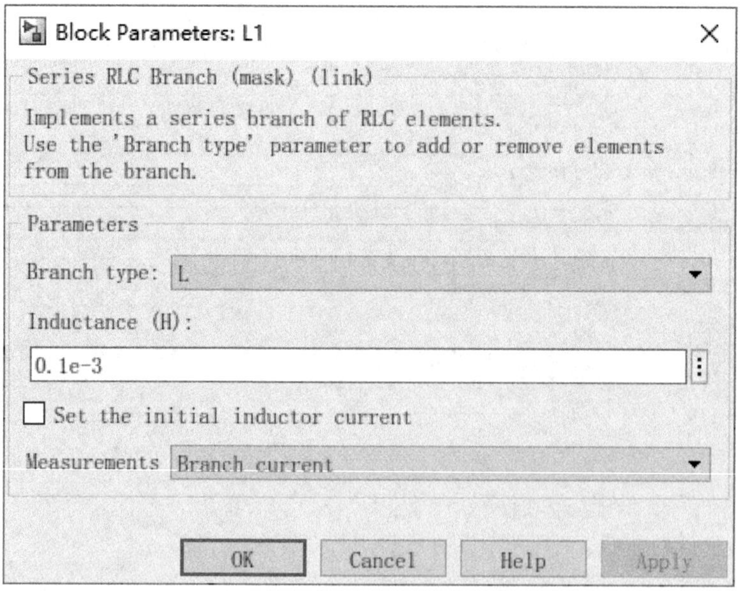

Block Parameters: L1

Series RLC Branch (mask) (link)

Implements a series branch of RLC elements.
Use the 'Branch type' parameter to add or remove elements from the branch.

Parameters

Branch type: L

Inductance (H):

0.1e-3

☐ Set the initial inductor current

Measurements Branch current

OK　Cancel　Help　Apply

图 6-67　输出侧电感参数设置

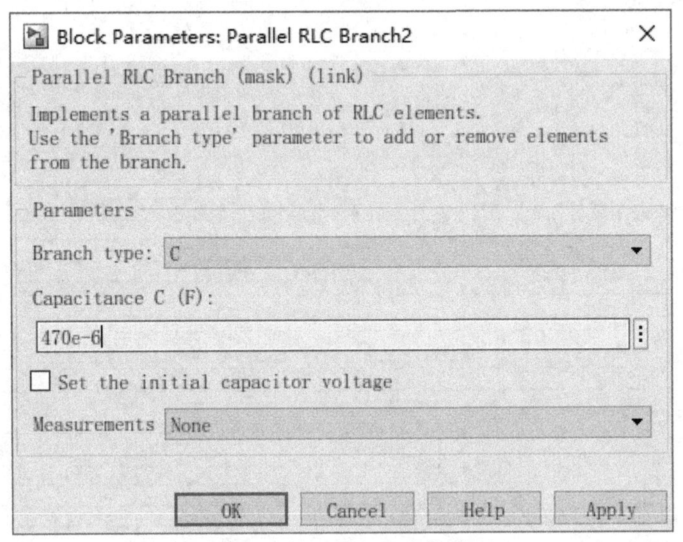

图 6-68　输出侧电容参数设置

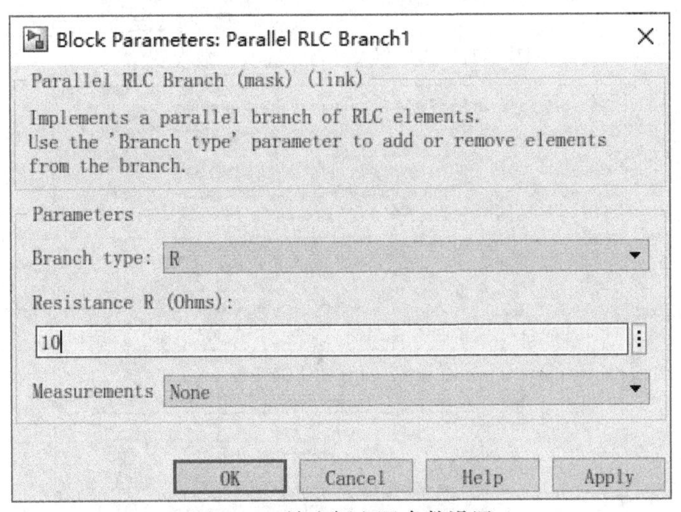

图 6-69　输出侧电阻参数设置

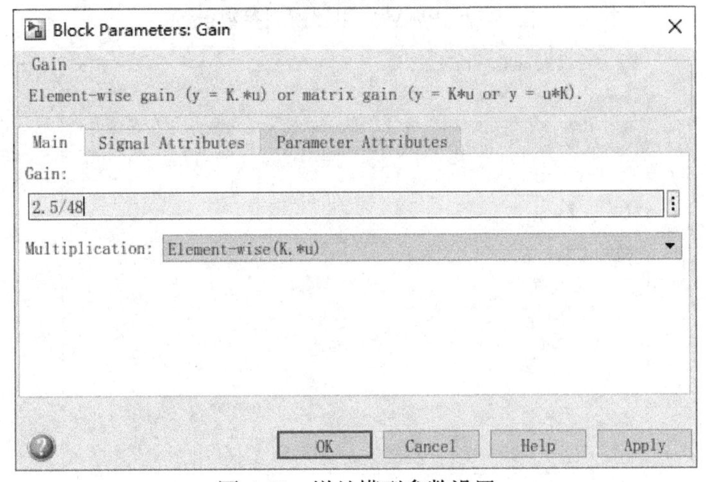

图 6-70　增益模型参数设置

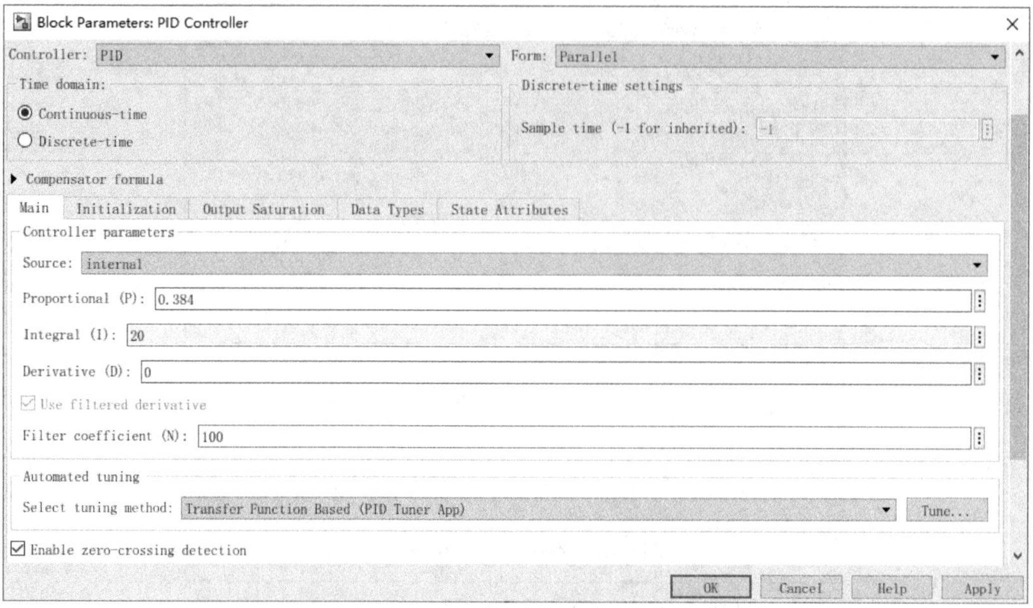

Block Parameters: PID Controller

Controller: PID　　Form: Parallel

Time domain:
- Continuous-time
- Discrete-time

Discrete-time settings
Sample time (-1 for inherited): -1

Compensator formula

Main　Initialization　Output Saturation　Data Types　State Attributes

Controller parameters
Source: internal
Proportional (P): 0.384
Integral (I): 20
Derivative (D): 0
Use filtered derivative
Filter coefficient (N): 100

Automated tuning
Select tuning method: Transfer Function Based (PID Tuner App)　Tune...

Enable zero-crossing detection

OK　Cancel　Help　Apply

图 6-71　PID 模型 Main 选项参数设置

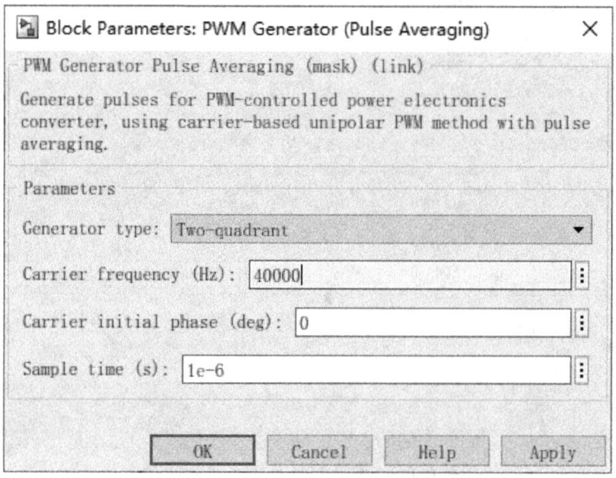

Block Parameters: PWM Generator (Pulse Averaging)

PWM Generator Pulse Averaging (mask) (link)

Generate pulses for PWM-controlled power electronics converter, using carrier-based unipolar PWM method with pulse averaging.

Parameters
Generator type: Two-quadrant
Carrier frequency (Hz): 40000
Carrier initial phase (deg): 0
Sample time (s): 1e-6

OK　Cancel　Help　Apply

图 6-72　PWM 发生器模型参数设置

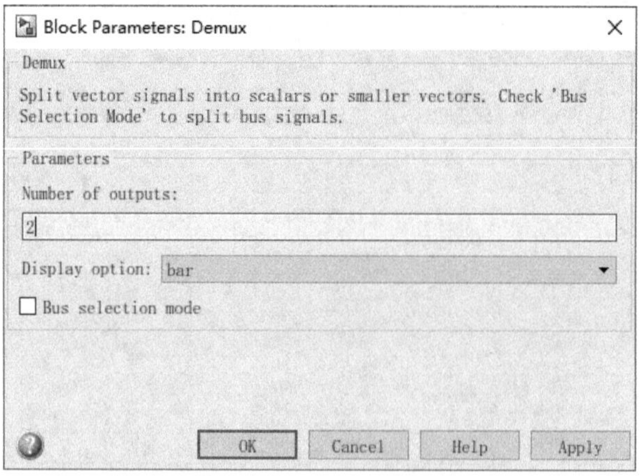

Block Parameters: Demux

Demux

Split vector signals into scalars or smaller vectors. Check 'Bus Selection Mode' to split bus signals.

Parameters
Number of outputs:
2
Display option: bar
Bus selection mode

OK　Cancel　Help　Apply

图 6-73　Demux 模型参数设置

3. 仿真结果

所有参数设置完成后，半桥 DC/DC 变换器仿真模型搭建完成，如图 6-74 所示，单击运行按钮开始仿真，仿真结束后双击打开示波器可观察仿真结果如图 6-75 所示，从图中可看出上方显示的输入电压为 24V，下方的输出电压稳定在 48V，与预定目标相符。

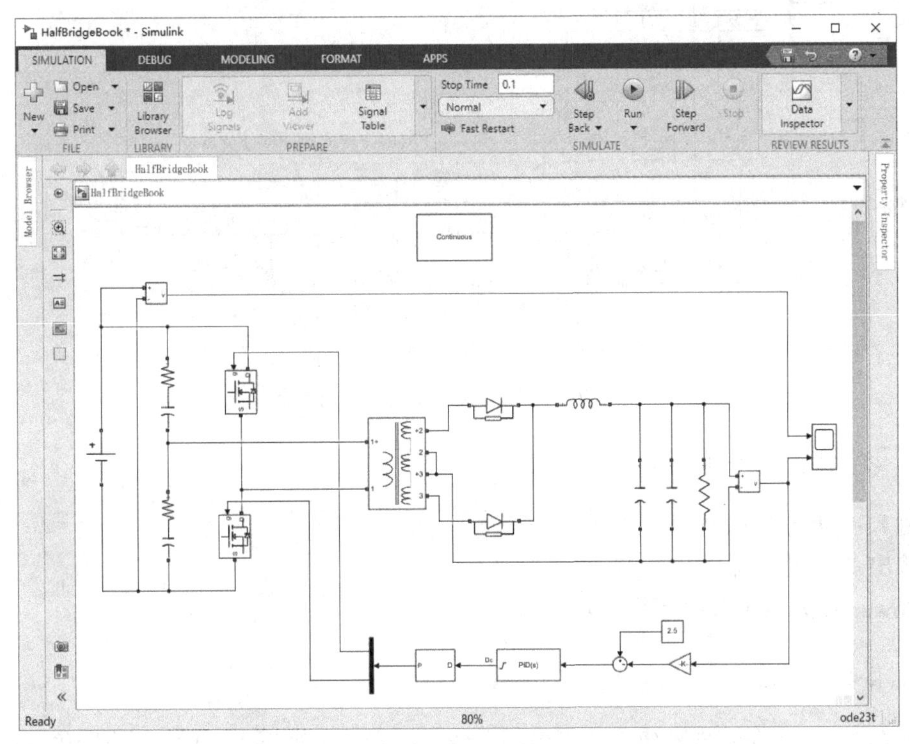

图 6-74　半桥 DC/DC 变换器仿真模型

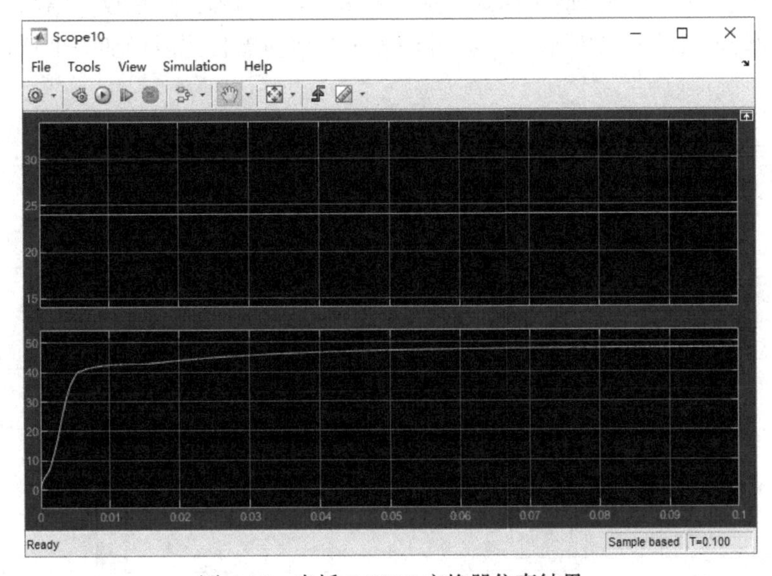

图 6-75　半桥 DC/DC 变换器仿真结果

6.2.6　三相桥式逆变器建模仿真

三相桥式逆变器系统仿真模型如图 6-76 所示。

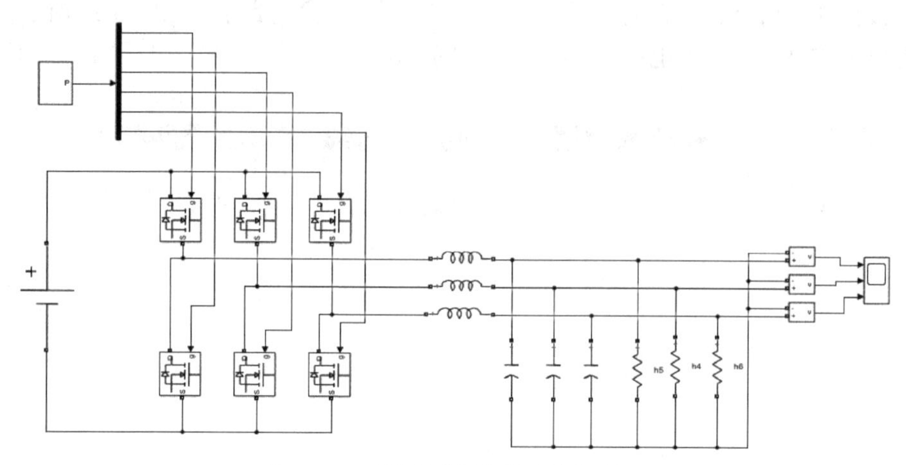

图 6-76　三相桥式逆变器电路仿真图

1. 仿真电路及参数

输入：直流 32V；
输出：三相交流；
Power MOSFET 开关频率：14.1kHz。

2. 仿真模型搭建

根据 6.2.4 节介绍步骤建立仿真模型文件，或者基于半桥 DC/DC 变换器仿真模型修改为三相桥式逆变器仿真模型，具体方法参考 6.2.4 节内容，这里仅介绍与半桥 DC/DC 变换器不同部分。如图 6-77 所示，与半桥 DC/DC 变换器相比需增加一个三相 SPWM 发生器。

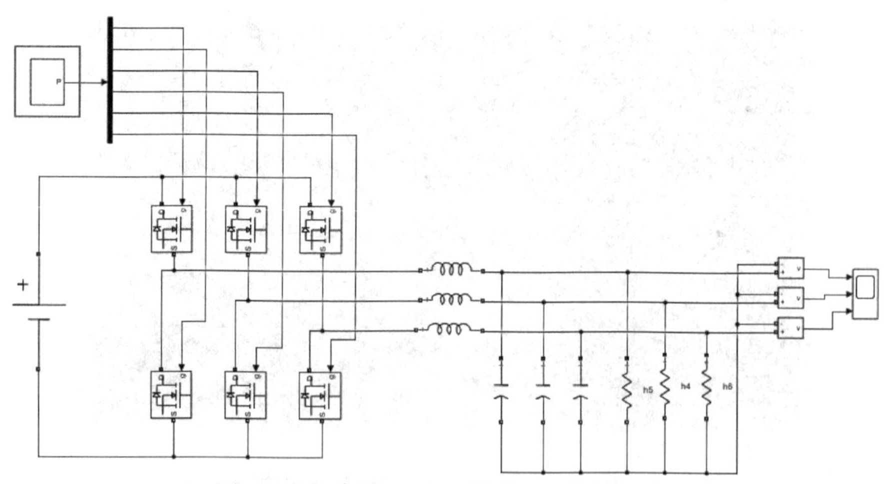

图 6-77　与半桥 DC/DC 电源相比需增加元件

1) 添加元件

添加 PWM Generator(2-Level)模型：在模型库左侧栏依次单击“Simscape→Electrical→Specialized Power Systems→Fundamental Blocks→Power Electronics→Pulse&Signal Generator”，在模型库右侧栏单击 PWM Generator(2-Level)模型，按住鼠标左键不放拖动至模型编辑窗口，如图 6-78 所示。

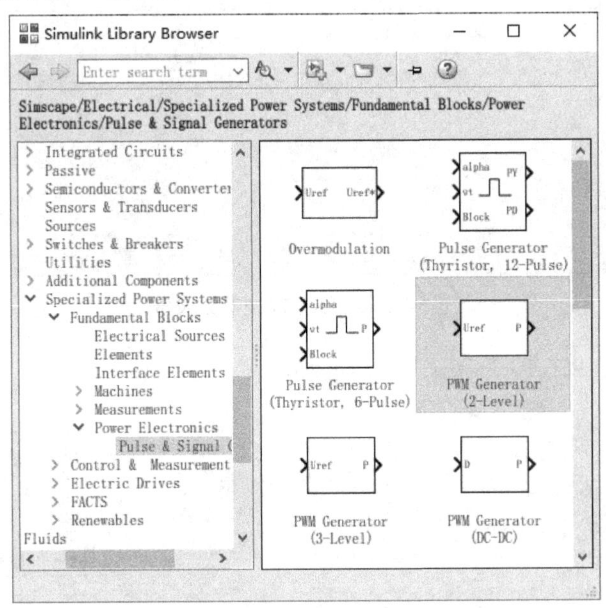

图 6-78　添加三相 PWM Generator(2-Level)模型至模型编辑窗口

2) 元件参数设置

与半桥 DC/DC 变换器仿真模型中元件不同参数设置如图 6-79～图 6-84 所示。

Block Parameters: PWM Generator (2-Level)1

PWM Generator (2-Level) (mask) (link)

Generate pulses for PWM-controlled 2-Level converter, using carrier-based two-level PWM method. The block can control switching devices of single-phase half-bridge, single-phase full-bridge (unipolar or bipolar modulation) or three-phase bridge.

When the Synchronized mode of operation is selected, a second input is added to the block, and the internal generation of modulating signal is disabled. Use input 2 (wt) to synchronize the carrier.

Generator type: Three-phase bridge (6 pulses)

Carrier

Mode of operation: Unsynchronized

Frequency (Hz): 14100　Initial phase (degrees): 0

Minimum and maximum values: [Min Max] [-1 1]

Reference signal

Sampling technique: Natural

☑ Internal generation of reference signal

Modulation index: 0.75　Frequency (Hz): 50　Phase (degrees): 0

Sample time (s): 0

☐ Show measurement port

OK　Cancel　Help　Apply

图 6-79　PWM Generator(2-Level)参数设置

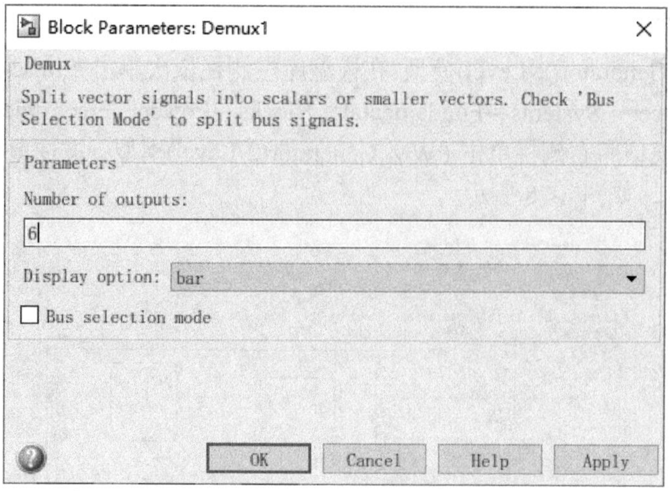

Block Parameters: Demux1

Demux

Split vector signals into scalars or smaller vectors. Check 'Bus Selection Mode' to split bus signals.

Parameters

Number of outputs:

6

Display option: bar

☐ Bus selection mode

OK　Cancel　Help　Apply

图 6-80　Demux 模型参数设置

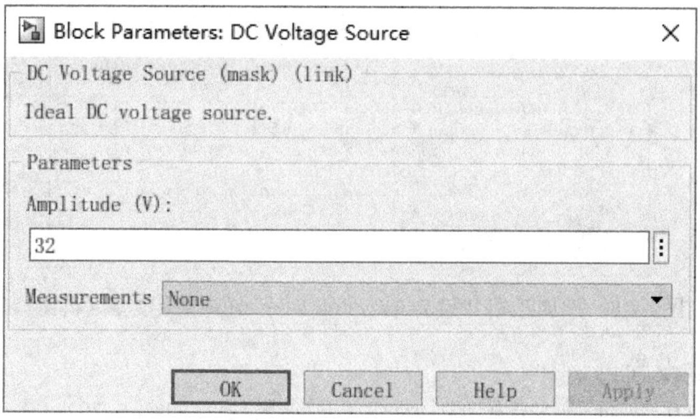

Block Parameters: DC Voltage Source

DC Voltage Source (mask) (link)

Ideal DC voltage source.

Parameters

Amplitude (V):

32

Measurements None

OK　Cancel　Help　Apply

图 6-81　电源模型参数设置

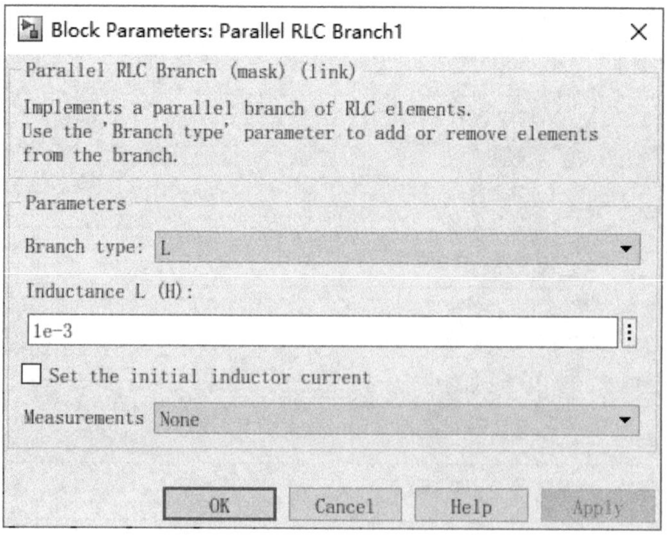

Block Parameters: Parallel RLC Branch1

Parallel RLC Branch (mask) (link)

Implements a parallel branch of RLC elements.
Use the 'Branch type' parameter to add or remove elements from the branch.

Parameters

Branch type: L

Inductance L (H):

1e-3

☐ Set the initial inductor current

Measurements None

OK　Cancel　Help　Apply

图 6-82　滤波电感模型参数设置

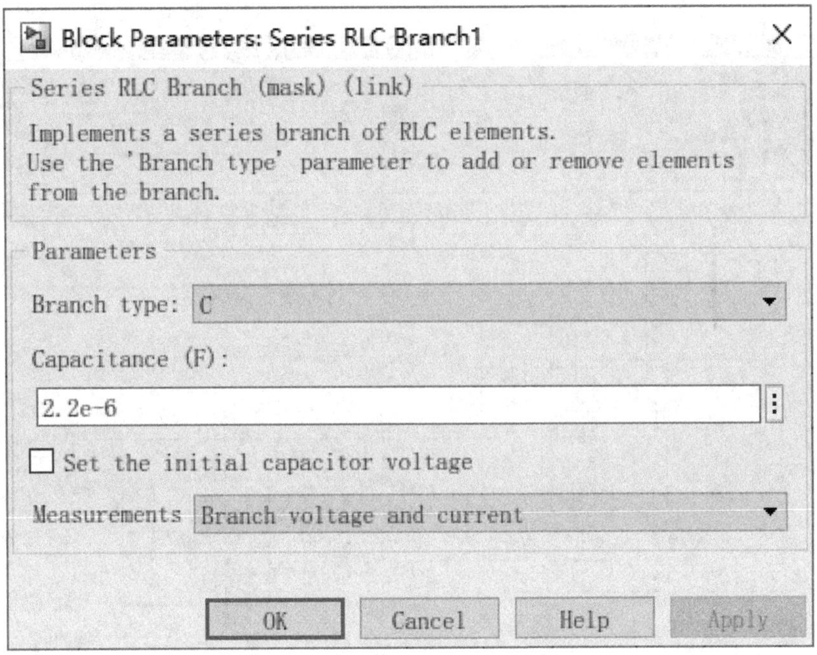

Block Parameters: Series RLC Branch1

Series RLC Branch (mask) (link)

Implements a series branch of RLC elements.
Use the 'Branch type' parameter to add or remove elements from the branch.

Parameters

Branch type: C

Capacitance (F):

2.2e-6

Set the initial capacitor voltage

Measurements Branch voltage and current

OK　Cancel　Help　Apply

图 6-83　滤波电容参数设置

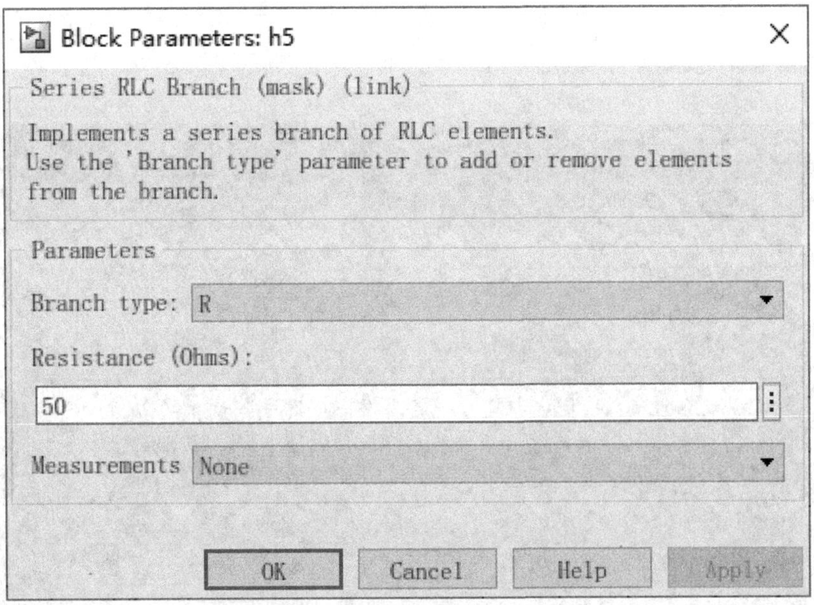

Block Parameters: h5

Series RLC Branch (mask) (link)

Implements a series branch of RLC elements.
Use the 'Branch type' parameter to add or remove elements from the branch.

Parameters

Branch type: R

Resistance (Ohms):

50

Measurements None

OK　Cancel　Help　Apply

图 6-84　负载电阻参数设置

3. 仿真结果

所有参数设置完成后，三相桥式逆变器仿真模型搭建完成，如图 6-85 所示，单击运行按钮开始仿真，仿真结束后双击打开示波器可观察仿真结果，如图 6-86 所示三相交流电压输出。

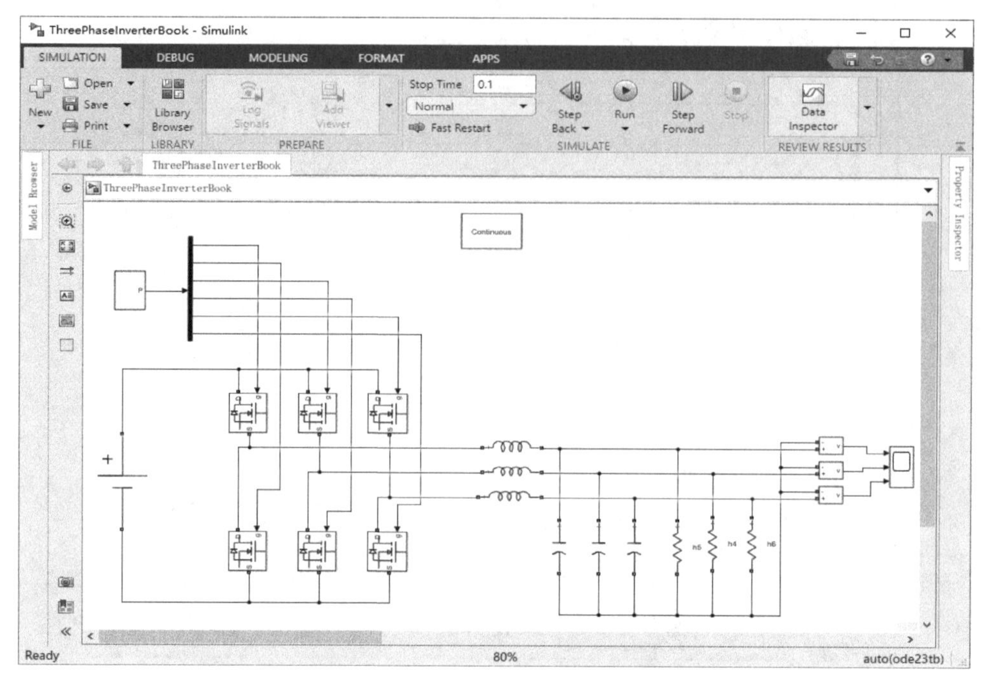

图 6-85　三相桥式逆变器仿真模型

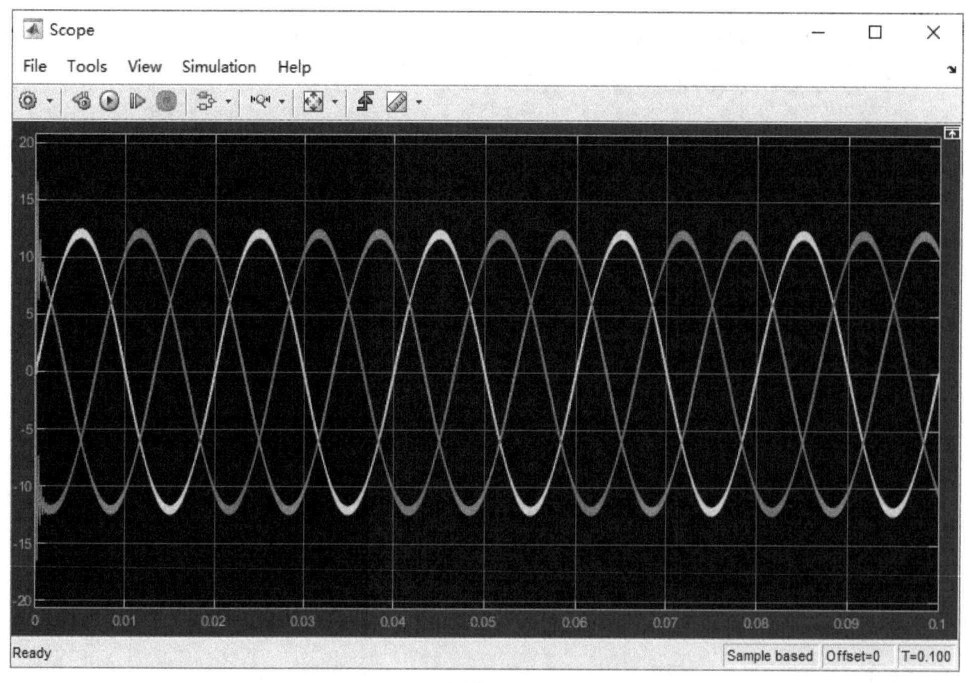

图 6-86　三相桥式逆变器仿真结果

6.3　MATLAB/Simulink 实物仿真接口建模设计

Embedded Target for the TI TMS320C2000^M DSP Platform 是 MathWorks 公司和

TEXAS INSTRUMENTS(TI)公司联合开发的一款工具包，其支持从概念到实现的编程理念，利用此工具可直接由 MATLAB 的 Simulink 模型生成 TI C2000 DSP 的可执行代码和可读的嵌入式 C 代码，从而避免了用 C 语言重写 MATLAB 算法的重复劳动，有助于提高编程效率。

以隔离型桥式 DC/DC 电路来介绍利用 MATLAB/Simulink 生成 DSP 的可执行代码的方法。电路原理如图 6-87 所示，2 个 Power MOSFET 组成半桥电路，采用数字处理器 DSP 产生两路 PWM 波，通过 IR2110 驱动 Power MOSFET，控制高频变压器的原边通电，副边采用全波整流。输出电压经霍尔传感器隔离采样作为 DSP 的电压闭环反馈，实现电压稳压输出。

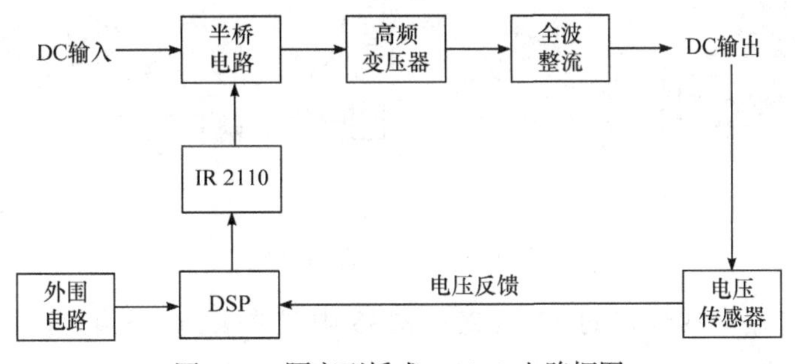

图 6-87　隔离型桥式 DC/DC 电路框图

首先要使用 MATLAB/Simulink 建立对应的软件仿真模型，并调试通过。如图 6-88 所示，该电路为带隔离变压器的半桥整流电路，输入电压为直流 24V，通过半桥电路控制对变压器原边进行励磁控制，变压器副边采用全波整流，整流输出电压 Uo 与给定基准电压 48V 进行比较后得到两个功率管的驱动控制信号 G1 和 G2。

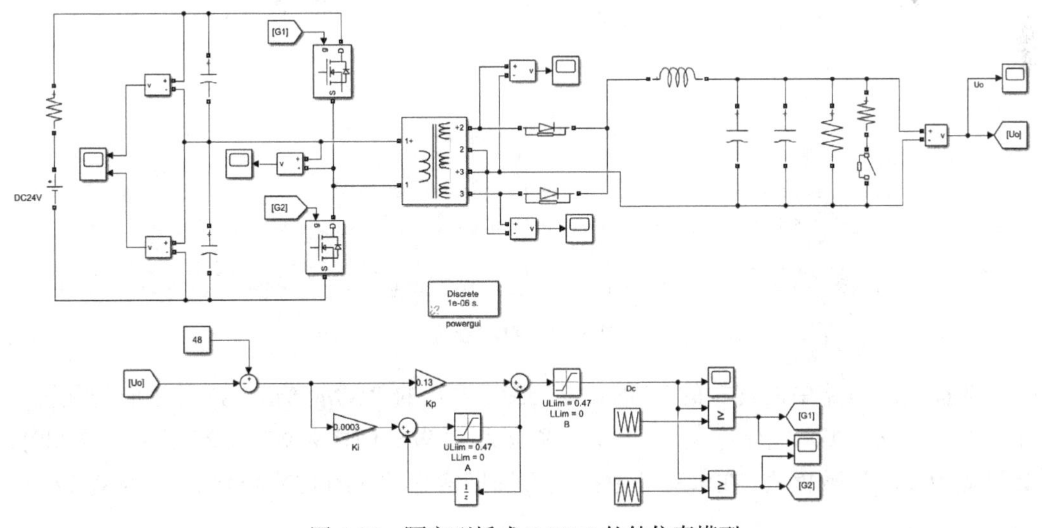

图 6-88　隔离型桥式 DC/DC 软件仿真模型

DSP 芯片在电路中的主要作用为采集电路的输出电压与给定值进行比较，通过调节 PWM 波的占空比实现输出电压闭环稳压控制。采用 TMS320F28335 作为 DSP 芯片，可使用其内置 ADC 实现电压采集，使用其内置 ePWM 模块实现两个功率管的 PWM 驱动控制。将图 6-88 控制回路的 Uo 输入替换为“Simulink Library → Embedded Coder Support Package for Texas Instruments C2000 Processors → C2833x”中的 ADC 模块，将图 6-88 中 G1 与 G2 驱动替换为“Simulink Library → Embedded Coder Support Package for Texas Instruments C2000 Processors → C2833x”中的 ePWM 模块，替换后的模型如图 6-89 所示。

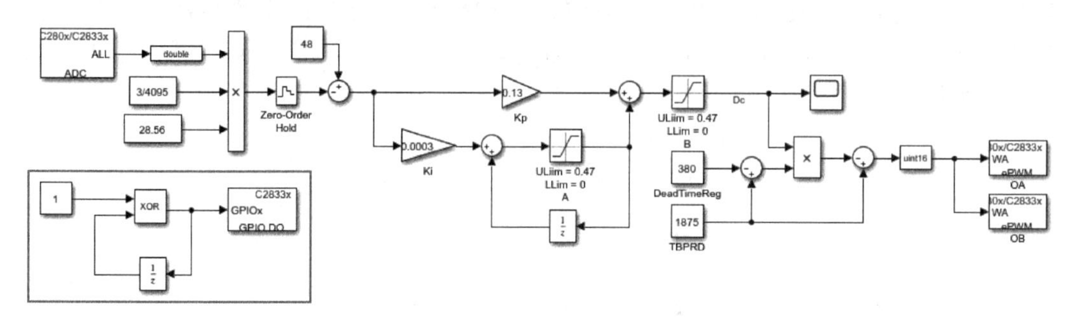

图 6-89　代码生成模型

选择实际电路中的连接的 TMS320F28335 内置的 ADC 通道，进行相应的配置，如图 6-90 所示。

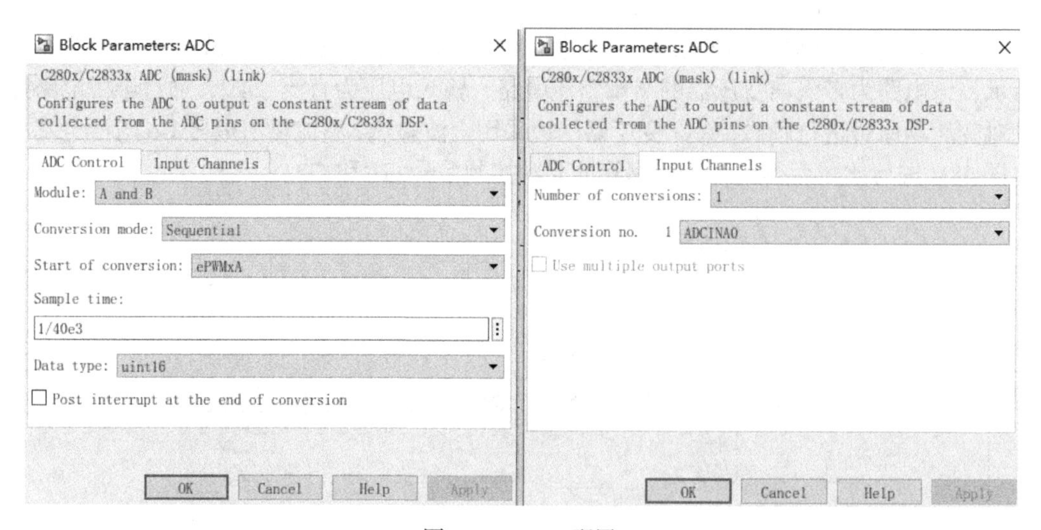

图 6-90　ADC 配置

选择实际电路中的连接的 TMS320F28335 内置的 PWM 通道，进行相应的配置，如图 6-91 所示。实际电路中用的 ePWM 模块为 EPWM4A(PWM7)、EPWM5A(PWM9)，其配置为增减计数模式。在增减计数模式下周期寄存器 TBPRD 为(150MHz/40kHz)/2=1875。

根据 TMS320F28335 使用要求，还需对其他一些必要参数进行配置，单击如图 6-92 所示工具选项，对主时钟和 ADC 时钟等参数进行配置，如图 6-93 和图 6-94 所示。

Block Parameters: OA

C280x/C2833x ePWM (mask) (link)

Configures the Event Manager of the C280x/C2833x DSP to generate ePWM waveforms.

General | ePWMA | ePWMB | Deadband unit | Event Trigger | PWM chopper control | Trip Zone unit

☐ Allow use of 16 HRPWMs (for C28044) instead of 6 PWMs

Module: ePWM4

Timer period units: Clock cycles

Specify timer period via: Specify via dialog

Timer period: 1875

Reload for time base period register (PRDLD): Counter equals to zero

Counting mode: Up-Down

Synchronization action: Disable

☐ Specify software synchronization via input port (SWFSYNC)

Synchronization output (SYNCO): Counter equals to zero (CTR=Zero)

Time base clock (TBCLK) prescaler divider: 1

High speed clock (HSPCLKDIV) prescaler divider: 1

Block Parameters: OA

C280x/C2833x ePWM (mask) (link)

Configures the Event Manager of the C280x/C2833x DSP to generate ePWM waveforms.

General | ePWMA | ePWMB | Deadband unit | Event Trigger | PWM chopper control | Trip Zone unit

☑ Enable ePWM4A

CMPA units: Clock cycles

Specify CMPA via: Input port

CMPA initial value: 1865

Reload for compare A Register (SHDWAMODE): Counter equals to zero

Action when counter=ZERO: Do nothing

Action when counter=period (PRD): Clear

Action when counter=CMPA on up-count (CAU): Clear

Action when counter=CMPA on down-count (CAD): Set

Action when counter=CMPB on up-count (CBU): Do nothing

Action when counter=CMPB on down-count (CBD): Do nothing

Compare value reload condition: Load on counter equals to zero (CTR=Zero)

☐ Add continuous software force input port

Continuous software force logic: Forcing disable

Reload condition for software force: Zero

☐ Enable high resolution PWM (HRPWM)

图 6-91　ePWM 配置

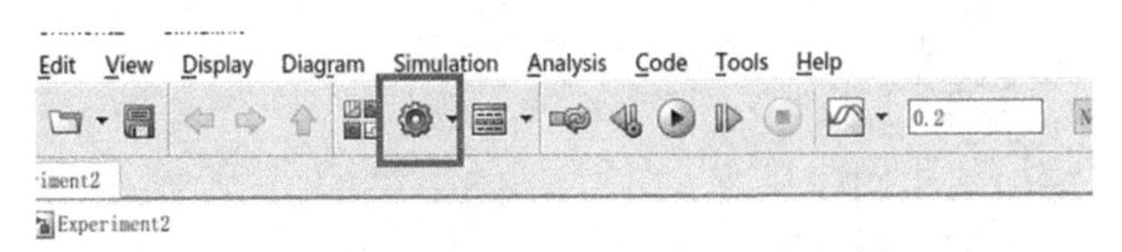

图 6-92　模型参数配置

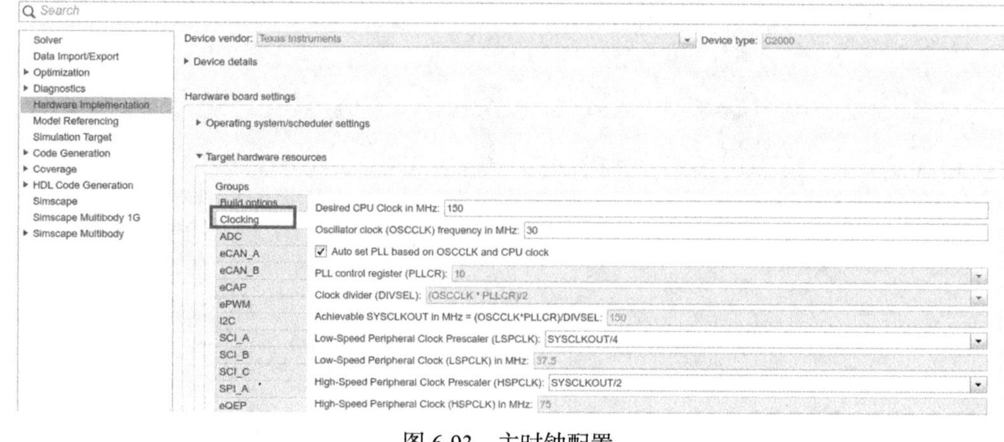

图 6-93　主时钟配置

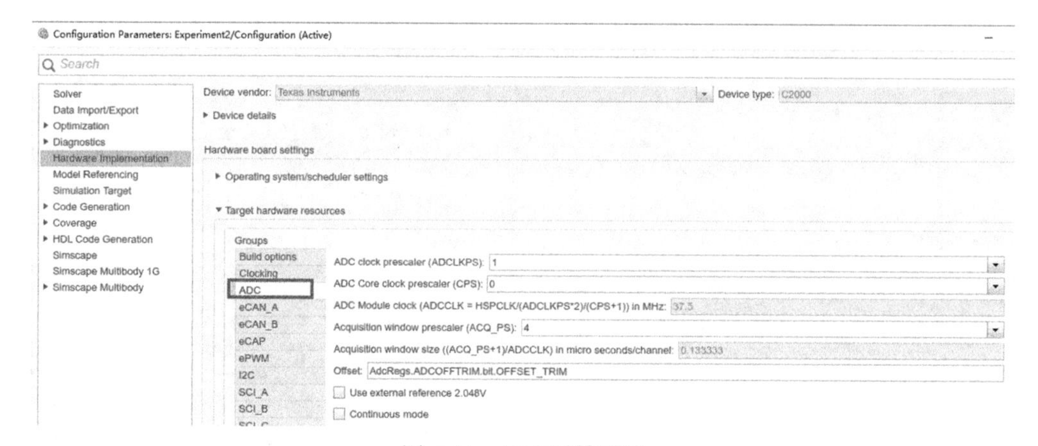

图 6-94　ADC 时钟配置

在图 6-95 中，框 4 中 Build action 选项选择图示选项便可以使模型在 MATLAB 中编译通过后下载至 DSP 中，不用再通过 CCS 软件进行下载。若此处只是选择生成工程(Build)，则需要使用 CCS 软件打开工程编译并下载。框 5 第一个选项为连接文件，文件后缀为.cmd，第二个选项为仿真器连接文件，文件后缀为.ccxml，二者都可以通过 Browse 按钮进行选择。最后单击图 6-96 中方框对应的代码生成按钮进行代码生成。

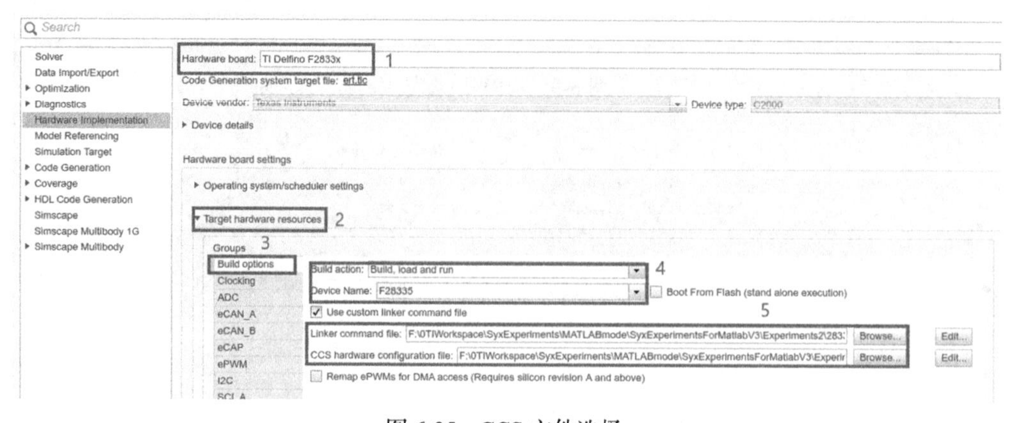

图 6-95　CCS 文件选择

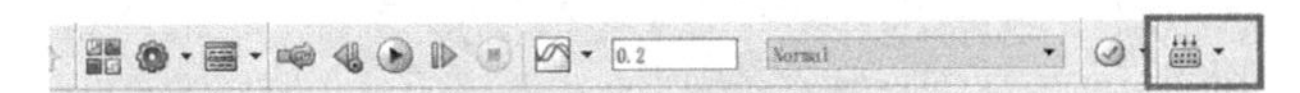

图 6-96　代码生成

代码生成后的报告图如图 6-97 所示。可在报告中看见代码生成的时间以及用户名等。单击方框中的文字，可以查看生成的代码。如图 6-98 所示。

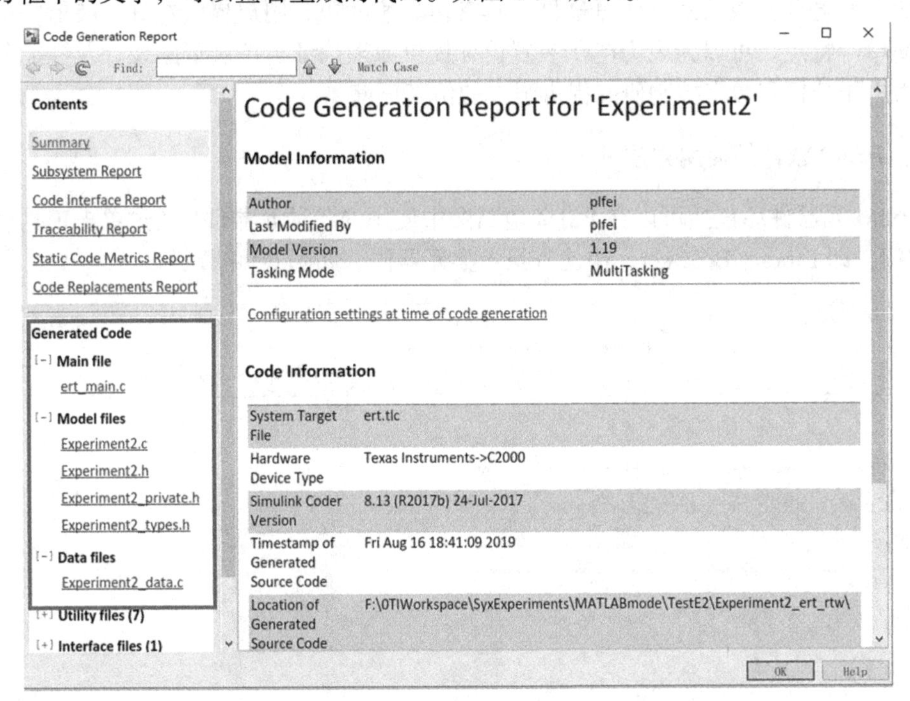

图 6-97　代码生成报告

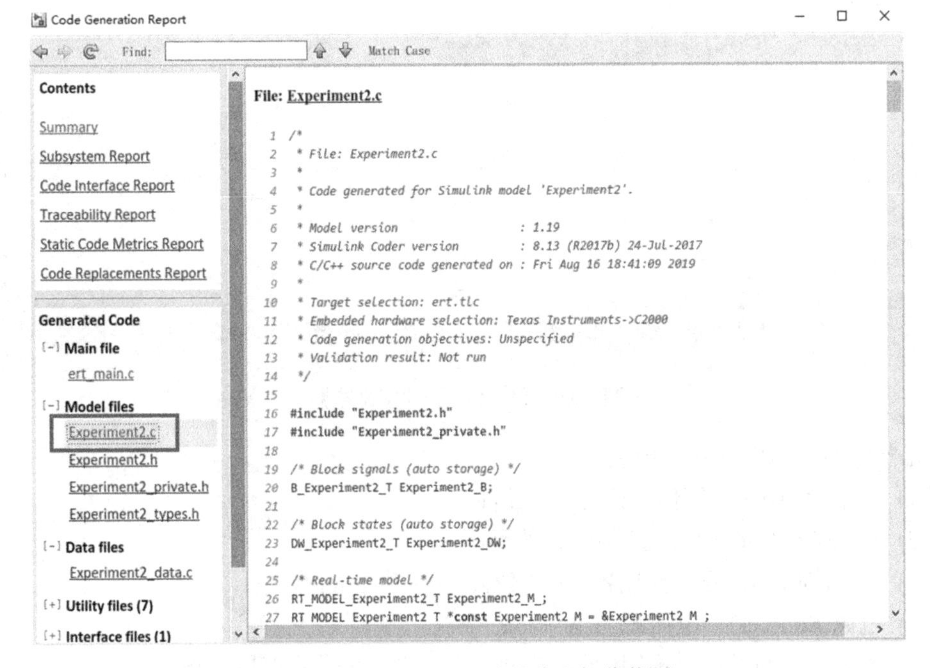

图 6-98　MATLAB 生成的代码部分截图

6.4　PSIM 建模仿真方法

PSIM 全称 Power Simulation，是美国 POWERSIM 公司推出的专门针对电力电子、电机驱动和电源变换的系统仿真软件，具有仿真速度快、用户界面友好、波形解析强、使用简单等特点，可以为电力电子装置设计提供原理论证、控制环路设计及性能分析、为电力电子分析和数字控制研究提供强大的仿真环境。

6.4.1　PSIM 软件的使用方法

PSIM 元器件库包括可以在 PSIM 电路图中使用的各种元器件，通过单击工具栏中的按钮，即 Library Browser，快速查找各类元器件，如图 6-99 所示。

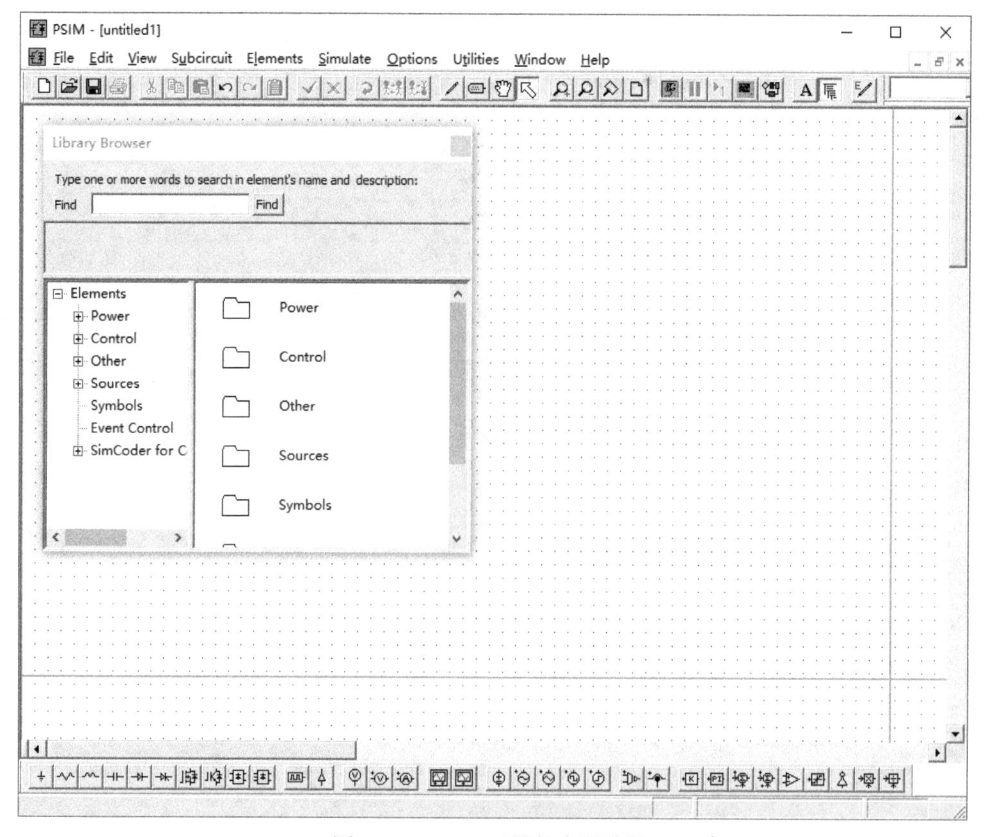

图 6-99　PSIM 元器件库浏览器

元器件库分为以下几个模块：

(1) 功率(Power)，用于功率电路的元件；

(2) 控制(Control)，用于控制电路的元件；

(3) 其他(Other)，开关控制器、传感器、探头和功能模块；

(4) 电源(Sources)，电压源与电流源；

(5) 符号(Symbols)，存储用于绘图的符号，这些符号不能用于仿真；

(6) 事件控制(Event Control)，用于描述系统从一种操作状态到另一种操作状态的转换；

(7) SimCoder 代码生成(SimCoder for Code Generation)，提供以 PSIM 电路图为目标的硬件自动生成代码的功能。

“功率电路”模块如图 6-100 所示，包括：RLC 支路(电阻器、电感器、电容器、耦合电感和非线性支路)、开关(二极管、晶闸管、晶体管、开关模块)、变压器(单相和三相变压器)、磁性元件、其他、电机驱动模块、MagCoupler 模块、MagCoupler-RT 模块、机械负载和传感器、热量模块(可用于计算器件数据库中二极管、IGBT 和 Power MOSFET 的热损耗)、可再生能源模块(用于模拟可再生能源应用系统，包括光伏发电和风力发电模块)等。

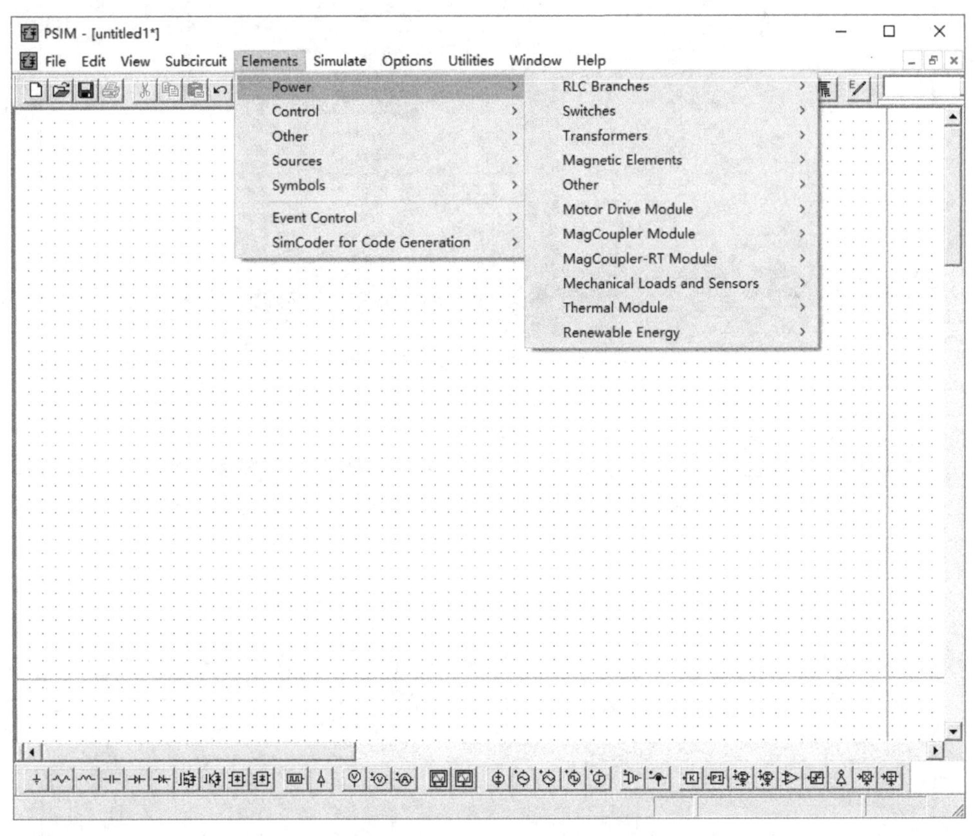

图 6-100　“功率电路”模块

“控制电路”模块如图 6-101 所示，包括：滤波器、运算模块、其他功能模块、逻辑元件、数字控制模块、SimCoupler 模块、比例、PI、积分、外部和内部可复位积分器等模块。

“其他”模块如图 6-102 所示，包括：开关控制、传感器、探头、功能模块、控制-功率接口、初始值(定义电源电路或控制电路节点的初始电压值)、参数文件、交流扫描和参数扫描模块。

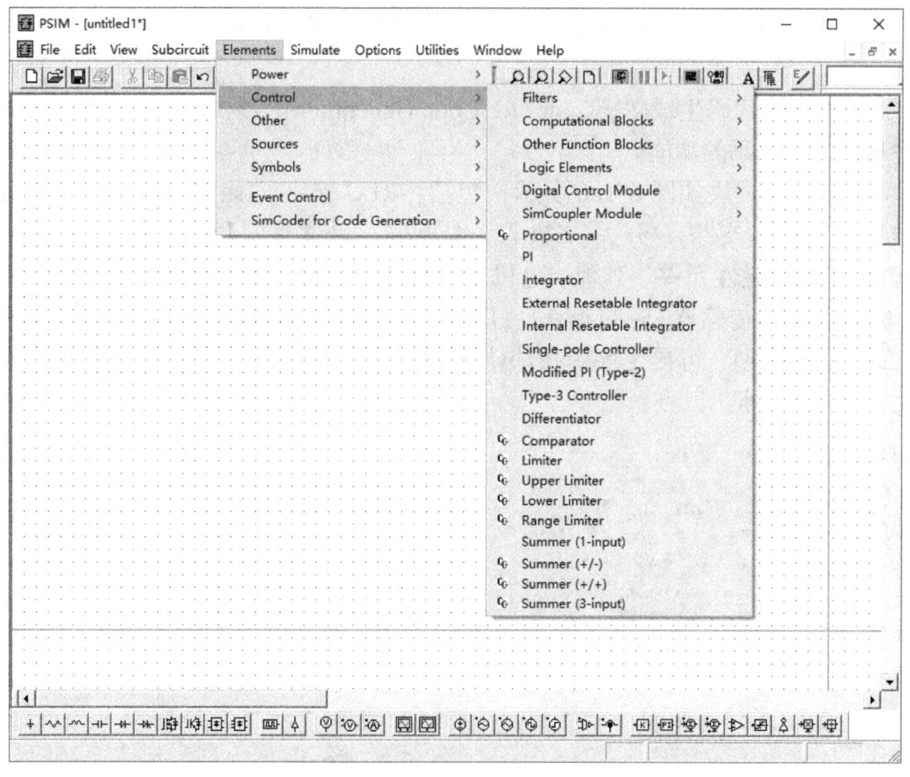

图 6-101　“控制电路”模块

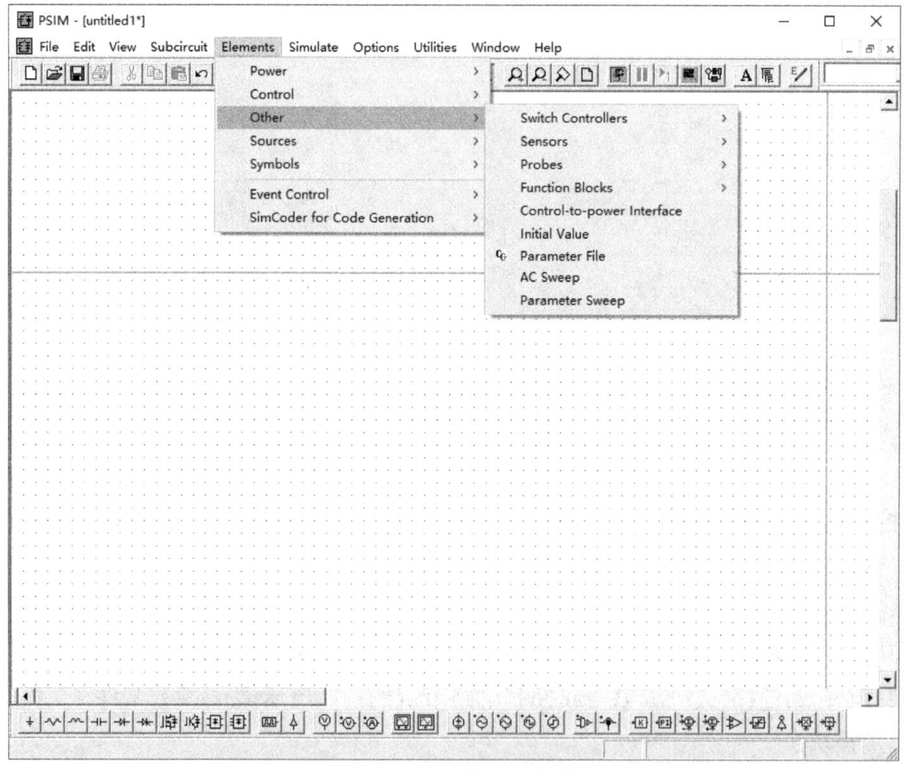

图 6-102　“其他”模块

“电源”模块为电路设计提供各种形式的电压源和电流源等，如图 6-103 所示。

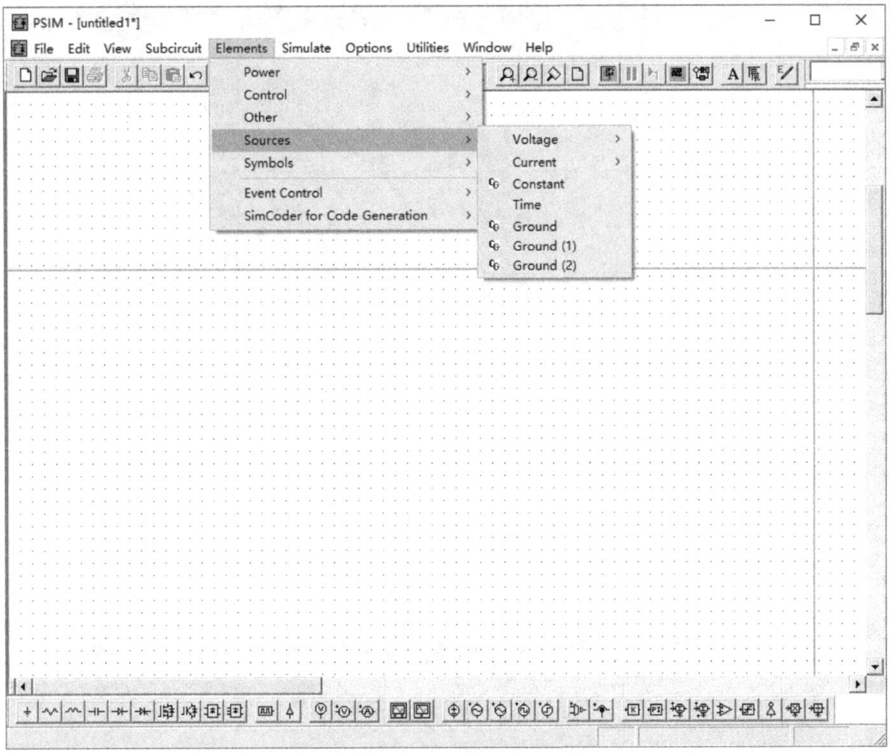

图 6-103　“电源”模块

“事件控制”模块包括：输入事件、输出事件、默认事件、事件连接、第一次进入事件模块标志等模块。

“SimCoder 代码生成”模块可将 PSIM 电路原理图直接生成 C 代码。通过 SimCoder 生成的 C 代码可以直接在目标 DSP 硬件平台上实时运行。

6.4.2 PSIM 仿真实例

以反激变换器为例介绍 PSIM 的仿真过程。

1. 创建空白原理图

单端反激变换器由开关管、变压器、二极管、电容和电阻等组成的主电路以及使用 UC3842 组成的控制回路两部分构成。在 PSIM 软件菜单栏 File 菜单下，单击 New 选项，创建一张无限大且全新的电路设计图纸，或者直接在工具栏单击图标创建一个新的原理图并保存，单击 File 菜单下的 Save As...选项可以修改文件名及更改文件存放的文件夹，本例中先新建一个电路原理图并保存为“反激变换器”，如图 6-104 所示。

2. 放置元器件

有几种方法可以从元件库中获取元件，一种是使用下拉菜单，转到 Elements 菜单，然后转到子菜单并选择相应的元件。

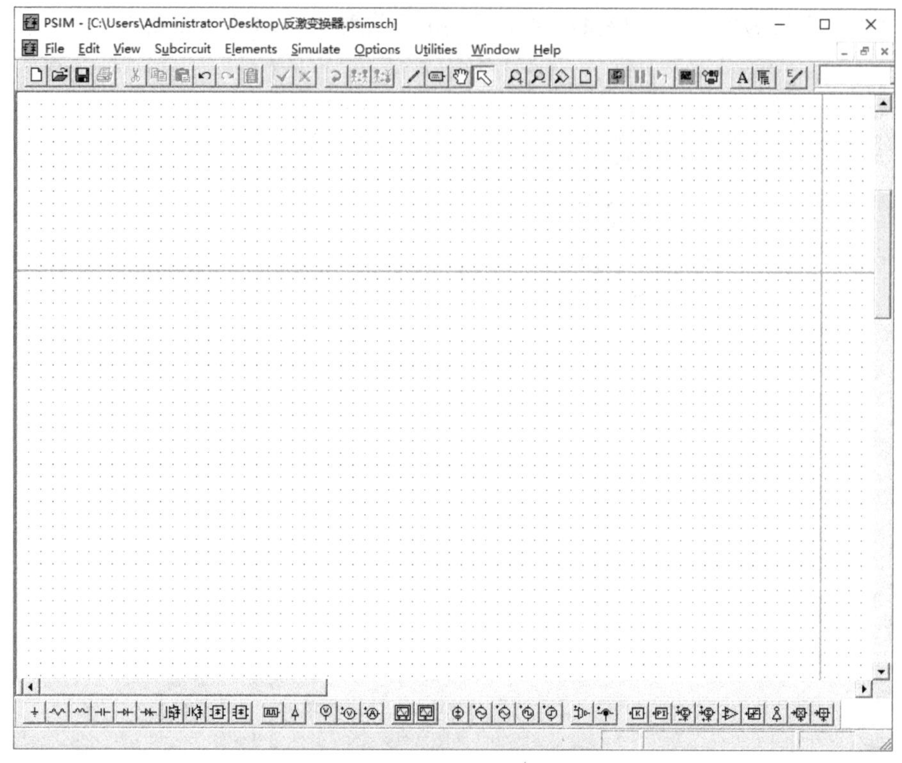

图 6-104　新建原理图界面

最常用的元件在元件工具栏中，默认情况下它位于 PSIM 界面的底部，另一种方式是使用 Library Browser，如图 6-99 所示。Library Browser 提供了一种在库中导航的方便方式。反激变换器元件的选取如图 6-105 所示。

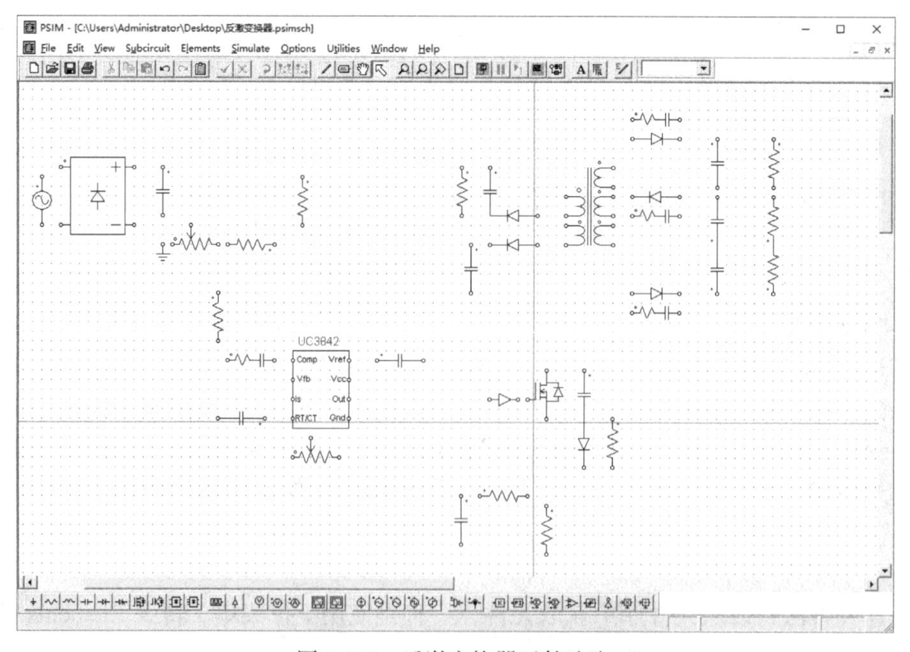

图 6-105　反激变换器元件选取

3. 设置参数属性

要设定元件的参数，双击该元件，将出现参数设置对话框，如图 6-106 所示，设定参数值后单击参数设置对话框的“×”即可完成参数的设置。可以在弹出的元件属性设置对话框上，单击 Help 按钮，查看元件的帮助信息。

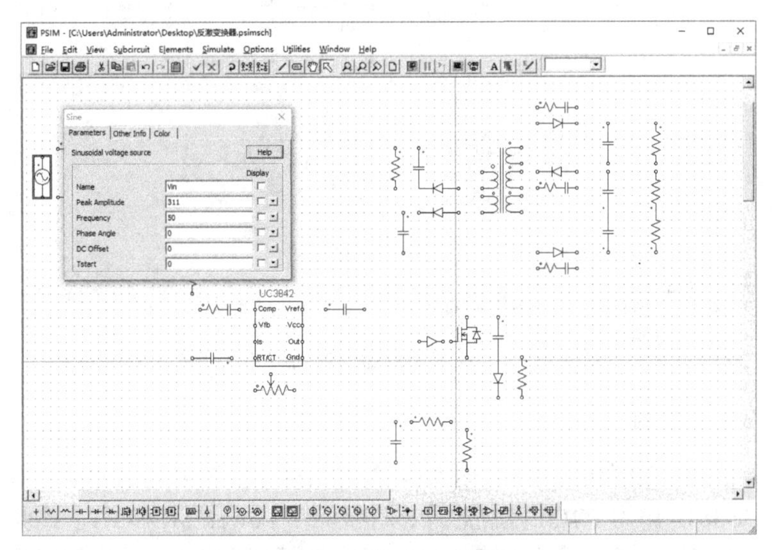

图 6-106　设置元件属性

4. 连接线路

要在两个元件之间连接导线，在菜单栏选择“Edit→Wire”，光标会变成一个“笔”的形状，如图 6-107 所示。要绘制电路，需要按住鼠标左键并拖动鼠标，导线会从一个元件的端点开始，到另一个元件端点结束。为了便于检查，浮动的节点显示为一个圆，连接节点显示为实心点，反激变换器元件连接后如图 6-108 所示。

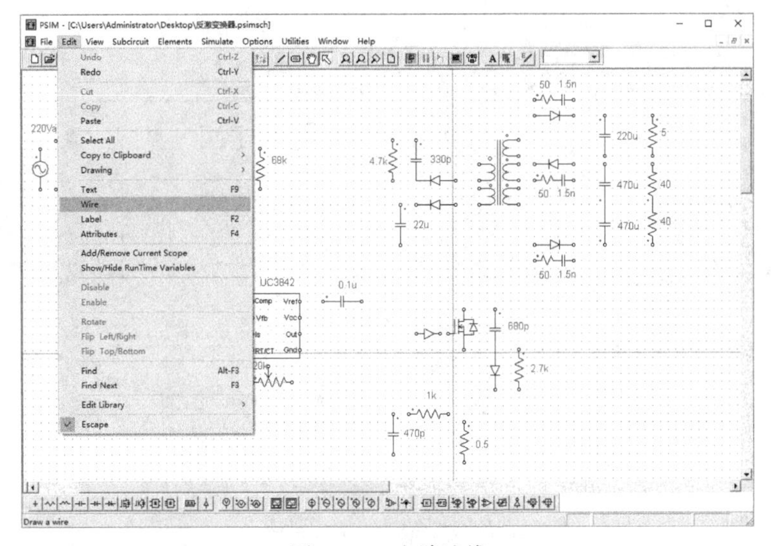

图 6-107　电路连线

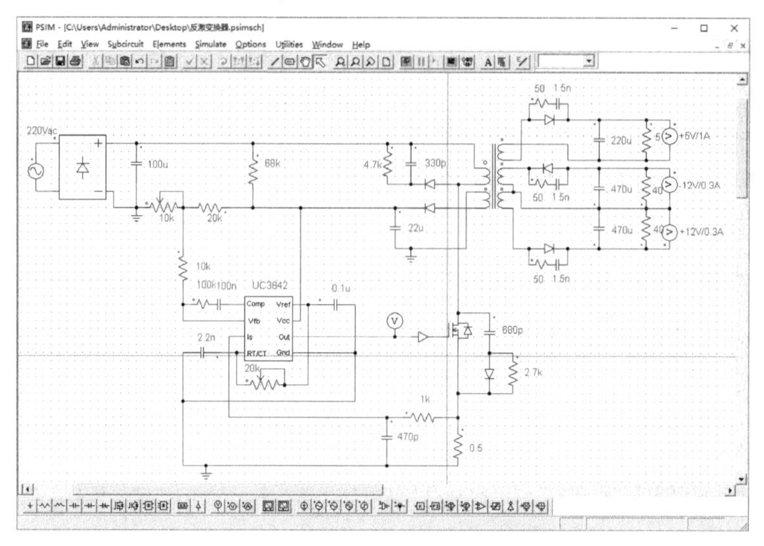

图 6-108　三路输出反激变换器线路连接图

5. 电路仿真与控制

反激变换器采用工频交流 220V 输入，再经过二极管整流和电容滤波后获得直流母线电压。采用 UC3842 作为 PWM 控制芯片，直接驱动 Power MOSFET。高频变压器包含原边绕组、反馈绕组和三路输出绕组，通过调节高频变压器三路输出绕组和反馈绕组的匝比，可以获得不同的输出电压。对于这一反馈方式，值得注意的是，三路输出的稳压精度相对较差，但实现简单。

Power MOSFET 的开关频率为 100kHz，由 UC3842 控制，它的振荡频率为 $f_{osc}=1.86/(R_TC_T)$，通过改变 R_T 或 C_T 的值可以改变 Power MOSFET 的开关频率。

进行仿真时还需要设置 Simulation Control。在菜单栏选择“Simulation→Simulation Control”，将其添加至仿真文件中，将自动弹出对话框，在对话框中设置仿真控制的参数，如图 6-109 所示。

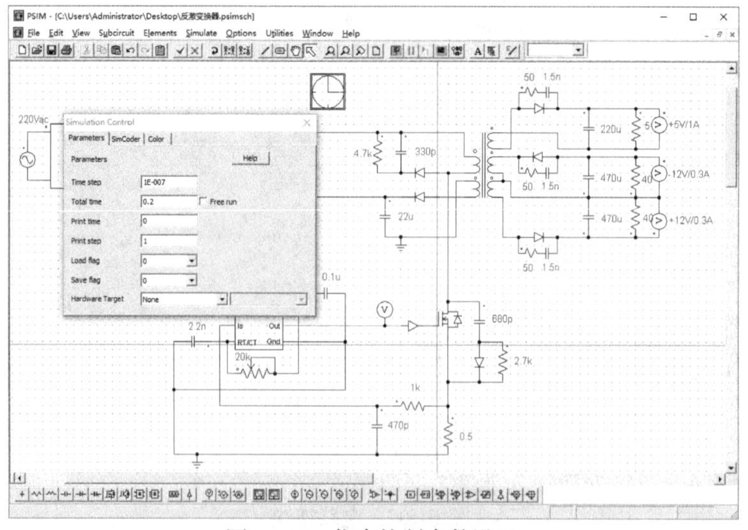

图 6-109　仿真控制参数设置

在菜单栏选择“Simulation→Run Simulation”，或直接在工具栏中单击按钮，启动PSIM 仿真器，运行仿真程序。在运行过程中，界面右下角状态会显示仿真进度和耗时。在菜单栏 Simulation 中单击 Cancel Simulation 选项，可以取消当前正在进行的仿真。也可以单击 Pause Simulation 选项，暂停仿真程序。单击 Restart Simulation 选项，则可以重新启动暂停的仿真程序。仿真运行控制如图 6-110 所示。

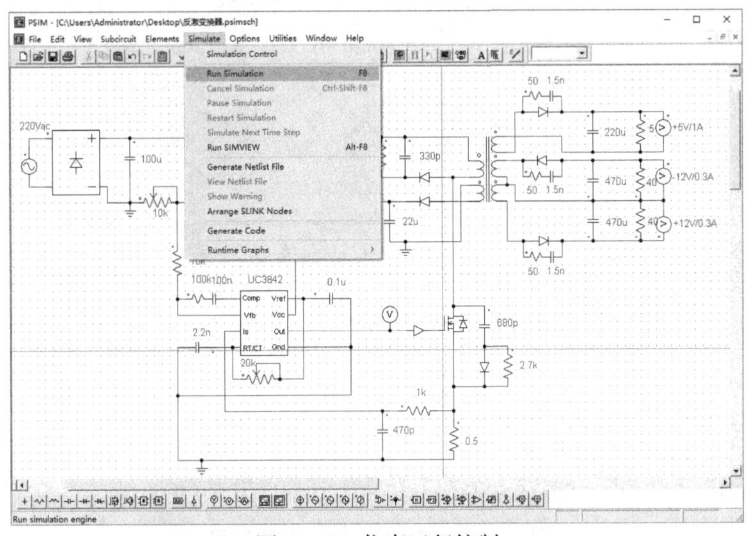

图 6-110　仿真运行控制

6. 波形查看与结果输出

默认情况下，PSIM 仿真结束后，会自动打开运行 SIMVIEW 波形显示和后处理程序。如果 SIMVIEW 没有自动打开，可以在菜单栏选择“Simulation→Run SIMVIEW”，运行波形显示程序。在 SIMVIEW 界面下，可以打开一个新的波形窗口，并将波形数据在窗口中显示。

在仿真电路中增加示波器的探头可以显示电压、电流波形。在本实例中，反激变换器的仿真结果如图 6-111 和图 6-112 所示。

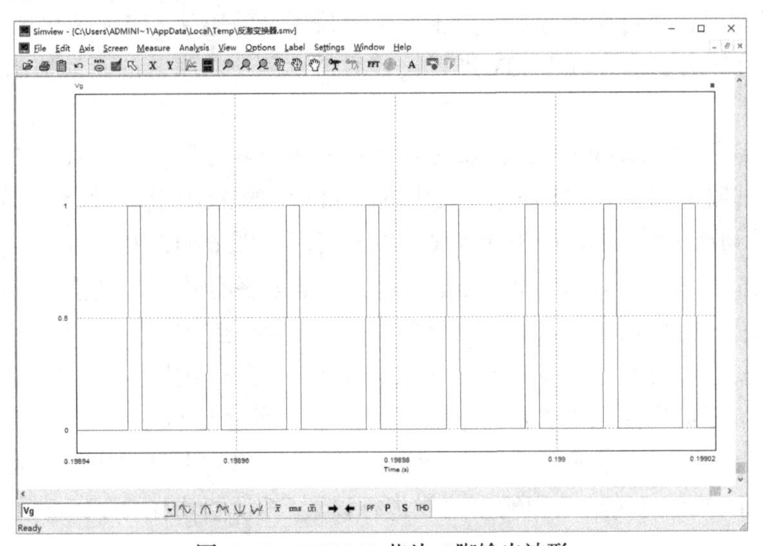

图 6-111　UC3842 芯片 6 脚输出波形

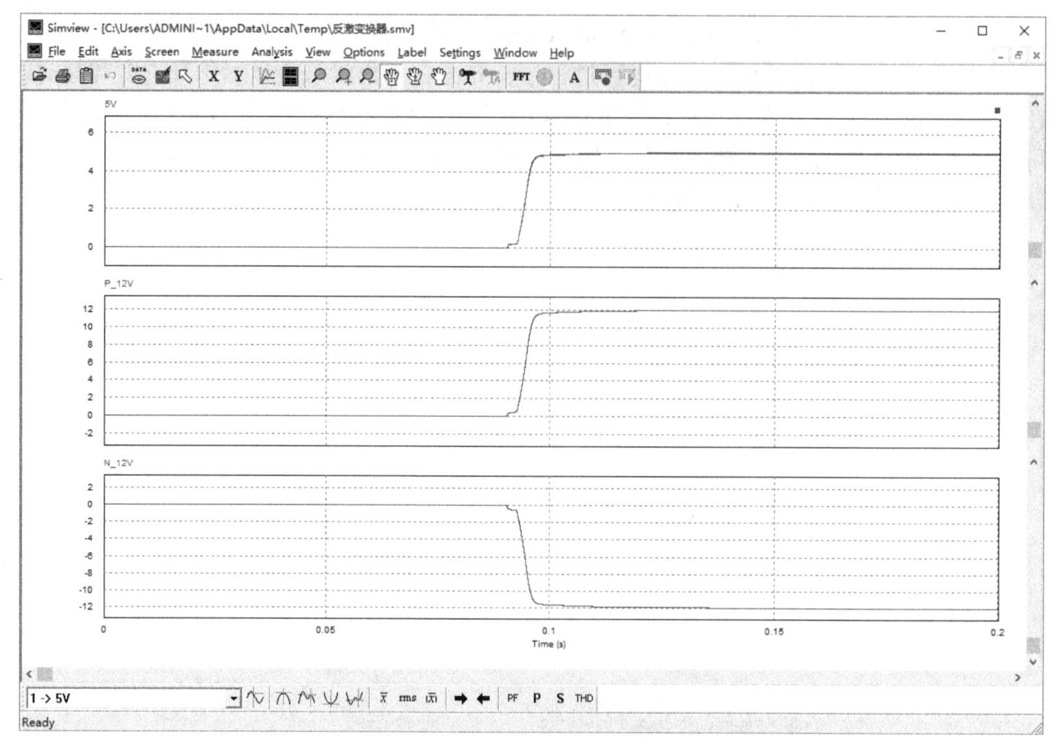

图 6-112　三路输出电压仿真结果

6.5　PSIM 实物建模仿真设计

以带隔离变压器的半桥整流电路介绍 PSIM 实物建模仿真设计方法。打开 PSIM 软件，建立仿真文件，如图 6-113 所示，注意仿真文件命名不能有中文字符。如图 6-113 所示，该电路为带隔离变压器的半桥整流电路，输入电压为直流 24V，通过半桥电路控制对变压器原边进行励磁控制，变压器副边采用全波整流，整流输出电压 Vo_E2 经过 AD 采样后与给定基准电压 48V 进行比较后得到两个功率管的驱动控制信号 G1_E2 和 G2_E2。

其中在路径“Elements→SimCoder→TI F28335 Target”下可以找到 28335 的相关硬件模块，其路径如图 6-114 所示。其中图 6-113 中的 ZOH 为零阶保持器，用于控制 ADC 的采样频率。其 ADC 的配置如图 6-115 所示。图 6-113 中的两个 1-ph PWM 分别使用 28335 的 ePWM4A 和 ePWM5A，定义为低电平有效，其配置如图 6-116 所示。PWM 控制信号频率为 40kHz，上下桥臂功率管 PWM 控制信号的死区设定为 2.5μs，则每个 PWM 信号最大占空比为 $0.5-2.5*10^{-6}*40*10^{3}$。图 6-113 模型中还设置了 LedBlink 用于驱动发光二极管作为电路运行指示，通过 GPIO34 口来实现，其配置如图 6-117 所示。需要注意的是，由于 28335 的 GPIO 口均有复用功能，故需要对相应的 PWM 口和 GPIO 口的输入和输出功能进行设置，其设置均在 Hardware Configuration

中进行相应功能勾选即可。28335 的 Clock 配置如图 6-118 所示。仿真参数 Simulation Control 配置如图 6-119 所示。

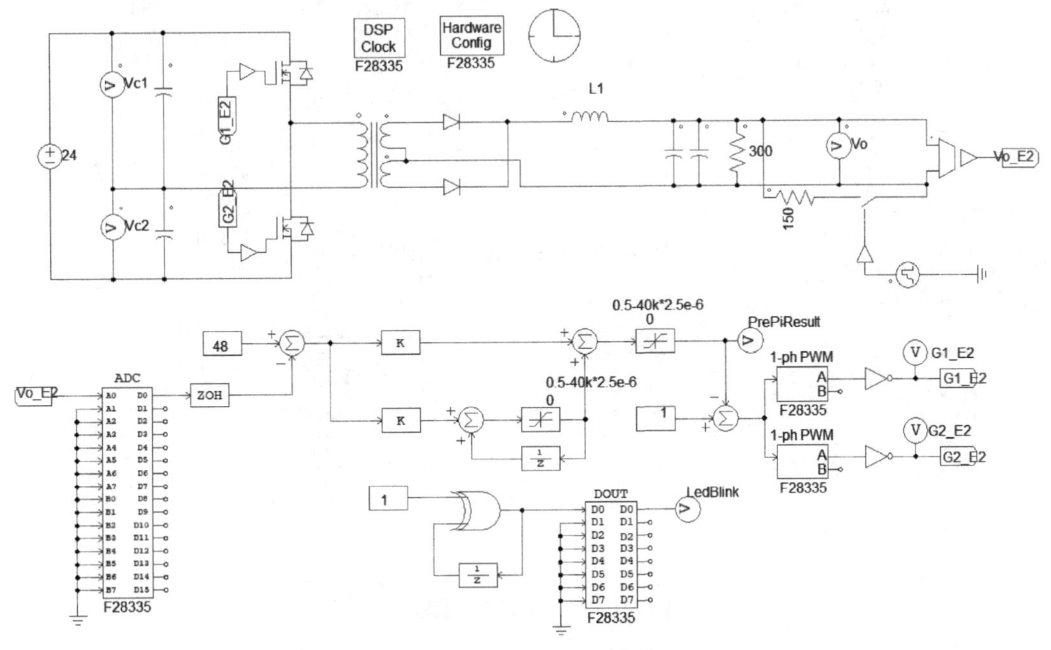

图 6-113　PSIM 实物仿真模型

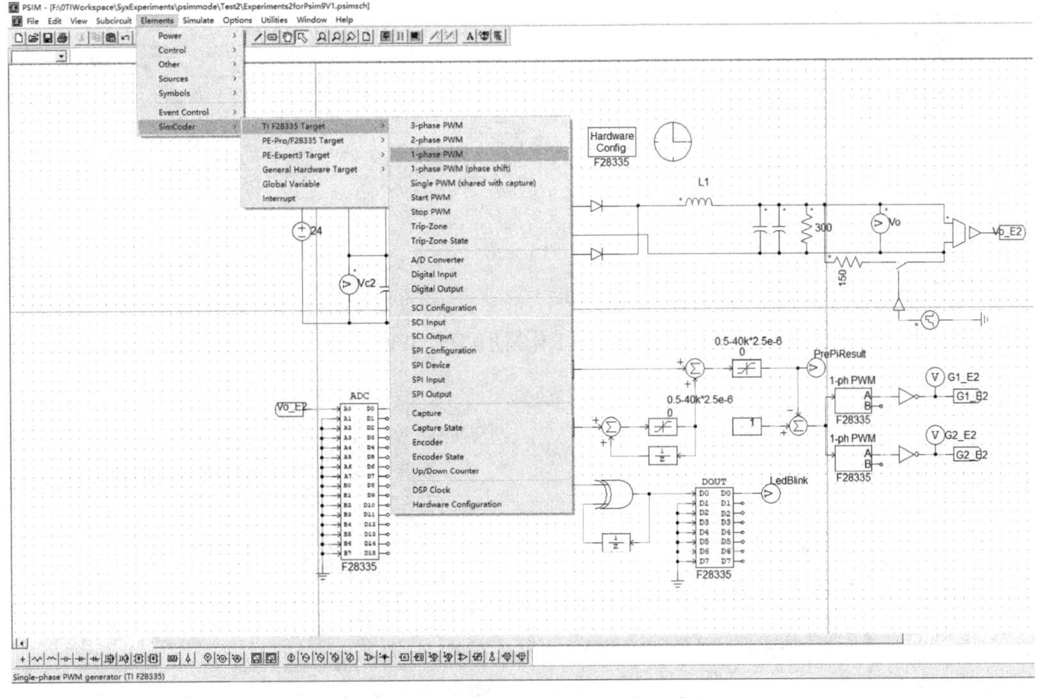

图 6-114　28335 的相关硬件模块路径

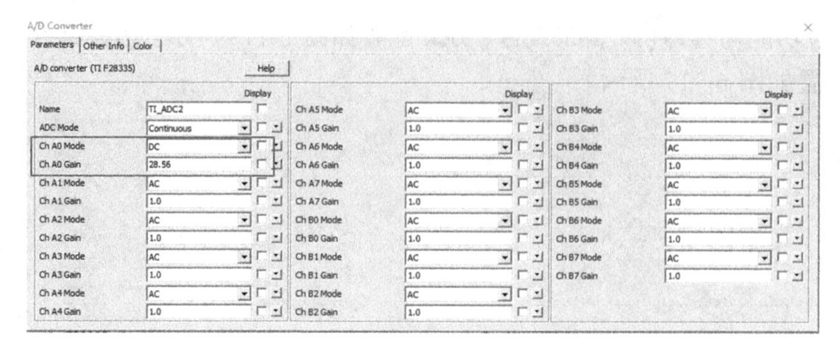

图 6-115　28335 的 ADC 配置

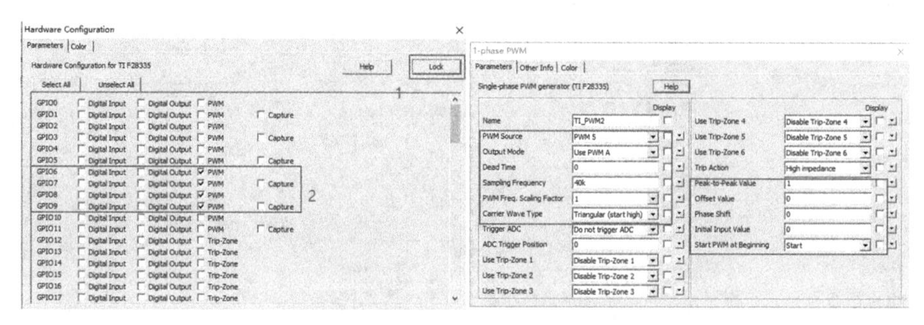

图 6-116　1-ph PWM 配置图

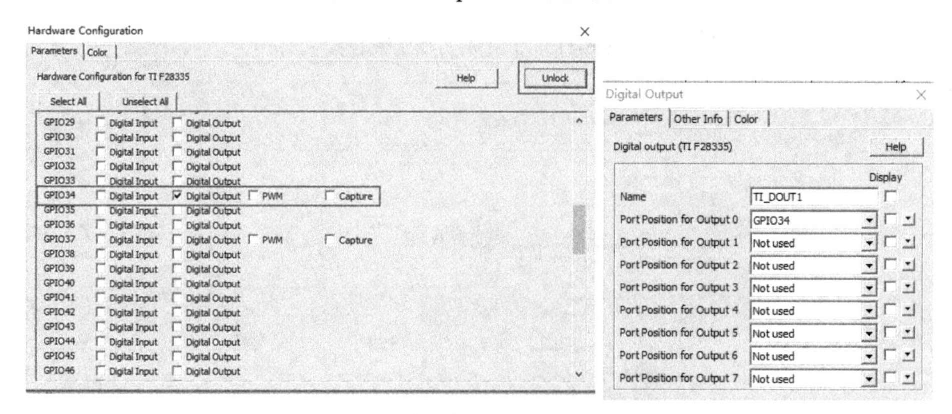

图 6-117　驱动工作指示灯的 GPIO 配置

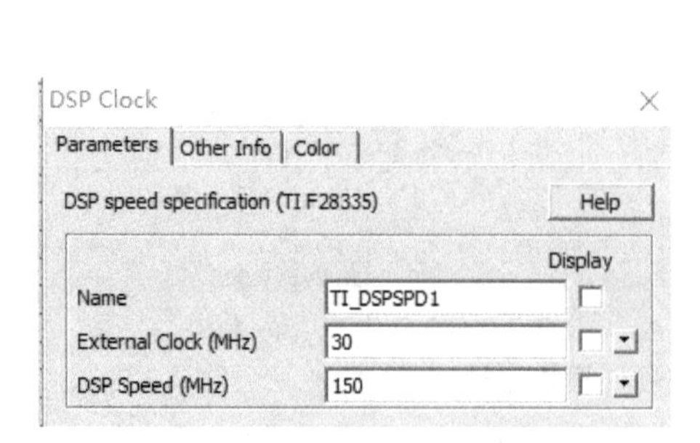

图 6-118　28335 的 Clock 配置

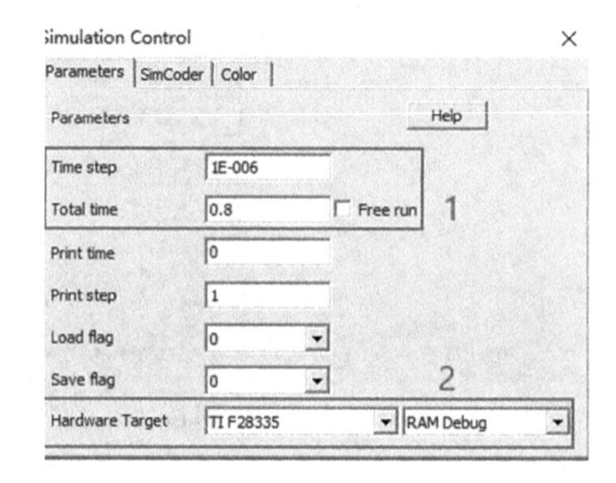

图 6-119　仿真参数 Simulation Control 配置

上述参数配置好后，可进行软件仿真，当仿真结果符合预期时进行代码生成，如图 6-120 所示，单击 “Simulate→Generate Code” 进行代码生成，生成的代码如图 6-121 所示。代码中包含生成的日期、生成的工程文件和仿真文件在同一文件夹下，如图 6-122 所示。

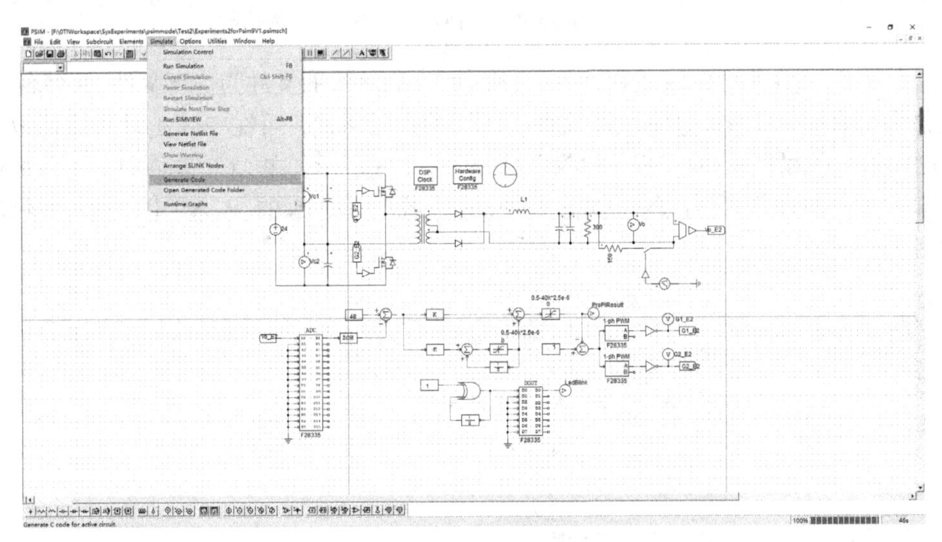

图 6-120　代码生成

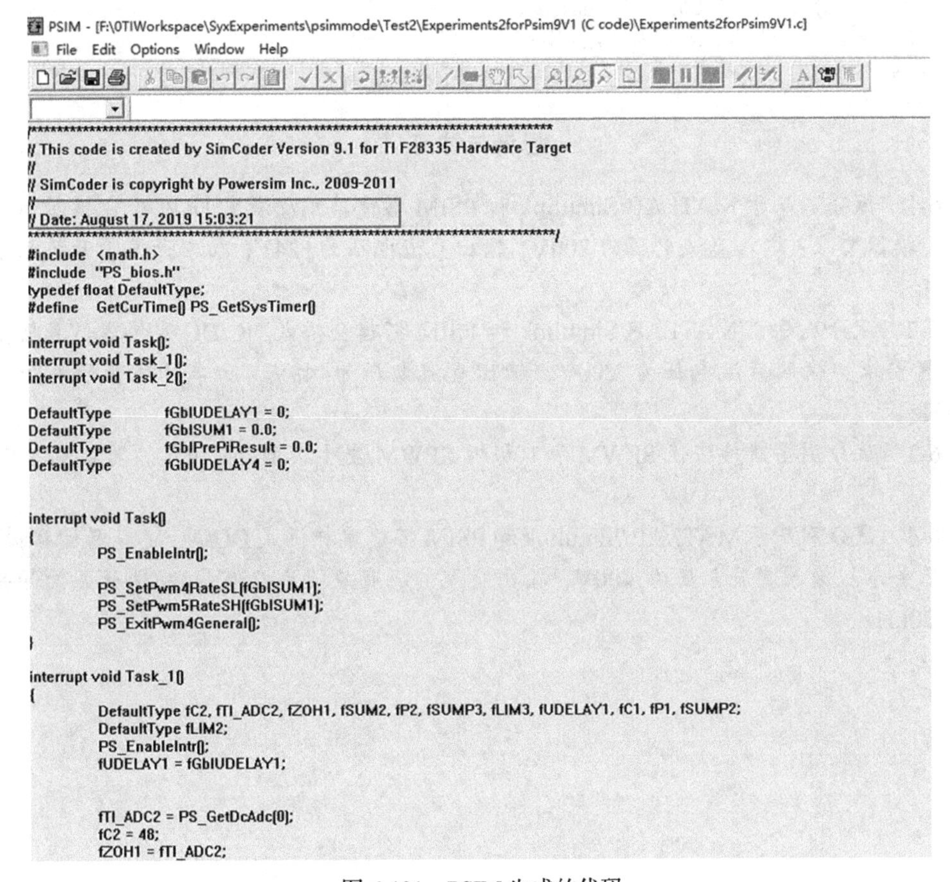

图 6-121　PSIM 生成的代码

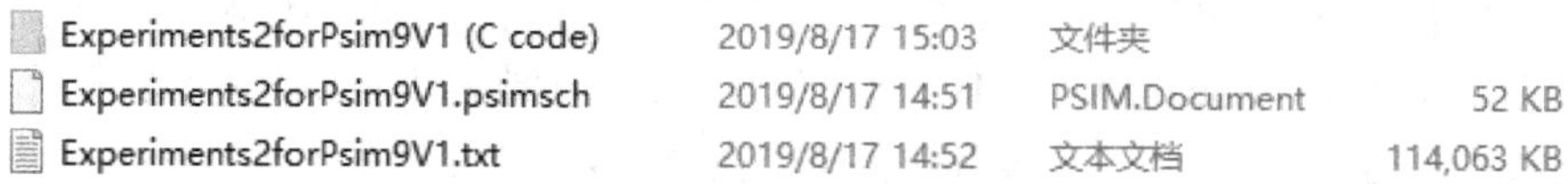

Experiments2forPsim9V1 (C code)	2019/8/17 15:03	文件夹	
Experiments2forPsim9V1.psimsch	2019/8/17 14:51	PSIM.Document	52 KB
Experiments2forPsim9V1.txt	2019/8/17 14:52	文本文档	114,063 KB

图 6-122　代码所在文件

文件夹里为生成的 CCS 工程文件，后缀名为.psimsch 的文件为仿真文件，后缀名为.txt 的文件为仿真结果文件。仿真结果文件有不同的存储格式，可在 PSIM 软件中修改。打开 CCS 软件，加载生成的工程，加载之后如图 6-123 所示。在 CCS 软件中对工程进行编译，即可通过仿真器将生成的可执行文件.out 下载到 28335 的 RAM 中，进行实物仿真实验。

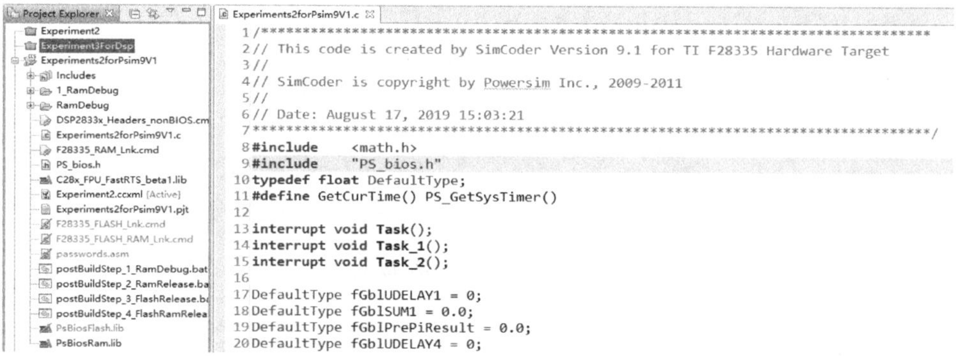

```
1 /*****************************************************************************
2 // This code is created by SimCoder Version 9.1 for TI F28335 Hardware Target
3 //
4 // SimCoder is copyright by Powersim Inc., 2009-2011
5 //
6 // Date: August 17, 2019 15:03:21
7 *****************************************************************************/
8 #include     <math.h>
9 #include     "PS_bios.h"
10 typedef float DefaultType;
11 #define GetCurTime() PS_GetSysTimer()
12
13 interrupt void Task();
14 interrupt void Task_1();
15 interrupt void Task_2();
16
17 DefaultType fGblUDELAY1 = 0;
18 DefaultType fGblSUM1 = 0.0;
19 DefaultType fGblPrePiResult = 0.0;
20 DefaultType fGblUDELAY4 = 0;
```

图 6-123　CCS 中代码截图

思考与练习

6-1　试分别基于 MATLAB/Simulink 和 PSIM 搭建单端反激式 DC/DC 变换器仿真模型，变换器要求：输入直流电压为 200V，输出直流电压为±24V，功率开关管开关频率为 150kHz。

6-2　试分别基于 MATLAB/Simulink 和 PSIM 搭建全桥式 DC/DC 变换器仿真模型，变换器要求：输入直流电压为 200V，输出直流电压为 48V，功率开关管开关频率为 100kHz。

6-3　试分别搭建单极性 SPWM 和双极性 SPWM 发生模型，并用示波器观测 SPWM 波形。

6-4　试分别基于 MATLAB/Simulink 和 PSIM 搭建单相桥式 DC/AC 逆变器仿真模型，逆变器要求：输入直流电压为 400V，输出交流电压有效值为 220V，功率开关管开关频率为 20kHz。

参 考 文 献

杜少武, 2010. 现代电源技术[M]. 合肥: 合肥工业大学出版社.

何亮, 王劲松, 2013. 三相 PWM 逆变器输出 LC 滤波器设计方法[J]. 电气传动, 43(12): 33-36.

皇甫宜秋, 马瑞卿, 赵冬冬, 等, 2015. 电源变换基础及应用[M]. 北京: 人民邮电出版社.

李爱文, 张承慧, 2000. 现代逆变技术及其应用[M]. 北京: 科学出版社.

马骏杰, 耿新, 高俊山, 等, 2020. 新能源电源变换技术[M]. 北京: 机械工业出版社.

MCLYMAN C W T, 2014. 变压器与电感器设计手册[M]. 4 版. 周京华, 龚绍文, 译. 北京: 中国电力出版社.

PRESSMAN A I, BILLINGS K, MOREY T, 2010. 开关电源设计[M]. 3 版. 王志强, 肖文勋, 虞龙, 等译. 北京: 电子工业出版社.

SHABANY Y, 2013. 传热学: 电力电子器件热管理[M]. 余小玲, 吴伟烽, 刘飞龙, 译. 北京: 机械工业出版社.

沙占友, 庞志峰, 周万珍, 等, 2013. 开关电源设计入门[M]. 北京: 中国电力出版社.

沈锦飞, 吴雷, 卢闻州, 2020. 电源变换技术及应用[M]. 北京: 中国电力出版社.

隋涛, 刘秀芝, 2015. 计算机仿真技术: MATLAB 在电气、自动化专业中的应用[M]. 北京: 机械工业出版社.

唐建华, 张代润, 2004. 三相 SPWM 发生器 HEF4752 在变频调速系统中的应用[J]. 电源技术应用, (9): 554-557,568.

许逵炜, 2016. SiC MOSFET 及驱动[J]. 电源技术应用, 19(11): 46-50.

张兴, 黄海宏, 2018. 电力电子技术[M]. 2 版. 北京: 科学出版社.

张兴, 张崇巍, 2012. PWM 整流器及其控制[M]. 北京: 机械工业出版社.

赵修科, 2014. 开关电源中的磁性元件[M]. 沈阳: 辽宁科学技术出版社.

邹甲, 赵锋, 王聪, 2018. 电力电子技术 MATLAB 仿真实践指导及应用[M]. 北京: 机械工业出版社.

2SC0108T 描述与应用手册[OL]. [2020-12-30]. http: //www.IGBT-Driver.com.

BIELA J, KOLAR J W, 2007. Cooling concepts for high power density magnetic devices[C]. Nagoya: IEEE Power Conversion Conference, 1-8.

FUNAKI T, BALDA J C, JUNGHANS J, et al., 2007. Power conversion with SiC sevices at extremely high ambient temperatures[J]. IEEE Transactions on Power Electronics, 22(2): 1321-1329.

GERBER M, 2005. The electrical, thermal and spatial integration of a converter in a power electronic module[D]. Delft : Delft University of Technology.

POPOVIC J, 2005. Improving packaging and increasing the level of integration in power electronics[D]. Delft : Delft University of Technology.

REMSBURG R, 2001. Thermal design of electronic equipment[M]. Boca Raton: CRC Press LLC.

SEMIKRON-Innovation and Service[OL]. [2020-12-30]. http: //www.semikron.com.

TDK Electronics · TDK Europe[OL]. [2020-12-30]. http: //www.epcos.com.

Texas Instruments Inc[OL]. [2020-12-30]. https: //www.ti.com.

Ultra-high precision power amplifier(UHPA)[OL]. [2020-12-30]. http: //www.w3.ele.tue.nl.

WANG R X, NING P Q, Boroyevich D, et al., 2010. Design of high-temperature SiC three-phase AC-DC converter for>100℃ ambient temperature[C]. Atlanta: IEEE Energy Conversion Congress and Exposition, 1283-1289.

YIN J, LIANG Z X, VAN WYK J D, 2007. High temperature embedded SiC chip module(ECM)for power electronics applications[J]. IEEE Transactions on Power Electronics, 22(2): 392-398.